网络地理信息系统和服务

乐 鹏 编著

Web Geographic Information Systems and services

图书在版编目(CIP)数据

网络地理信息系统和服务/乐鹏编著.—武汉:武汉大学出版社,2011.7
(2016.7 重印)
ISBN 978-7-307-08857-3

Ⅰ.网… Ⅱ.乐… Ⅲ.地理信息系统 Ⅳ.P208

中国版本图书馆 CIP 数据核字(2011)第 115477 号

责任编辑:王金龙　　　责任校对:黄添生　　　版式设计:马　佳

出版发行:**武汉大学出版社**　(430072　武昌　珞珈山)
(电子邮件:cbs22@whu.edu.cn 网址:www.wdp.com.cn)
印刷:虎彩印艺股份有限公司
开本:787×1092　1/16　印张:15.75　字数:354 千字　插页:1
版次:2011 年 7 月第 1 版　　2016 年 7 月第 2 次印刷
ISBN 978-7-307-08857-3/P·184　　定价:33.00 元

序

经过几十年的发展，地理信息系统从桌面地理信息系统，发展到网络地理信息系统，再到分布式地理信息服务，地理信息技术与系统的体系结构不断发展，地理信息应用的社会化程度不断提高。信息网络的发展，对方便快捷的地理信息服务提出了新的需求。地理信息服务已经成为网络地理信息系统的发展趋势。

武汉大学测绘遥感信息工程国家重点实验室围绕网络地理信息系统和服务，展开了系统深入的研究，发展了空间信息服务的注册、发现、匹配和组合等系列方法，初步建立了我国地球空间信息网络服务标准体系，建立了相当规模的空间信息服务研究人才团队。

网络地理信息系统的教材已经很多，为网络 GIS 基础知识的介绍和成熟技术的普及起到了重要的推动作用。但现有的著作中，侧重介绍空间信息服务的著作尚不多见。本书首先对网络地理信息系统基础部分进行简要介绍，承前启后，进一步介绍了空间信息服务的基础标准和技术，然后从空间信息服务的主要类别出发，介绍了空间信息基本服务、服务集成和应用等，最后对空间信息服务的前沿进行了介绍。

本书作者多年从事地理信息系统基础软件平台 GeoStar 的研发工作，继而又在美国和国内对网络空间信息服务开展了系统深入的研究，取得了较好的研究成果。作者结合自己的研究和当前地理信息技术的发展，在武汉大学开设了“网络地理信息系统和服务”课程，为研究生系统地讲述网络地理信息系统与服务的理论与方法，在多年研究与教学的基础上进行归纳总结，编写成这部著作。

该书的出版，有助于研究生和科研人员对空间信息服务进行全面的了解，促进网络地理信息系统和服务的研究和应用。希望作者再接再厉，进一步丰富空间信息服务的内涵、理论和方法，促进地理信息更广泛的应用和服务。

龚健雅

2011 年 5 月于武汉

前　言

进入21世纪后，随着计算机技术、网络技术和对地观测技术的进一步发展，全球范围内地理空间数据共享的技术走向成熟，空间信息从行业应用领域进入公众应用领域。国际开放地理信息联盟（OGC）制定了一系列标准规范来实现网络环境下空间信息和处理功能的共享和互操作。层出不穷的信息技术，包括网格计算、云计算、Web2.0、语义网、网络服务、物联网等，不断更新人们获取和应用空间信息的模式，推动着地理信息系统朝着空间信息服务的方向发展。

笔者自2008年起，在武汉大学测绘遥感信息工程国家重点实验室连续三年主讲研究生课程“空间信息服务”（后更名为“网络地理信息系统和服务”），旨在传统GIS基本理论与方法的基础上，介绍网络GIS（特别是空间信息服务）的前沿研究热点，为GIS专业研究生开展前沿研究做好知识储备。在教课过程中，深感需要一本介绍当代网络GIS和服务现状的著作。

自2000年以来，作者从组件式GIS平台（Geo Star）软件开发开始，先后承担空间投影模块、地图制图符号模块、几何对象模型模块、空间分析和网络分析模块、空间数据库引擎模块的组件开发等，并于2004年7月至2007年5月在美国乔治-梅森大学空间信息科学与系统研究中心访问，参与美国国家地学空间情报局（NGA）和国家航空航天局（NASA）数百万美元的空间信息服务项目研究工作。空间信息服务的相关研究成果在GIS的核心学术期刊 *International Journal of Geographical Information Science*, *GeoInformatica*, *Computers & Geosciences*, *Computers, Environment and Urban Systems*, *Transactions in GIS* 上发表。本书的部分内容来自这些实践工作的总结。

本书的出版，获得了国家973课题“面向任务的对地观测传感网信息聚焦服务模型”（2011CB707105）、国家自然科学基金项目“空间信息服务链构建中的元数据追踪机制和空间数据起源研究”（40801153）和“空间信息智能服务理论与方法”（41023001）等科研项目的资助。国家电网GIS空间信息服务平台的开发来自武大吉奥信息技术有限公司的“EPGIS SERVER平台部分功能研发”项目。作者对以上各方面的支持表示热忱的感谢！

作者衷心感谢龚健雅教授和狄黎平教授，正是他们长期以来对学生的关心和支持，促成了本书的完成。本书涉及的一些研究工作，得到了实验室朱欣焰教授、陈能成教授、陈静副教授、向隆刚副教授、王艳东教授、高文秀教授、吴华意教授等许多老师的热心支持。课程讲义的整理和GeoPW等空间信息服务平台的开发得到了下列学生的支持：王倩、孙子恒、孙立志、刘欢欢、吴丽龙、周红秀、胡磊、翟曦。在此，一并表示衷心的感谢。同时，向被本书引用的文献的作者表示衷心的感谢。感谢武汉大学出版社，特别是王金龙编辑，对本书出版的大力支持。

由于作者水平有限，书中难免存在不足和疏漏之处，敬请读者批评指正。

乐　鹏

2011年5月于武汉

目 录

第1章 概 述

1.1 地理信息系统概述

地理信息系统（Geographical Information System）简称 GIS。GIS 与一般信息系统的区别在于 GIS 管理的是与空间位置相关的信息，GIS 与制图系统的区别在于 GIS 提供了空间分析功能（Burrough 和 McDonnell，1998）。从计算机科学角度看，GIS 可以分为计算机硬件、软件、数据、用户四大组成部分（龚健雅，2002）。从功能上划分，GIS 提供了空间和地理分布有关数据的采集、表达、管理、分析、显示和应用等功能。

1.1.1 地理信息系统发展历程

地理信息系统起源于 20 世纪 60 年代，发展迅速，大致可以分为以下四个发展阶段。

第一阶段是起步阶段。20 世纪 50 年代末 60 年代初，计算机获得了较为广泛的应用。在地理资源管理、土地利用等行业，开始利用计算机对空间数据进行存储和管理。在这个背景下，60 年代末，加拿大建立了世界上第一个地理信息系统。进入 70 年代以后，计算机软硬件技术的飞速发展，特别是大容量的存取设备——磁盘的出现，为空间数据的录入、存储、检索和输出提供了强有力的手段。用户屏幕和图形、图像卡的发展增强了人机对话和图形显示功能，促使 GIS 迅速发展。如美国地质调查局发展了多个地理信息系统，用于处理地理、地质、水资源等领域的空间信息。瑞典、法国、日本等发达国家也建立了自己的地理信息系统。

第二阶段为发展阶段。进入 20 世纪 80 年代后，地理信息系统在理论、方法和技术上取得突破和趋于成熟。随着计算机的发展，图形工作站和个人计算机等性能价格比大为提高的新一代计算机逐渐推出。软件开发工具的广泛应用和数据库技术的推广，提高了 GIS 的数据处理和空间分析能力，使得 GIS 的应用更加深入。许多机构或组织开始投入 GIS 软件的研制和开发，一些代表性的 GIS 基础平台软件和应用软件开始涌现，并可以在工作站或微机上运行。

第三阶段为行业普及阶段。20 世纪 90 年代是地理信息系统在行业普及应用的阶段。微机和 Windows 操作系统的迅速发展，推动了计算机在全世界的普及，在此基础上开发的桌面地理信息系统开始为行业用户广为接受，GIS 成为许多机构，特别是政府决策部门必备的工作系统。随着因特网，特别是万维网（Web）的发展，各软件厂商开始研究基于 Web 的地理信息系统，网络地理信息系统的雏形开始出现。中国的 GIS 软件产业也在这个时期成长起来，在 GIS 平台软件市场上，涌现了一批国产 GIS 基础软件品牌，市场份额不断扩大，成为国内市场的一支主要力量。

第四阶段为大众化服务阶段。进入 21 世纪初期后，随着计算机技术和网络技术的进一步发展，以虚拟地球为平台，进行全球范围地理空间数据共享的技术走向成熟。地理信息产品广泛地被社会大众所使用，空间信息从行业应用领域进入公众应用领域。国际开放地理信息联盟（OGC）制定了一系列标准规范来实现网络环境下空间信息和处理功能的共享和互操作。层出不穷的信息技术，包括网格计算、云计算、Web 2.0、语义网、网络服务、物联网等，不断更新人们获取和应用空间信息的模式，推动着地理信息系统朝着空间信息服务的方向发展。

1.1.2 空间信息领域前沿热点示例

1.1.2.1 谷歌地球

美国谷歌（Google）公司 2005 年推出谷歌地球（Google Earth）产品，它利用宽带技术与三维（3D）技术，整合卫星图片、航拍图片与电子地图，为用户展现一个三维的地球模型（图 1.1）（Google，2005）。用户可以下载客户端软件到自己的电脑上，然后免费浏览全球各地的高清卫星图片。空间数据放在 Google 服务器上，能够为用户提供总体性能很高的网络空间数据服务，成熟的数据流和缓存技术提高了用户浏览的效率。

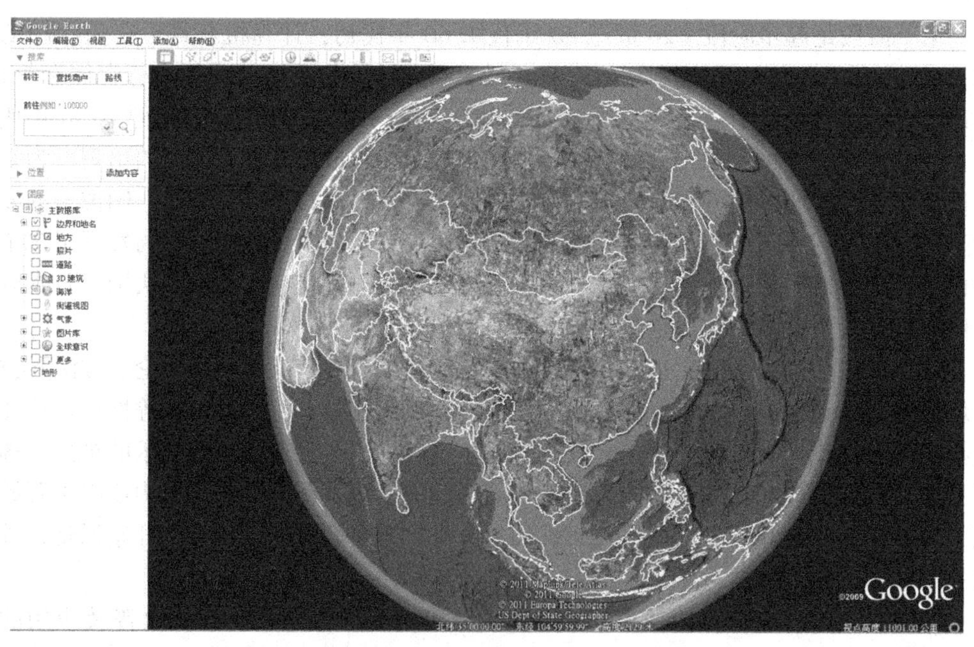

图 1.1　谷歌地球软件客户端

Google Earth 提供的区域查找功能能够让用户查询饭店、宾馆、行车路线，使用多图层功能可以查询公园、学校、医院、机场和商场等，这些传统的 GIS 功能通过 Google Earth 走向千家万户。除了浏览之外，Google Earth 提供了诸多交互功能，如距离/面积量测、地名标注与图片上传等，允许标注信息的导入和导出，使得 Google Earth 的使用交流非常便利。在收购建模软件 SketchUp 之后，Google Earth 可导入自建三维建筑模型。

类似 Google Earth 之类的软件还有美国微软的 Virtual Earth、美国国家航空航天局 NASA 的 World Wind 等，这类软件产品统称为虚拟地球（Virtual Globe）软件。全世界数以千万的用户下载和使用这些虚拟地球产品，这些工具用户界面友好，以直观的方式让用户感知空间世界，极大地促进了空间信息在公众生活中的应用。传统局限于行业内应用的 GIS 也逐渐为大众所了解和使用（Butler，2006）。

1.1.2.2　城市空间信息网格化集成和服务

网格化集成的理念来自于计算机领域的网格（Grid）技术。网格技术是构筑在互联网上的一种新兴技术，它试图实现互联网上所有资源的全面连通，实现计算资源、存储资源、通信资源、软件资源、信息资源、知识资源的全面共享（Foster 和 Kesselman，2004）。简单地讲，网格技术旨在将整个因特网整合成一台巨大的超级计算机，实现各种资源的全面共享，消除资源孤岛。其核心是解决广域环境下各种计算资源的共享和协同工作，因此网格技术与空间信息技术的结合，可以很好地解决地理空间信息的共享、资源有效利用和协同工作等问题（陈述彭等，2002；李德仁等，2003）。

城市空间信息网格化集成和服务是中国城市管理走出的一条特色化道路。它将计算机领域的网格概念和模式应用到城市管理领域，利用现代信息技术和各网格单元间的协调机制，在网格单元之间实现有效地信息交流，透明地共享组织的资源，最终实现整合组织资源、提高管理效率的现代化管理思想（王元放和裘薇，2006）。

2004 年 10 月，北京东城区在全国率先推出了城市的网格化管理新模式，建立网格化城市管理信息平台（图 1.2），采用万米单元网格管理法和城市部件管理法相结合的方式，改变原有的粗放式管理模式，实现了城市管理空间细化和管理对象的精确定位（陈平，2005）。这一新模式提高了城市管理的效率，北京市已经开始在全市推广东城区的经验。此外建设部于 2005 年 7 月在北京召开了数字化城市管理现场会，部署了推广数字化城市管理的意见和推广方案，决定在深圳市、成都市、杭州市、武汉市、扬州市、烟台市、北京市朝阳区、上海市长宁区、卢湾区、南京市鼓楼区等十个城市（区）展开网格化管理的试点工作（范况生，2006）。到 2010 年，已有 51 个国内城市和城区进入试点，这一数字还在不断扩大。“城市网格化管理”已经成为国内各地建设数字城市的模板。

1.1.2.3　传感网

20 世纪 90 年代末，美国麻省理工学院提出网络无线射频识别（RFID）系统——把所有物品通过射频识别等信息传感设备与互联网连接起来，实现智能化识别和管理。2005 年国际电信联盟（ITU）在突尼斯举行的信息社会世界峰会（WSIS）上正式提出了“物联网”（Internet of things）的概念（ITU，2005）。顾名思义，物联网就是物物相连的互联网：

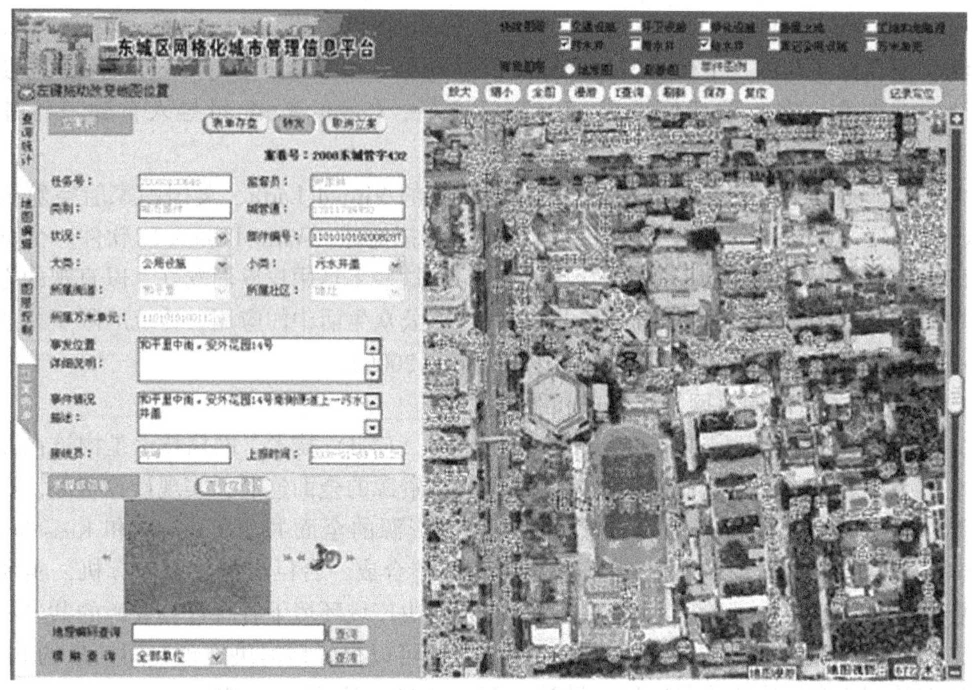

图 1.2　北京东城区网格化城市管理信息平台

（1）物联网的核心和基础仍然是互联网，是在互联网基础上的延伸和扩展的网络；

（2）其用户端延伸和扩展到了任何物体与物体之间，进行信息交换和通信。

因此，物联网的定义是：通过射频识别（RFID）、红外感应器、全球定位系统、激光扫描器等信息传感设备，按约定的协议，把任何物体与互联网相连接，进行信息交换和通信，以实现对物体的智能化识别、定位、跟踪、监控和管理的一种网络（温家宝，2010）。传感器网络（Sensor Network）将传感器节点通过有线或无线通信方式进行自组织联网，协作完成大规模复杂的监测任务，可以认为是物联网的一部分（孙其博等，2010）。

传感网（Sensor Web），特别是对地观测传感网，是对地观测领域的应用概念。它将传感器以及传感器网络与万维网（Web）相结合，利用标准协议与接口对传感器与观测进行发现和访问（Botts 等，2006a）。图 1.3 显示了 OGC 提出的传感网的概念图。在传感网环境下，空天地传感器具有以下特点：

- 所有的传感器都会报告它的位置信息；
- 每个传感器都连到万维网上；
- 注册传感器的元数据信息以方便查找；
- 可以远程读取传感器观测的数据；
- 可以对部分传感器进行规划与控制。

传感网的建设为实时或准实时获取和处理对地观测数据提供了基础。2006 年《自

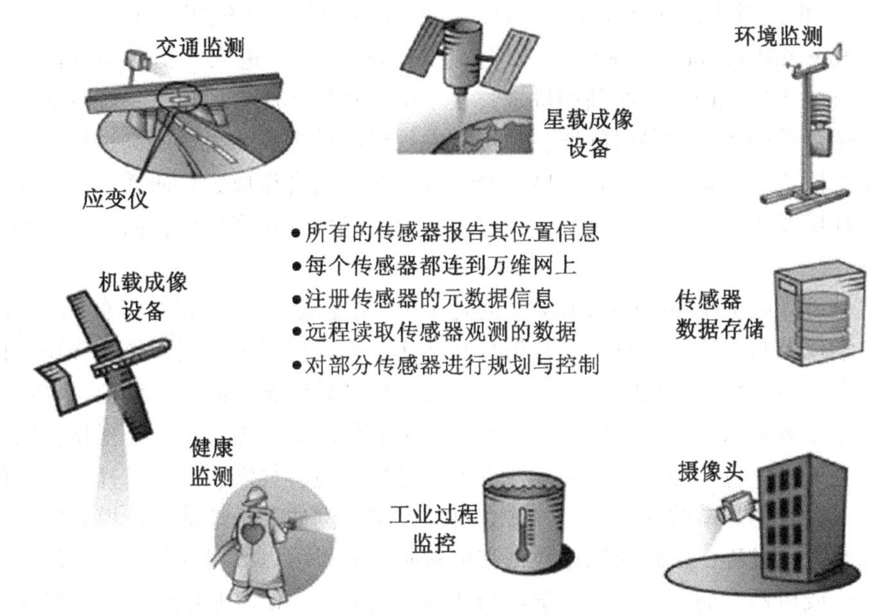

图 1.3　OGC 传感网概念图

然》（*Nature*）杂志将传感网作为 2020 年的计算远景，认为观测网将实现首次大规模地实时地获取现实世界的数据，帮助科学工作者验证科学假设，自动分析事件和自主调整适应变化的环境（Butler，2006）。

1.1.2.4　云计算

随着虚拟化、分布式存储等计算机技术的发展，产生了一种新的计算模式——云计算（Vaquero 等，2009）。"云"是互联网或大型服务器集群的一种比喻，由分布的互联网基础设施（网络设备、服务器、存储设备、安全设备等）等构成，提供一种动态的、易扩展的、且通常是通过互联网提供的虚拟化的按需付费的资源计算方式（Armbrust 等，2009）。用户的计算机除了通过浏览器给云发送指令和接收数据外基本什么都不用做，便可以享受到云服务提供商的计算资源、存储空间和各种应用软件。

云计算最初的概念是由 Google 提出的，目前，IBM、Google、微软、Amazon 等 IT 巨头公司大力推广云计算及其应用，云计算已经从科学研究进入到行业应用阶段，而早先 Amazon 在云计算上提供的成功商业模式则更加推动了云计算的热潮。常见的云计算平台有：Windows Azure、Google App Engine、Amazon EC2&S3，以及开源软件平台 Hadoop 等。

云计算的最终的目标是将计算、服务和应用作为一种公共设施提供给公众。用户可以购买主要 IT 厂商提供的云服务，把自己的业务逻辑托管到云平台上，通过网络以按需、易扩展、低成本的方式获得所需的服务。云计算的典型服务模式包括基础设施即服务（IaaS）、平台即服务（PaaS）和软件即服务（SaaS）等（NIST，2009）。

1.1.2.5 空间信息基础设施

进入21世纪以来，网络化信息基础设施的建设为科学研究提供了一个信息化的科研环境（Hey 和 Trefethen，2005），地理信息科学研究开始进入一个网络时代。与此同时，科学研究工作也面临一些新的挑战。科学研究对象从原有的孤立系统发展到现在跨学科的、覆盖范围更大的科研问题；模拟和大规模的计算成为科学研究过程中分析和预测的主要手段之一；跨组织、跨地域、跨学科的交流与合作成为科研活动的主流。科研的信息化环境发生了重大变革，科学研究与主流信息技术紧密集成，向开放的协作研究环境发展。

信息基础设施 Cyberinfrastructure（简称 CI）基于先进的计算、信息和通信技术，将人、科学仪器与装置、计算工具和信息联结在一起，提供了协同工作的环境。科学研究的经典方法——理论分析和实验观察——与信息基础设施上的计算模拟并存；科学家可以利用原始数据以及各种来源的新模型，使用最新的工具去分析、可视化，以及模拟复杂的相互关系；可以突破传统的学科界限，进行环境、气候、天文、社会等学科的协作研究；可以利用高端的计算资源，建立科学模型，例如基于地球系统模型模拟全球气候系统及其复杂过程；所有的原始数据和最新研究成果可以方便的分享，不仅限于同一个研究团体或机构，而是在所有的学科和地域之间分享。信息基础设施为科研活动提供了革命性的新模式，从而大大促进了科研活动中的信息共享、合作与交流，促进了学科的交叉，提高了工作效率和创新发现能力。

美国国家科学基金会2003年发布了《通过 Cyberinfrastructure 促进科学和工程的革命》报告，2007年发布了2006—2010年科研信息化基础设施的发展规划，认为信息基础设施正在革命性地改变科学和工程研究以及教育的方式，并计划建立一个国家的信息化基础设施框架，把高性能计算环境和国家数据框架集成到该框架中，使得端到端的信息化服务系统能够得到开发、部署、发展和持续的支持（NSF，2007）。国际上已经出现了许多大型的以 CI 为基础的虚拟科研组织，例如美国的长期生态学研究网络 LTER，大气科学研究网络环境 LEAD，地球科学研究网 GEON，地震工程模拟网 NEES，环境研究的协作大范围工程分析网络 CLEANER，英国的 e-Science 计划，欧洲的分布式欧洲超级计算机应用基础设施 DEISA，e-Infrastructure 计划等。它正在成为科研活动方式中大型研究的主流组织形式，对跨组织、跨地域、跨学科的合作研究起到了重大推动作用。

空间信息基础设施（Geospatial Cyberinfrastructure）的建设旨在信息基础设施的基础上支持地理空间信息的采集、管理、使用等，服务于跨学科的科学研究（Yang 等，2010）。通过信息化基础设施，可以有效地将传感器、空间数据、计算机和人结合起来，提供传感器观测、数据存储、数据挖掘、数据可视化以及地学计算和信息处理服务等。

1.1.2.6 智慧地球

2008年年底，IBM 公司在全球范围内首次提出“智慧地球（smart planet）”概念（IBM，2008）。智慧地球的核心是以一种更智慧的方法，利用新一代信息通信技术来改变政府、公司和人们相互交互的方式，以便提高交互的准确性、灵活性和响应速度。智慧地球所指的“智慧”具有三个方面的特征：

(1) 更透彻的感知，即能够充分利用任何可以随时随地感知、测量、捕获和传递信息的设备、系统或流程。通过使用这些新设备，从人的血压到公司财务数据或城市交通状况等任何信息都可以被快速获取并进行分析，便于立即采取应对措施和进行长期规划。

(2) 更全面的互联互通，即指智慧的系统可按新的方式协同工作。通过各种形式的高速的高带宽的通信网络工具，将个人电子设备、组织和政府信息系统中收集和储存的分散的信息及数据连接起来，进行交互和多方共享，从而更好地对环境和业务状况进行实时监控，使得工作和任务可以通过多方协作来得以远程完成，从而彻底地改变了整个世界的运作方式。

(3) 更深入的智能化，即深入分析收集到的数据，以获取更加新颖、系统且全面的洞察来解决特定问题。使用先进技术（如数据挖掘和分析工具、科学模型和功能强大的运算系统）来处理复杂的数据分析、汇总和计算，以便整合和分析海量的跨地域、跨行业和职能部门的数据和信息，并将特定的知识应用到特定行业，特定的场景，特定的解决方案中以更好地支持决策和行动。

在智慧地球理念的基础上，IBM 于 2009 年进一步提出了“智慧的城市”理念（IBM，2009），指出“智慧的城市”需要具备四大特征：

(1) 全面物联：智能传感设备将城市公共设施物联成网，对城市运行的核心系统实时感测。

(2) 充分整合：“物联网”与互联网系统完全连接和融合，将数据整合为城市核心系统的运行全图，提供智慧的基础设施。

(3) 激励创新：鼓励政府、企业和个人在智慧基础设施之上进行科技和业务的创新应用，为城市提供源源不断的发展动力。

(4) 协同运作：基于智慧的基础设施，城市里的各个关键系统和参与者进行和谐高效地协作，达成城市运行的最佳状态。

智慧地球的构建建立在数字地球的基础之上。数字地球是信息化的地球，它包括全部地球资料的数字化、网络化、智能化和可视化的过程。其核心思想是用数字化手段整体性地解决地球问题，并最大限度地利用信息资源，实现了“秀才不出门，能知天下事”。智慧地球面向的不仅仅是信息化，而是面向了物理世界，将物联网与数字地球连接起来，可以实时感知物体的信息，对海量的数据和信息进行分析和处理，对物体实施智能化的控制，实现了“秀才不出门，能做天下事”（李德仁等，2010）。

1.1.3 地理信息系统发展趋势

随着计算机技术和网络技术的发展，GIS 也在迅速发展变化着。透过以上空间信息领域前沿热点的介绍，GIS 以后的发展趋势可以概况为以下几点。

1. 网络化

在网络环境下，GIS 由原有的孤立封闭的单机单用户系统，走向开放式的跨部门和组织的分布式系统。对于 GIS 的发展，计算机网络技术是起到质变作用的重要技术。网络化可以使分布式的数据的管理、维护变得简单，并且可以比较容易的实现数据的共享。GIS 网络化给 GIS 数据在更大范围内的发布、出版、获取和查询提供了有效可行的途径。数据资源、计算资源，以及不同粒度和类别的分析功能在网络环境下的共享服务和动态链接，提供了可扩展性和开放性更强的网络地理信息系统。

2. 社会化

伴随着 Google Earth 等虚拟数字地球软件的出现，空间信息正在经历一场从行业应用领域进入公众应用领域的革命。随着 GIS 理论和技术的发展，其在人们日常生活中也占据着越来越重要的位置。出行前查询公交线路，到新的地方后寻找宾馆、购物中心、旅游景点，商场、餐馆等都可以通过网络 GIS 技术轻松解决，GIS 已经渗透到了人们的衣食住行中。GIS 不仅成为行业应用服务的平台，而且提供基础性社会公众服务，推动了空间信息服务的社会化进程。云计算的引入，将使得客户无需安装传统的 GIS 桌面软件，只需用网络浏览器则可以操作相关的功能，使用虚拟化和经济适用化的服务，使 GIS 真正成为一种大众使用的工具和服务。

3. 智能化

随着 GIS 在各行各业广泛的应用，GIS 逐渐向智能化发展，体现智慧地球的理念。在动态交通、智能化城市管理等领域，需要实现精确、高效、全时段、全方位的城市管理。在对地观测领域，前所未有的数据采集能力对空间科学研究和应用提出了挑战，例如自 2005 年起美国航空航天局 NASA 对地观测系统的四颗卫星每年能提供至少 1000TB 的新数据。大量的数据自从采集后就未能得到有效的分析，一方面很难获取精确满足用户需求的空间数据，另一方面缺乏智能性严重影响了数据的有效使用。在网络承载的海量信息环境下，如何精确地寻找空间数据和服务、自动集成数据和服务来帮助用户解决实际的应用问题，是 GIS 的重要发展方向。

4. 一体化

传感网的引入使 GIS 由“静”到“动”。已有的 GIS 管理和分析的是静态的数据，传感网对现实世界的实时感知和数据获取为 GIS 提供了动态的数据流，为环境、资源、生态、灾害等应用提供时空现势信息。对地观测传感器包括不同类型的传感器，如激光、雷达、红外等，它们如何协同观测，航空、航天、地面时空信息如何融合，以及不同国家或部门的对地观测系统如何协调与合作等，都对一体化提出了需求。国际对地观测组织（GEO）倡导建立一体化全球对地观测集成系统（GEOSS）。实现各个孤立系统协同工作的地球空间数据实时/准实时获取、处理和应用一体化系统已成为政府管理和决策、行业部门业务运行所需，将会大大促进行业间的数据集成与共享，减少重复建设，充分有效的利用现有观测资源、处理资源、决策资源，进行协作和交互。

1.2 从地理信息系统到空间信息服务

传统的 GIS 是封闭、孤立的系统，没有统一的标准，各自采用不同的数据格式、数据存储和数据处理方法，GIS 应用系统的开发基于具体的、相互独立和封闭的平台。随着计算机网络的发展和万维网的出现及普及，越来越多的信息在不同软件系统中处理，在网络上发布。为了能使不同的 GIS 软件之间具有良好的互操作性，以及在异构分布数据库中共享信息，避免重复的数据输入和处理，开放式地理信息系统便由此产生（黄裕霞等，1998）。

开放式地理信息系统的研究，在考虑空间数据特点、GIS软件架构等基础上，实现不同的地理信息系统软件之间的互操作，为GIS走向网络环境下的共享与服务奠定理论基础。

1.2.1 开放式地理信息系统理论研究

本节简要介绍传统GIS基本理论与方法，包括空间数据基本特征、空间数据模型、空间数据管理等，在此基础上，回顾地理信息系统体系结构的演变，指出互操作是开放式地理信息系统的核心。

1.2.1.1 空间数据基本特征

在地理信息系统中，对空间目标描述的数据类型有三种：空间特征数据、时间属性数据和专题属性数据。一般把时间属性数据和专题属性数据视为属性特征数据，把空间特征数据和属性特征数据统称为空间数据或地理数据。

归纳起来，空间数据具有以下5个基本特征（龚健雅，2001）：

1. 空间特征

每个空间对象都具有空间坐标，即空间对象隐含了空间分布特征。这意味着在空间数据组织方面，要考虑它的空间分布特征。除了通用数据库管理系统或文件系统关键字的索引和辅关键字索引以外，一般需要建立空间索引。

- 抽象性：不同的抽象，同一自然地物表示可能会有不同的语义。如河流既可以被抽象维水系要素，也可以被抽象为行政边界，如省界、县界等。
- 多尺度：不同的观察尺度具有不同的比例尺和不同的精度，同一地物在不同的情况下就会有形态差异。
- 多时空性：一个GIS系统中的数据源既有同一时间不同空间的数据系列；也有同一空间不同实际序列的数据。
- 数据分布不均匀：局部数据相对稠密，而另外的区域却相对稀疏；部分对象相对复杂，而另外的对象却又相对简单。

2. 非结构化特征

在当前通用的关系数据库管理系统中，数据记录一般是结构化的。即它满足关系数据模型的第一范式要求，每一条记录是定长的，数据项表达的只能是原子数据，不允许嵌套记录。而空间数据则不能满足这种结构化要求。若将一条记录表达一个空间对象，它的数据项可能是变长的，例如，1条弧段的坐标，其长度是不可限定的，它可能是2对坐标，也可能是10万对坐标；其二，1个对象可能包含另外的1个或多个对象，例如，1个多边形，它可能含有多条弧段。若1条记录表示1条弧段，在这种情况下，1条多边形的记录就可能嵌套多条弧段的记录，所以它不满足关系数据模型的范式要求，这也就是为什么空间图形数据难以直接采用通用的关系数据管理系统的主要原因。

3. 空间关系特征

空间数据除了前面所述的空间坐标隐含了空间分布关系外，空间数据中记录的拓扑信息表达了多种空间关系。这种拓扑数据结构一方面方便了空间数据的查询和空间分析，另一方面也给空间数据的一致性和完整性维护增加了复杂性。特别是有些几何对象，没有直接记录空间坐标的信息，如拓扑的面状目标，仅记录组成它的弧段的标识，因而进行查找、显示和分析操作时都要操纵和检索多个数据文件方能得以实现。

4. 分类编码特征

一般而言，每一个空间对象都有一个分类编码，而这种分类编码往往属于国家标准，或行业标准，或地区标准，每一种地物的类型在某个 GIS 中的属性项个数是相同的。因而在许多情况下，一种地物类型对应于一个属性数据表文件。当然，如果几种地物类型的属性项相同，也可以多种地物类型共用一个属性数据表文件。

5. 海量数据特征

空间数据量是巨大的，通常称海量数据。之所以称为海量数据，是指它的数据量比一般的通用数据库要大得多。一个城市地理信息系统的数据量可能达几十 GB，如果考虑影像数据的存储，可能达几百个 GB。这样的数据量在城市管理的其他数据库中是很少见的。正因为空间数据量大，所以需要在二维空间上划分块或者图幅，在垂直方向上划分层来进行组织。

1.2.1.2 空间数据模型

空间数据模型是对现实世界部分现象的抽象，它描述了现实世界中空间实体及其相互关系。空间数据模型为空间数据的组织和空间数据库的设计提供基本的方法，对地理空间数据库系统内部以及内部和外部之间进行数据交换和数据共享意义重大。空间数据模型可以分为栅格模型和矢量模型，两者最根本的区别在于它们如何表达空间概念。

1. 基于要素的矢量数据模型

矢量数据模型将现象看做离散原型实体的集合，因此可以看成是基于要素的。在二维模型内，原型实体是点、线和面；而在三维模型内，原型实体也包括表面和体。矢量模型的表达源于原型空间实体本身，通常以坐标来定义。原型实体与其属性构成了表达一个空间对象的要素。矢量数据模型按其发展历史可以分为以下三个阶段（闾国年等，2007）：

（1）CAD 数据模型。源于 20 世纪 70 年代通用的计算机辅助设计（CAD）软件。其侧重于地理信息的图形表示，空间数据不存储在数据库中，并且通常缺乏对属性数据的支持。

（2）地理关系模型（Georelational Data Model）。以美国 ESRI 公司早期商业 GIS 软件 ARC/INFO 的 Coverage 数据模型为代表。其将几何图形数据与属性数据关联，图形数据放在建立索引的二进制文件中，并保存矢量数据间的拓扑关系，属性数据放在关系数据库管理系统中。

（3）面向对象模型（GeoDatabase）。在 ESRI 的后期 GIS 软件 ArcGIS 中，GeoDatabase 模型利用面向对象技术把现实世界抽象为若干对象类。具有相同属性集、行为和规则的空间对象集合体现为要素类。要素类中的要素集合具有相同的空间参考特征。

2. 基于场（Field）的栅格数据模型

栅格数据模型是基于连续铺盖的，它将连续空间离散化，即用二维或三维铺盖划分覆盖整个连续空间。地理空间中的现象作为连续的变量或体来看待，如大气污染程度、地表温度、土壤湿度、地形高度以及大面积空气和水域的流速和方向等。一个二维场就是在二维空间中任意给定的一个空间位置上，都有一个表现某现象的属性值，即 $A=f(x, y)$。一个三维场是在三维空间中任意给定一个空间位置上，都对应一个属性值，即 $A=f(x, y, z)$。栅格数据模型把空间看做像元的划分，每个像元都与分类或者标识所包含的现象的一个记录有关。栅格数据模型描述的就是二维或三维空间中连续变化的数据。

1.2.1.3　空间数据管理

由于空间数据的特殊性，尤其空间坐标的非结构化特征，使空间数据的管理有别于其他的信息系统对数据的管理。同时，空间数据的管理，也随着其他的技术发展而变化，如数据库技术（龚健雅，2001）。

1. 文件系统

早期的 GIS 软件对空间、属性、影像、多媒体数据都是由文件系统进行存储，文件格式以及数据组织由自己定义。

这种方式在数据量不是很大、对数据不涉及并发操作等情况下，可以发挥积极的作用，如 ARC/INFO、MapInfo 等软件都有自己的文件格式存储空间数据。但随着 GIS 数据的激增和数据类型的多元化以及 GIS 数据网上发布等新特征的出现，这种管理模式已经不能适应 GIS 软件的要求。

2. 文件与关系数据库混合管理系统

在这种管理模式中，文件系统管理空间数据，关系数据库管理属性数据，它们之间一般通过对象标识符（OID）来关联。如图 1.4 所示。

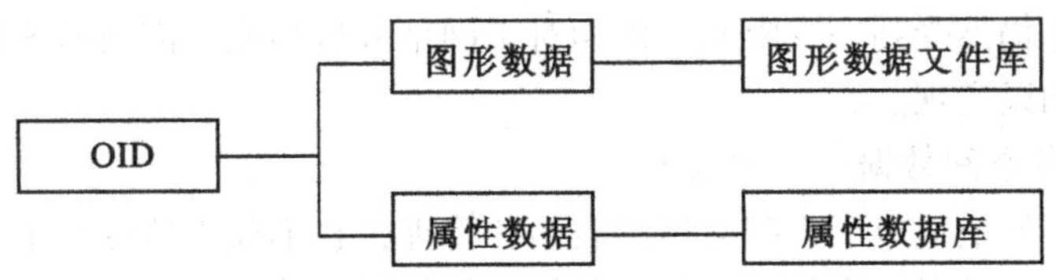

图 1.4　GIS 中图形数据与属性数据的连接

这种管理模式虽然使用了关系数据库，但由于空间数据和属性数据是由文件系统和数据库分别管理，因而在数据的安全性、一致性、完整性、并发控制、灾难恢复等方面不能充分利用关系数据库所提供的比较成熟的功能。可以说，这种混合管理系统比较脆弱，仍然远远不能满足现在对空间数据管理的要求。而以往的网络分析模型大多是建立在这种模式的基础上。

3. 全关系型空间数据库管理系统

全关系型空间数据库管理系统是指图形和属性数据都用现有的关系数据库管理系统管理。关系数据库管理系统的软件厂商不作任何扩展，由 GIS 软件商在此基础上进行开发，使之不仅能管理结构化的属性数据，而且能管理非结构化的图形数据。

用关系数据库管理系统管理图形数据有两种模式：

（1）图形数据按照关系数据模型组织，利用关联表的方式进行管理。

对每一个空间表，都有另外一个表通过 OID 与此表关联。几何坐标将存放在这个关联表中，所有的几何对象都看成是由点构成，每个点的 XY 和 XYZ 存放为一行，有多少个点就存放多少行。获取空间数据时进行 join 运算，显然，这种关系连接运算比较复杂，非常费时。由此可见，关系模型在处理空间目标方面效率不高。

（2）利用 BLOB 等大二进制数据类型。

目前大部分关系数据库管理系统都提供了二进制块的字段域，以适应管理多媒体数据或可变长文本字符。GIS 利用这种功能，通常把图形的坐标数据，当做一个二进制块，交由关系数据库管理系统进行存储和管理。这种存储方式，虽然省去了前面所述的大量关系连接操作，但是二进制块的读写效率要比定长的属性字段慢得多，特别是牵涉对象的嵌套，速度更慢。

4. 对象关系数据库管理系统

由于直接采用通用的关系数据库管理系统的效率不高，而非结构化的空间数据又十分重要，所以许多数据库管理系统的软件商纷纷在关系数据库管理系统中进行扩展，使之能直接存储和管理非结构化的空间数据，如 DB2、Informix 和 Oracle 等都推出了空间数据管理的专用模块，定义了操纵点、线、面、圆、长方形等空间对象的 API 函数。

这些专用模块都提供了强大的空间数据管理、空间分析、索引维护等功能，为用户提供了极大的便利。而且，这种扩展的空间对象管理模块解决了空间数据变长记录的管理，由于由数据库软件商进行扩展，它的效率要比二进制块的管理高得多，目前已开始得到广泛使用。

但是它没有解决对象的嵌套问题，空间数据结构不能由用户任意定义，拓扑关系无法表达，使用上仍然受到一定限制。例如对于网络分析功能，需要 GIS 软件商独立地开发相应的模块加以实现。

5. 面向对象空间数据库管理系统

面向对象模型最适应于空间数据的表达和管理，它不仅支持变长记录，而且支持对象的嵌套、信息的继承与聚集。面向对象的空间数据库管理系统允许用户定义对象和对象的数据结构以及它的操作。这样，我们可以将空间对象根据 GIS 的需要，定义出合适的数据结构和一组操作。这种空间数据结构可以是不带拓扑关系的数据结构，也可以是拓扑数据结构，当采用拓扑数据结构时，往往涉及对象的嵌套、对象的连接和对象与信息聚集。但由于面向对象数据库管理系统还不够成熟，目前在 GIS 领域还不太通用，基于对象关系的空间数据库管理系统成为 GIS 空间数据管理的主流。

1.2.1.4 地理信息系统体系结构

地理信息系统软件的体系结构与信息技术的发展密切相关，历经了单机模式的集中管理、客户/服务器体系结构、分布式服务架构。

1. 单机模式的集中管理

传统的单机版 GIS 软件数据和应用程序是集中管理的，其结构简单，便于实现，且在特定的硬件环境支持下运行效率高，便于维护。但是系统仅适用于具备 GIS 专业知识的用户，用于完成小型的应用工程。并且，很难实现不同 GIS 系统之间的互操作和数据共享，这就造成了系统的重复开发和数据重复生产，大大提高了 GIS 系统的开发成本。

2. 客户/服务器体系结构

许多已有的网络 GIS 应用遵循客户/服务器体系结构。在该结构下，数据存储、处理等功能由服务器负责，数据表现等功能在客户机例如网络浏览器执行（Abel 等，1998）。为了提高用户交互的性能，也可以将部分数据操作功能放在客户端。根据客户端和服务器端功能负荷的轻重，可以将客户端和服务器端分别划分为"瘦"/"胖"客户端和"轻"/"重"服务器（Chang 和 Park，2006）。例如一些轻量级的数据处理功能可以在客户端执行，而复杂的数据处理功能，正如目前许多网络 GIS 软件产品所实现的，放在服务器端执行。

3. 分布式服务架构

分布式服务架构早期是随分布式对象技术发展起来。分布式对象技术是分布式计算技术与面向对象技术的结合。在开发大型分布式组件系统中逐渐形成了 3 种具有代表性的主流分布式对象中间件技术，即对象管理组织 OMG 的 COBRA 技术、Microsoft 的 DCOM 和 Sun 公司的 EJB 技术（Tsou 和 Buttenfield，2002；Preston 等，2003）。然而，这些技术各自有一套独立的体系结构和私有协议，服务的客户端与系统提供的服务之间采用紧密耦合的模式，基于不同技术的应用系统之间通信十分不便。后期发展起来的网络服务技术，采用的协议具有通用性，服务间采用松散耦合的模式，具有完全的平台、语言独立性，成为分布式服务架构的主流技术。

1.2.1.5　地理信息互操作

GIS 虽然得到了广泛的应用，其使用范围已经涉及多个部门和学科，在资源管理、环境监测、防灾减灾等领域已经发挥着重要的作用，但是，由于多方面的原因，GIS 应用系统被认为是信息孤岛。现有的 GIS 数据来源于多种渠道，有地图数据、影像数据、地形数据等。数据内容与来源的差异性为数据的处理带来了难度。空间数据模型存在差异，有拓扑和无拓扑空间数据模型、二维和三维空间数据模型、时空数据模型等，应用部门在开发地理信息系统时通常是依据本部门的空间数据格式，对地理数据的组织有很大的差异，使得不同的 GIS 软件数据交换存在困难。各个地理信息系统是独立开发的，没有统一的标准，支持的平台各不一样，使得各系统之间数据共享和互操作存在障碍。这些问题归根到底是地理信息系统间的互操作问题，互操作是系统集成的基础（胡鹏等，2002）。

在《计算机辞典》中，将互操作定义为两个或者多个系统交换信息并相互使用交换信息的能力，即指一个系统接收和处理另一软件系统发送信息的能力，它反映了一个系统是否易于与其他软件系统快速连接，它是衡量软件质量的一个重要指标。国际地理信息联盟 OGC 认为地理信息系统互操作就是不同地理信息系统开发商生产的软件系统通过一致的、开放的接口进行交互的能力。

地理信息系统互操作在不同的情况下具有不同的侧重点，在强调软件功能块之间相互调用时称为软件的互操作；在强调数据集之间的相互透明地访问时称为数据的互操作；在强调信息的共享，在一定语义约束下的互相操作称为语义的互操作（龚健雅等，

2009)。目前地理信息系统的互操作强调地理空间数据和处理功能的共享。通过互操作实现不同GIS软件产品管理的数据和处理资源的集成，从而推动可互操作的地理信息处理软件和地理信息产品在各个领域中的广泛应用。

空间数据共享与互操作的模式主要有以下几种：

(1) 空间数据格式转换模式。例如Arc/Info的E00模式、ArcView的Shape格式、MapInfo的Mif格式。

(2) 直接数据访问模式。例如Intergraph的GeoMedia实现了对大多数GIS/CAD软件数据格式的直接访问。SuperMap 2.0则提供了存取MapInfo、OracleSpatial、ESRI ArcSDE、SuperMap SDB文件等的API函数。GeoStar提供了读取ArcInfo的shapefile和E00、OracleSpatial、ESRI ArcSDE和MapInfo的MIF数据等API函数。

(3) 基于公共接口的地理信息系统互操作模式。包括基于SQL、COM和CORBA的公共数据访问接口的API函数，基于网络服务的地理信息共享和互操作。

而空间信息处理功能的共享与互操作采用基于公共接口的地理信息系统互操作模式，例如OGC的网络处理服务规范WPS。

实现地理信息互操作，关键在于不同的系统和功能组件通过规范的接口来访问数据和调用数据处理操作。而开放式地理信息系统的理论研究成果，更多地表现为地理信息互操作规范。目前，广泛采用的地理信息互操作规范是由OGC制定的接口规范和国际地理信息标准化组织ISO/TC211制定的有关标准。

1.2.2 开放式地理信息系统实现技术

开放式地理信息系统的实现，与计算机技术的发展密切相关。从面向对象技术、分布式计算技术、分布式对象技术，到现在的网络服务技术等，都在开放式地理信息系统的实现中提供了技术支撑，并衍生出基于不同技术的地理信息互操作实现规范和空间信息服务规范。

1.2.2.1 面向对象技术

面向对象技术是计算机软件系统对现实世界进行模拟的一种技术。其基本思想是通过对问题领域的自然分割，用更接近人类通常思维方式建立问题领域的模型，并进行结构模拟和行为模拟，从而使设计出的软件能尽可能直接表现出问题的求解过程。

面向对象的技术具有继承性、多态性、封装性。

(1) 继承是面向对象方法中独有的特性。子类拥有父类的所有属性和方法，也可以有不是从父类继承下来的特殊的属性和方法。继承是一种十分有效的抽象工具，减少了数据冗余，又保证了数据的完整性和一致性。

(2) 多态是指同一个消息被不同的对象接收时，可解释为不同的含义。即相同的操作作用于多种类型的对象，并能获得不同的结果。

(3) 封装是只将方法和数据放于一个对象中，以使对数据的操作只可通过该对象本身的方法来进行。即对象是一个封装的模块，一个对象不能直接作用于另一个对象的数据，对象间的通信只能通过消息来进行。

在开放式地理信息系统的实现中，从地理数据模型到地理服务模型，面向对象技术都是无所不在的。例如：把数据类型及其操作都封装在一起，将共同的接口提供给用户，用户不需要知道其具体的实现过程。数据是隐藏在对数据进行操作的接口中的，对具体功能实现的改变不会影响到其接口。为了定义更具体的对象，可以在基本对象特性的继承上，增加一些更加具体的方法（黄裕霞等，1998）。

1.2.2.2 分布式计算技术

分布式计算是指借助计算机网络将分布在不同地点的计算实体如进程、组件等，组织在一起进行信息处理的一种方式，实现分散对等的协同计算。分布式计算技术提供了分布式处理的服务和工具。

在过去的几十年中，出现了大量的分布式计算技术，如中间件技术、网格计算技术等。

1. 中间件技术

在分布式网络环境下，由于资源的异构性，例如多种操作系统、多种网络协议、不同开发平台等，需要在应用软件与系统软件平台间建立一个中间软件层，屏蔽底层软件环境的复杂性，使应用开发者专注于业务逻辑的开发，中间件技术应运而生。中间件是一个基础性软件的一大类，属于可复用软件的范畴。任何能够使两种不同技术或软件平台之间相互协调、共同工作的软件，都称为中间件。如：在Client/Server体系结构中，Middleware就是帮助Client和Server进行交流与合作的一种中间件。远程程序调用（Remote Procedure Call，RPC）、面向消息的中间件（Message-Oriented Middleware，MOM）、发布与订阅（Publish-and-Subscribe，PUSH）、对象请求代理（Object Request Brokers，ORB）等都可以称为中间件。

2. 网格计算技术

网格计算是分布式计算的一种，它利用网络将地域与组织分布的资源，例如CPU、存储资源、通信系统、数据与软件资源、科学仪器以及人力资源汇集在一起，构成一个整体，为用户提供一个高性能的分布式计算平台。通过合理调度，不同机构的计算环境被综合利用和共享，从而使计算能力高度提升，减少和避免了对自身设备升级和购买的投入，同时提高了系统的容错能力和可靠性。网格提供了一种能够跨越组织界限，对分布计算、数据、科学仪器与人力等资源进行管理与利用的机制；网格是一种基础安全架构，使得来自于不同组织的用户能够进行可控制的协作与交流；网格是一种无缝的分布式处理环境，具有很强的扩展性，能够对大规模的资源进行管理与共享。

1.2.2.3 分布式对象技术

分布式对象技术是基于对象的分布式计算技术，用户可以访问位于网络上的任何对象，而不必知道对象的具体位置，也不必理解对象实现的内部机制。其建立在组件（Component）的概念之上，组件可以跨平台、网络、应用程序运行。分布式对象技术的目标是无缝连接和即插即用，实现的关键在于解决软件重用和互操作。其组成包括：对象接口、对象实现和对象请求代理。研究分布式对象技术的核心是用统一的标准协议通信来解决跨平台的连接和交互问题，并应用于开发大型分布式系统。

目前实现的主流分布式对象中间件技术有OMG的CORBA技术、Microsoft的COM/DCOM和.Net技术和Sun公司的EJB和J2EE技术（龚健雅等，2009）。

CORBA 遵循标准的对象管理体系架构（Object Management Architecture，OMA），通过“对象请求代理”（Object Request Broker，ORB）使得用不同的语言开发的组件或代码在网络环境下通信。ORB 是 CORBA 的核心，被称为 CORBA“软总线”，负责 Client 和 Server 上组件对象之间请求和响应消息的通信和互操作。在 ORB 之上定义了很多公共服务，可以提供诸如并发服务、名字服务、事务（交易）服务、安全服务等各种各样的服务。在 CORBA 体系架构中，对象请求采用二进制传输，请求方和服务方之间是紧密耦合的，这比较适应于企业环境中业务联系比较紧密、处理业务和应用程序之间紧密耦合的特点，所以 CORBA 非常适宜于企业内部的分布式计算环境。

DCOM 技术是组件对象模型（Component Object Model，COM）的扩展，COM 定义了程序组件和它们的客户之间互相作用的方式。而 DCOM 则将 COM 技术扩展，它以网络协议代替了本地进程间的通信方式，实现分布式环境的通信。.NET 框架集成了组件技术、程序设计语言和通信协议（图 1.5），为软件开发人员创建分布式组件提供了非常灵活的开发机制。

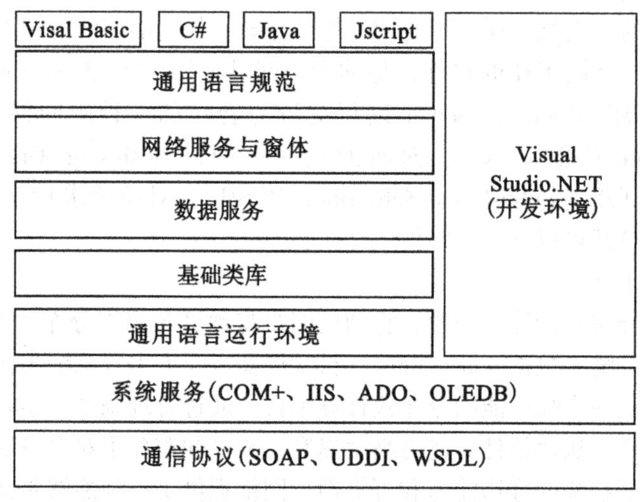

图 1.5　Net 框架

如同微软推出的 COM 技术一样，EJB 是一种基于 Java 的组件技术规范。应用程序只需编写一次，就可以在支持 EJB 规范的任何服务器平台上运行。J2EE 提供了多层分布式应用逻辑，这些应用逻辑按功能划分为不同的应用组件，各组件按其功能分布在不同机器上。J2EE 规范所定义的应用组件有四种：应用客户端组件、EJB 组件、Java Servlet 和 JSP 组件以及 Applet 组件。利用 J2EE 可以实现基于浏览器/服务器模式体系结构的分布式系统。图 1.6 显示了 J2EE 典型的四层逻辑体系结构：

- 运行在客户端机器上的客户层（Client Tier）；
- 运行在 J2EE 服务器上的 Web 层（Web Tier）；
- 运行在 J2EE 服务器上的业务逻辑层（Business Tier）；

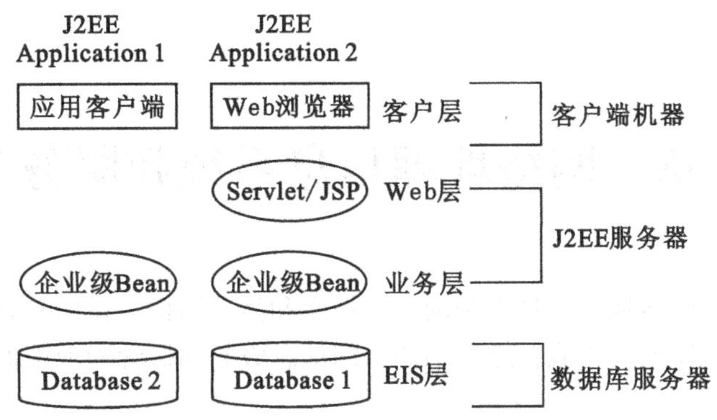

图1.6 J2EE典型的四层逻辑体系结构

- 运行在数据库服务器上的企业信息系统（Enterprise Information System，EIS）层。

1.2.2.4 网络服务技术

根据国际万维网联盟W3C的定义，网络服务是一个软件系统，用以支持网络上不同机器之间互操作。它通过网络服务描述语言WSDL文件公开描述其自身的基本功能，通过XML消息（通常采用SOAP格式）与其他应用程序进行通信，使用标准的网络协议，如HTTP等。网络服务具有以下特性：

（1）良好的封装性：网络服务作为一种部署在Web上的对象，具备对象的良好封装性。使用者只需要了解对象提供的功能列表即可。

（2）互操作性和高度可集成性：任何网络服务都可以与其他网络服务进行交互。网络服务采取了简单易解的网络标准协议作为组件接口描述和协同描述标准，屏蔽了不同软件平台之间的差异，避免了协议之间的转化问题。而服务实现仍可以使用已有的分布式对象中间件技术，开发者无需更改其开发环境就可以包装和使用网络服务，实现了当前环境下最高程度的可集成性。

（3）自描述性：网络服务互操作性的目的在于提供从一个软件应用程序到另一个软件应用程序的无缝自动连接。SOAP、WSDL等协议定义了这样一种自描述方式，实现了发现和调用网络服务的无缝自动连接。

（4）松散耦合：由于网络服务采用标准的网络协议，对于服务调用者而言，只要网络服务的调用接口不变，网络服务实现的任何变化对它们而言都是透明的，同时服务调用具有完全的平台、语言的独立性，从而实现了服务间的松散耦合。

（5）使用标准协议规范：Web服务的所有公共协议都是通过开放的标准化协议进行描述、传输和交换的。这些标准化协议可以由任何组织来实现，一般而言，大部分规范将最终由W3C和国际结构化信息标准促进组织OASIS作为最终版本的发布方和维护方。

第2章　网络地理信息系统和服务基础

本章首先介绍网络地理信息系统的基本概念和体系结构，指出分布式服务架构成为目前网络 GIS 系统发展的主流，进而阐述空间信息服务的概念和理论框架。

2.1　网络地理信息系统

互联网的发展为 GIS 的发展带来了极大的便利，改变了 GIS 数据信息的获取、传输、发布、共享、应用和可视化等过程和方式，已经成为 GIS 的新的操作平台。

2.1.1　网络地理信息系统概念

网络地理信息系统的研究有其深刻的学科背景和社会应用需求，有助于地理信息走进千家万户，提高人们的生活质量，有着十分重要的理论价值、经济利益和社会效应，具体表现在以下几个方面（陈能成，2009）：

（1）网络地理信息系统是计算机网络、超媒体技术与 3S 结合的产物。

（2）网络地理信息系统是开放地理信息系统内涵的自然延伸。

（3）空间数据生产与应用矛盾的激化呼唤更加有效开放的分布式在线地理信息服务。

（4）基于 Internet 的地理信息服务本身就是国家空间数据基础设施、数字地球乃至智慧地球建设不可缺少的部分。

（5）分布式地理信息服务将推动地理信息为国民经济、社会发展和人民生活服务。

通俗地讲，网络地理信息系统就是以网络为中心的地理信息系统，它使用网络环境，为各种地理信息系统应用提供 GIS 功能(如分析工具,制图功能)和空间数据及其数据获取能力。网络地理信息系统也可以理解为基于 Web 的地理信息系统，这主要是由于大多数客户端应用采用了 WWW 协议。随着技术的进步，客户端可能会采用新的应用协议，因此也被认为是 Internet GIS。网络 GIS 地理信息系统使各种用户通过浏览器访问空间数据，实现查询、检索、编辑、分析、可视化等 GIS 功能。其除具有传统 GIS 的基本特点外，还具有以下几个特性（陈能成，2009）：

（1）基于 Internet/Intranet 标准。网络 GIS 采用 Internet/Intranet 标准，以标准的 HTML 浏览器为客户端，遵循 TCP/IP 和 HTTP 协议。

（2）分布式服务体系结构。网络 GIS 采用分布式服务器体系结构，形成客户端和服务器相互分离、协同工作的多层分布结构，提高了网络资源计算的效率以及资源存储的利用率。

（3）交互系统。Web GIS 是基于 Internet/Intranet 标准的，在任何操作系统平台和编程语言环境下，只要能够访问网络，则可以实现其提供的功能。

（4）动态系统。Web GIS 在最开始时是非动态的，由于页面固定、数据量大，在多用户并发访问时，很容易造成网络阻塞。后来在服务器端使用公共网关接口（CGI）技术，由 CGI 程序负责处理客户请求，将请求指令发往运行于后台的 GIS 服务器，再将服务器处理的结果返回给用户。这是一种动态操作空间数据并生成相应查询结果的方式。

（5）跨平台。网络 GIS 客户端采用的是通用浏览器，对客户端的软硬件无特殊要求。在服务器端无论采用什么操作系统和 GIS 软件，任意用户都可以通过浏览器访问到网络 GIS 的服务器。这种特性使得跨平台操作成为现实。

（6）超媒体信息系统。随着网络技术、多媒体技术和地理信息系统技术的结合，网络 GIS 管理的对象已经从纯文本逐级扩展到了多媒体。

网络 GIS 最初应用于静态地图的发布上，静态地图是指借助于 HTML 与 HTTP 服务器将事先制作好的地图以静态的格式发布到网上，用户只能浏览已有的地图，不能对地图进行交互式操作。随后出现了静态网络制图，该阶段用户与浏览器之间的交互依然有限，用户无法编辑地图图像。随着计算机技术的发展，后来出现了交互式网络 GIS。该阶段客户端与服务器之间的交互功能有了改进，能够实现网络制图。到分布式地理信息服务阶段时，服务器和客户端之间可以直接进行通信，实现复杂的分析功能。

2.1.2　网络地理信息系统体系结构

在网络 GIS 的实现中，传统的客户/服务器体系结构可以进一步细化为两种模式：局域网下的客户端/服务器模式（简称 C/S 模式）、三层或多层体系结构的浏览器/服务器模式（简称为 B/S 模式）。

在 C/S 模式中，客户端主要功能是管理用户接口，处理应用逻辑，产生数据库请求，向服务器发送，并从服务器接受结果。服务器则是通过数据库管理系统来集中管理应用程序的各种数据。这种结构具有强大的数据操纵和事务处理能力，保证了数据的安全性和约束完整性。但 C/S 模式开发和管理成本较高，客户端庞大，系统使用复杂，难以适应异构环境下大访问量、大数据量的需求。

为了进一步减轻客户端和服务器的压力，较好地平衡负载，在网络 GIS 的实现中，传统的客户端/服务器体系结构可以演化为“客户端—应用服务器—数据服务器”三层结构（B/S 模式）。数据表达部分放在客户端，数据处理部分配置在应用服务器，数据管理部分由数据服务器负责。这样，服务器端实现应用层和数据层，而用户端界面为 Web 浏览器，或符合 Web 标准的客户端及其他组件，用户通过客户端界面向服务器端提交服务请求，服务器将处理结果通过网络传给客户端。在三层结构的基础上，对数据处理和管理部分进一步进行了扩展，进一步细化出多层结构。例如数据处理部分可以被分布在多台服务器上完成，同样数据管理部分也可以分布在多台数据服务器上，由不同的数据库管理系统进行管理。

分布式服务架构成为目前网络 GIS 系统发展的主流。在经历了早期的基于分布式对象技术的紧密耦合型的 GIS 服务结构后，目前网络 GIS 体系结构朝着基于 Web 服务的空间信息服务架构发展。Web 服务以 XML 语言为基础，引入了地理标注语言作为数据传输。其基于 HTTP 协议，完全为 Web 设计，服务间松散耦合，这就使开放程度大幅度地增加了。GIS 组件可以重用，GIS 服务可以重新部署，不同的服务之间，数据和服务可以共享，并且规范和定义了操作空间数据的共享操作算子和逻辑表达式。此时的 GIS 系统应用领域迅速扩大，应用深度不断提高，开始具有大型资源信息共享能力。

2.2 空间信息服务

2.2.1 空间信息服务概念

虚拟地球、传感网、云计算、智慧地球等一系列空间信息领域的热点表明，GIS 需要朝着网络化、社会化、智能化、一体化的空间信息服务方向发展。

空间数据获取和输入、数据建库、数据服务、空间访问功能、空间应用建模与空间信息表现分离，与分布式计算的功能联系起来，就产生了 Web 制图和 Web GIS。而与 Web 服务体系结构结合时，就产生了基于 Web 的地理信息服务，如 OGC Web 服务。

到底什么是空间信息服务呢？

狭义上，空间信息服务是遵循 Web 服务体系架构和标准，利用网络服务技术在网络化环境下提供 GIS 数据、分析、可视化等功能的服务和应用。

广义上，空间信息服务则指提供与空间信息有关的一切服务。

空间信息服务平台最先是出现在公众服务电子地图上，提供了路线查询、地物要素查询等功能。随后 Google Earth、World Wind 等虚拟地球平台出现，向用户提供了全球遥感卫星影像和定位信息服务。为了满足网络环境下对地球空间信息的处理需求，提出了网络处理服务的概念。为了实时或准实时提供传感器观测数据，出现了传感网服务。为了提供灵活可靠、经济适用、可持续发展的按需服务，可以发展云计算服务。为了提供知识和模型，实现智能化的空间信息决策支持，有了知识服务的需求。

2.2.2 空间信息服务框架

为了解决空间信息共享与互操作等问题，OGC 组织制定了 OpenGIS 服务体系结构标准（OpenGIS Service Architecture Specification），后来该标准又被 ISO/TC211 引用，成为地理信息服务规范 ISO19119。

OGC 组织是一个非盈利性的组织，目的是促进采用新的技术和商业方式来提高地理信息处理的互操作性，OGC 会员主要包括 GIS 相关的厂商，以及一些高等院校和政府部门等，其技术委员会负责具体的标准制定工作。OGC 标准是基于开放的分布式处理参考模型（Reference Model of Open Distributed Process，RM-ODP）。该模型是从信息领域衍生过来的，提出了五个观点：企业观点、计算观点、信息观点、工程观点、技术观点（Percivall，2002）。

2.2.2.1 企业观点

企业观点（Enterprise Viewpoint）是基于开放分布式处理信息系统的观点，它的重点在以企业的层面看待这个系统，强调的是系统的应用范围、目的等。因此，基于企业观点来认识服务旨在建立服务在业务逻辑中的角色，以及服务所关联的用户角色和业务策略。相对而言，OpenGIS 服务体系结构标准更侧重于计算观点、信息观点、工程观点、技术观点的描述。

2.2.2.2　计算观点

计算观点（Computational Viewpoint）是在不考虑系统实现及其语义内容的前提下，描述分布式系统的组件部分，以及这些组件和接口之间的交互模式。从计算的观点来讲，要实现互操作则需要系统具备可互操作的接口（Interface）和服务（Service）。

计算观点定义服务规范（SV_ServiceSpecification）通过一组接口（SV_Interface）来定义和描述其功能，接口由一组操作（SV_Operation）组成，操作则描述了接口所承担的某个动作和功能。服务（SV_Service）通过实现接口（SV_Interface）的端口（SV_Port）来访问（图 2.1）。

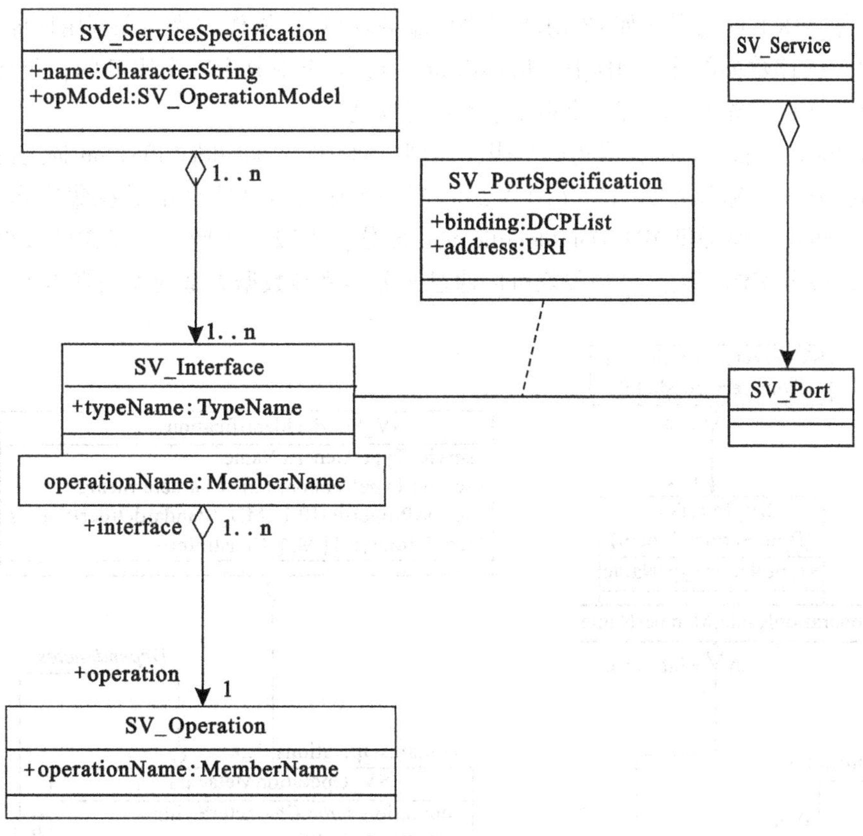

图 2.1　服务的定义（Percivall，2002）

在网络环境下有很多单个的服务，各个服务实现不同类型的功能，要实现复杂功能的服务就需要通过服务链将不同功能的服务组合起来。在 OGC 规范里定义了用户定义链、流程管理服务链和集成服务链等三种服务链：

（1）用户定义链又称透明服务链。用户自己很清楚有哪种功能的原子服务，然后可以通过用户理解的方式将各原子服务组合在一起，完成复杂的空间信息处理服务流程。所有的原子服务功能，以及服务的组合方式是并行还是串行等，对于用户都是透明的。用户控制服务链的整个过程。

（2）流程管理服务链又称半透明服务链。在这种情况下，由用户调用工作流管理服务，由该服务控制服务链，用户了解组成服务链中的单个服务的调用情况。

（3）集成服务链又称不透明服务链。在这种情况下，用户调用一个服务，该服务负责执行服务链，用户不了解服务链中调用了哪些服务以及服务是如何组合的。

服务的元数据包括基本服务元数据部分、描述服务的操作部分以及描述数据部分。

（1）基本服务元数据部分（SV_ServiceIdentification）提供了服务的一般描述，包括服务类型、访问特性、数据约束条件等信息。

（2）描述服务的操作部分（SV_OperationMetadata）包括操作名称，适用的分布式计算平台（DCP）列表（如 CORBA 或网络服务环境）、操作的描述和调用地址等。

（3）描述数据部分（MD_DataIdentification），是针对某个特定服务的，包括空间表达类型、空间分辨率、语言、字符集、空间范围等。

SV_ServiceSpecification 描述的是服务类型，而 SV_ServiceIdentification 描述的是一个特定的服务（或称服务实例）（图 2.2）。当一个服务与所操作的数据集紧密关联时，服务的元数据需要提供 MD_DataIdentification 部分；当服务实例与所操作的数据集松散耦合时，服务实例与数据集的关联可以通过服务类型与数据类型的关联来描述。

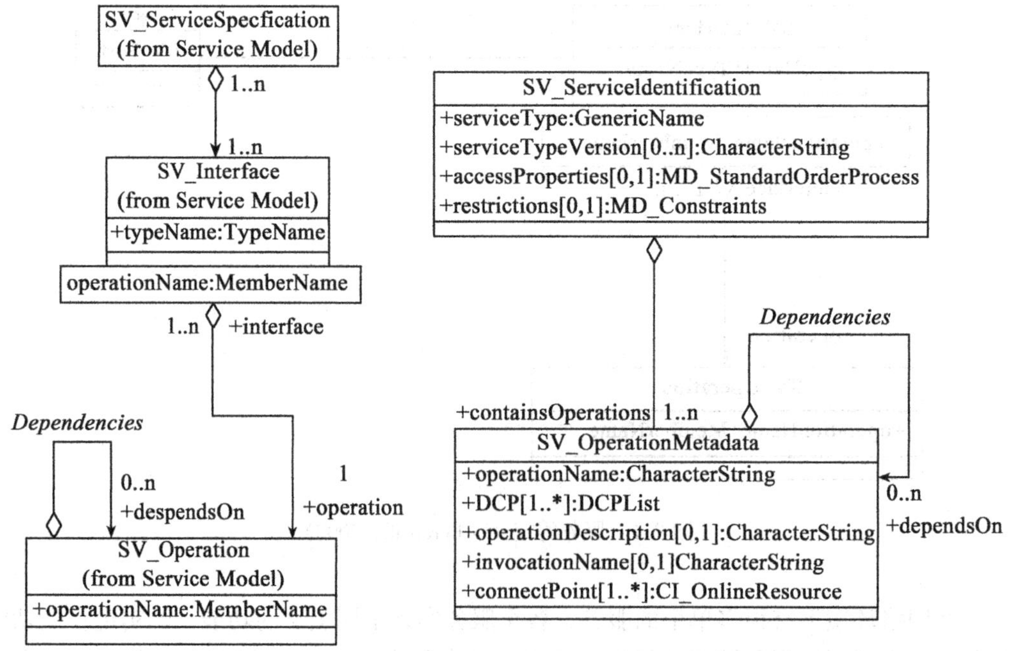

图 2.2　服务与服务元数据结构比较（Percivall，2002）

2.2.2.3 信息观点

信息观点（Information viewpoint）主要强调信息模型（Information Model）在语法和语义上的互操作。实现语法上的互操作（Syntactic Interoperability）可以采用一个通用的地理要素模型作为信息模型，该模型采用相同的结构来表达多种类型的地理要素。实现不同地理要素类型之间语义上的互操作（Semantic Interoperability）需要建立不同的地理要素类型定义之间的匹配或映射关系。

信息处理的语义也是信息观点关心的内容。每个服务需要为它的操作定义语法接口，同时通过描述操作的含义和其顺序处理过程，例如前提条件和后续条件（pre-和post-conditions），来明确服务的语义信息。

按照功能划分，空间信息服务可以包括 6 大类别：

（1）地理人机交互服务（Geographic human interaction services）：该类服务进行人与系统之间的交互，主要通过信息显示、信息输入和适宜的对话框等形式来实现人机交互服务。具体的服务类别有目录服务浏览器、数据可视化浏览器、服务编辑器、符号编辑器等。

（2）地理模型/信息管理服务（Geographic model/Information management services）：该类服务负责数据、元数据的物理存储和管理。例如要素访问服务、地图访问服务、覆盖访问服务、传感器观测服务、注册服务、目录服务、地名辞典服务、订单服务等。

（3）地理工作流/任务服务（Geographic workflow/Task services）：实现特定的任务或行为的服务，该服务通常是一组由不同的人实施的行为或处理步骤完成。例如服务链引擎、事件通知服务等。

（4）地理处理服务（Geographic processing services）：提供针对数据进行计算的功能服务。属于操作服务的一部分，主要负责提供能够满足用户请求的功能服务。处理服务可以进一步划分为四个子类：空间处理、专题处理、时间处理和元数据处理。坐标变换与转换、矢栅转换、影像纠正、数据重采样等属于空间处理服务；专题处理服务包括变化检测、影像处理和分类、地理编码等服务；时间处理服务包括基于时间的采样、转换、子集提取等；元数据处理服务包括统计分析、地理标注服务等。

（5）地理通信服务（Geographic communication Services）：负责通信网络上的数据的编码和传输。格式转换、数据压缩、消息服务、传输服务等都属于此类服务。

（6）地理系统管理服务（Geographic system management services）：负责管理整个分布式系统的部件、应用和网络等。

计算观点考虑的是服务链的构建方式，而构建好一个语法上正确的服务链后，需要考虑服务链语义上的正确性，即执行结果在语义上是正确的。地理信息服务链的语义考虑的因素包括：

（1）数据适宜性：输入的空间数据集是否适宜后续的处理操作？例如数据的精度和分辨率是否满足要求、数据是否与专题的要求相关等。

（2）服务对数据的影响：服务链中的服务对数据操作后产生了什么影响？例如数据的误差源自哪里、误差如何传播等。

（3）服务的执行顺序：服务链中服务的执行顺序对结果会产生什么样的影响？例

如一个空间操作（如正射变换）是应该在一个专题操作（如属性值重采样）之前还是之后执行等。

对服务链语义正确性的评价既依赖于对每个服务的理解，例如对服务元数据的评估，同时也依赖于用户对服务组合的理解。

2.2.2.4 工程观点

工程观点（Engineering viewpoint）强调系统的分布机制和分布透明机制，以及提供安全和持久性等服务。分布透明机制对应用而言屏蔽了系统分布的复杂性。分布透明包括位置透明、复制透明、访问透明等。

工程观点研究分布式系统的架构。图 2.3 提供了一个分布式系统的逻辑四层架构。每一层既包括 IT 领域通用的服务类型，也包括 GIS 领域特定的服务类型。第一层是人机交互服务层（Human interaction services），负责人与系统的交互；第二层是用户处理服务层（User processing services），提供一些能满足用户需求的处理服务；第三层是共享处理服务层（Shared processing services），提供能够满足大多数用户公共服务需求的处理服务；第四层是模型/信息管理服务层（Model/Information management services），负责数据的物理存储和管理。工作流/任务服务（Workflow/Task services）负责把一组服务集成起来提供特定的处理服务。通信服务（Communication Services）负责建立不同层之间的联系。系统管理服务（System management services）对不同层的服务进行管理。

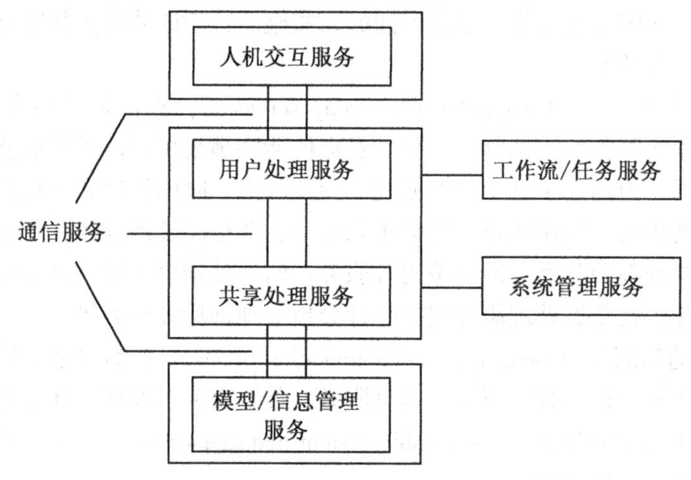

图 2.3　一个分布式系统的四层逻辑架构（Percivall，2002）

逻辑架构可以映射为多种物理架构。逻辑模型描述了一个系统中服务及其接口的组织结构，而物理模型则反映了实现服务的组件及其接口的组织结构。图 2.4 显示了逻辑 4 层架构映射为传统的 GIS 客户端服务器模式中胖客户（Thick Client）和瘦客户（Thin Client）的物理架构。胖客户中在用户服务部分提供大部分的功能，而瘦客户架构的客户端（例如网络浏览器）主要包括用户对话框和数据表现功能。网络浏览器（Web Browser）与网络服务器（Web Server）通过 HTTP 协议和 HTML/XML 文档进行交互，网络服务器接收用户请求，在应用服务器上进行处理，然后将结果传回网络浏览器。

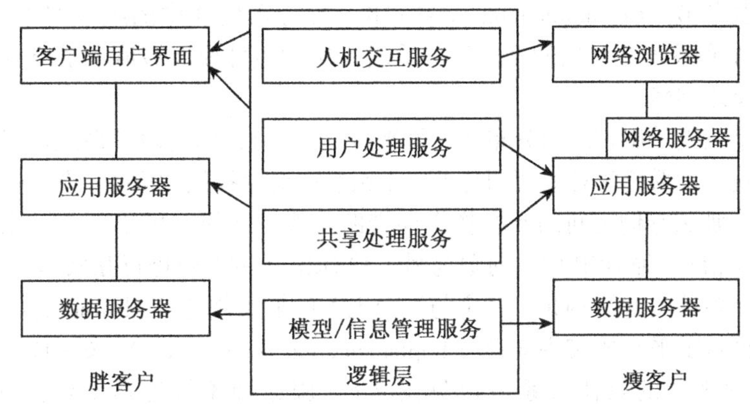

图 2.4　逻辑 4 层架构映射为胖客户和瘦客户的物理架构（Percivall，2002）

2.2.2.5　技术观点

技术观点（Technology viewpoint）关注支撑一个分布式系统的基础设施，它描述一个分布式系统中的硬件和软件组成部分。从技术观点实现互操作的要求出发，需要提供一个支持分布式系统各组成部件互操作的基础设施。该基础设施可以通过分布式计算平台提供，允许分布式系统中的对象实现跨网络、硬件平台、操作系统和编程语言的互操作。

技术观点支持的地理互操作模式可以见图 2.5。对象之间的通信是由通信服务（Communication Service）完成，比如 CORBA 环境下的对象请求代理（ORB）。通信服务使得分布式系统中的各个组成部件之间能够进行互操作，例如图 2.5 中通信服务 A

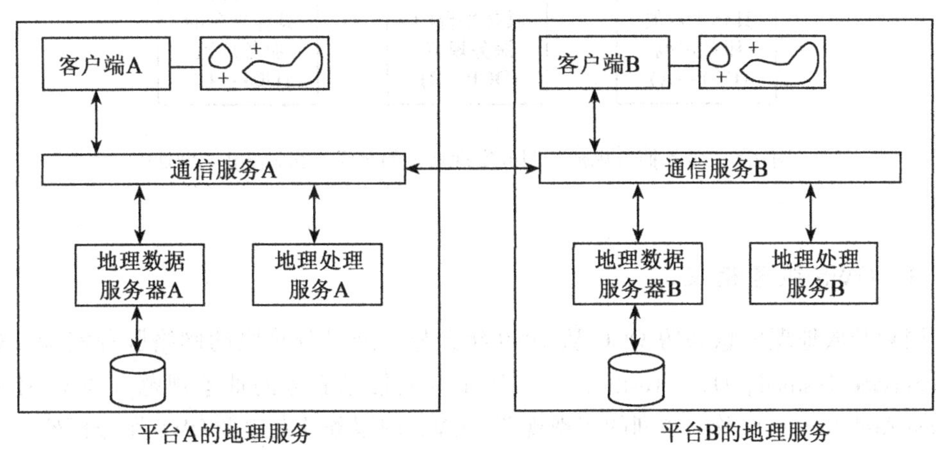

图 2.5　技术观点支持的地理互操作模式（Percivall，2002）

(Communication Service A) 支持系统 A 中的组成部件，如客户端 A (Client A)、地理数据服务器 A (Geodata Server A) 和地理服务组件 A (GIS Service Component A)，进行互操作，通信服务 B (Communication Service B) 支持系统 B 中的组成部件进行互操作。要实现系统 A 和系统 B 之间的互操作，系统 A 中的组件要能够请求系统 B 中的组件提供的服务，反之亦然。

如果两个系统采用相同的分布式计算平台 (DCP)，则这两个系统可以通过相同的通信服务实现一个系统的对象调用另外一个系统的对象提供的服务。如果两个系统采用不同的 DCP，那么它们之间的互操作需要借助某些特殊的“桥梁”工具来实现。这些“桥梁”工具允许一种 DCP 中的对象与另一种 DCP 中的对象进行互操作。

由于存在多种类型的 DCP，一个与平台无关的抽象规范 (Abstract specification) 往往必须由多种特定平台的实现规范 (Implementation specification) 来实现。服务抽象规范与服务实现规范的具体关系可以见图 2.6。服务抽象规范是平台独立 (Platform-neutral) 的服务规范，与该抽象规范对应的实现规范可以基于多个具体平台 (Platform-specific) 进行定义，例如 OGC 的简单要素访问规范就有基于 SQL、COM/OLE 和 CORBA 平台的实现规范与之对应。由于存在多种不同的分布式计算平台 (DCP)，所以一般需要有多个具体平台的实现规范与服务的抽象规范对应。为了实现不同实现规范之间的互操作，实现规范要提供与抽象规范中概念的映射关系。

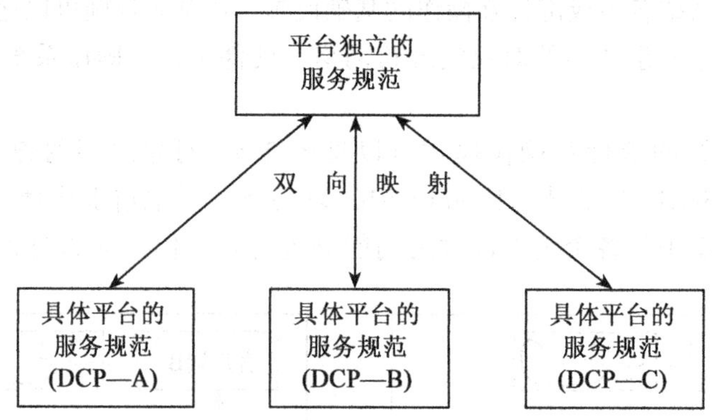

图 2.6　服务抽象规范与服务实现规范的关系 (Percivall, 2002)

2.2.3　OWS 服务框架

国际开放地理信息联盟 OGC 从 1999 年开始，通过分阶段的网络服务实验 (OGC Web Service Testbed, OWS Testbed)，制定了空间信息服务的抽象规范 (OGC Abstract Service Architecture) 及一系列的实现规范。OWS 的服务开发遵循 OWS 服务框架 (OWS Service Framework, OSF) (图 2.7)。OSF 定义了标准化的服务、接口和交换协议，这些标准适用于任何应用程序。OpenGIS 服务是遵循 OpenGIS 实现规范的服务实现。与规范兼容的应用程序，或称为 OpenGIS 应用程序，可以插入到 OWS 服务框架中，作为运行环境的一部分。通过在公共的接口上建立应用，各个应用程序的开发可以不需要预知或运行依赖于其他的服务和应用程序。同时，服务工作流的运行可以动态变化，在紧急状况时可以快速响应。基于这种松散耦合、基于标准的方法进行开发可以实现非常灵活的系统，这些系统能够灵活地适应变化的需求和技术。

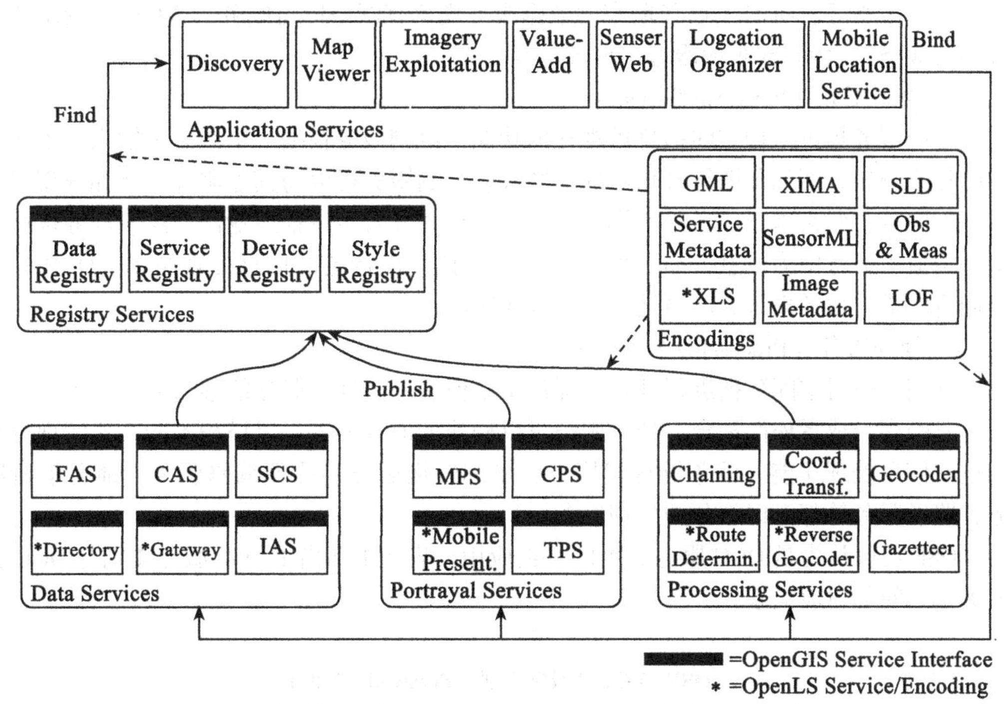

图 2.7　OWS 服务框架（Percivall，2003）

OSF 服务可以分为应用服务（Application Services）、注册服务（Registry Services）、数据服务（Data Services）、绘制服务（Portrayal Services）和处理服务（Processing Services）五类。注册服务、数据服务、绘制服务和处理服务都遵循 OpenGIS 规范的服务接口。数据服务、绘图服务和处理服务发布（Publish）在注册服务中，应用服务通过注册服务查找（Find）服务，然后根据查询结果绑定（Bind）执行服务。在发布—查找—绑定等基本操作中使用相关的空间信息编码规范（Encodings）。

1. 应用服务（Application Services）

应用服务能够通过搜索和发现机制查找地理空间服务和数据资源，并能够访问这些服务，以图形、影像和文本的形式呈现地理信息内容，支持用户在用户终端的交互。一些代表性的应用服务包括发现服务、地图浏览器、增值服务、传感器服务等。

2. 注册服务（Registry Services）

注册服务为网络上资源的分类、注册、描述、搜索以及维护和访问提供一个公共的机制。这里谈的资源是具有网络地址的数据或服务实例。注册服务向用户提供服务的元数据，使用者可以通过查询元数据来搜索所需的地理信息服务。

3. 数据服务（Data Services）

数据服务是提供访问存放在数据库中的数据集的功能，数据服务可访问的资源一般可以按照命名（例如标识符、地址等）来引用。根据一个名字，数据服务就可以找到对应的资源。数据服务通常会维护索引以加快根据命名或其他属性定位资源的速度。服务框架定义了公共的编码和接口，使网络环境中分布的各种数据能够以互操作的信息模型面向其他服务。OGC 中已经制定的数据服务规范有网络覆盖服务（WCS）、网络要素服务（WFS）、传感器观测服务（SOS）等。

4. 绘制服务（Portrayal Services）

绘制服务提供地理空间信息可视化的功能。绘制服务根据一个或多个输入，生成相应的描绘输出，例如制图符号化后的地图等。绘制服务可以与其他服务，例如数据服务或处理服务，紧密耦合或者松散耦合，转换、合并或者生成描绘输出。绘制服务也可以串到增值服务链中为信息产品工作流和决策支持提供特定的信息处理结果。OGC 中已经制定的描述服务规范有网络地图服务（WMS）。

5. 处理服务（Processing Services）

处理服务对空间数据进行处理，提供了增值服务。处理服务能够与数据服务和绘制服务紧密耦合或者松散耦合。处理服务可以构建增值服务链，以搭积木的方式实现复杂的空间信息处理功能。服务链构建服务、坐标转换服务、地理编码服务、地名解析服务、路径服务等都可以划分为处理服务。

OSF 可以认为是 OGC 服务分类的一类应用。表 2.1 列出了 OSF 服务类别与 OGC 服务类别之间的对应关系。

表 2.1　**OSF 和 OGC 服务类别（Percivall，2003）**

OSF 服务类别	OGC 服务类别
应用服务	地理人机交互服务
注册服务	地理信息管理服务
数据服务	地理信息管理服务
绘制服务	地理人机交互服务
处理服务	地理处理服务

第3章　地理信息标准

地理信息标准是地理信息系统实践经验的总结，推动了地理信息系统规范化和普及化，促进了开放式地理信息系统的实现。本章在介绍地理信息标准体系的基础上，重点选择地理信息服务相关的基础标准进行介绍。

3.1　地理信息标准体系

标准的制订要形成体系，本节阐述地理信息标准体系的概念和主流的国际地理信息标准体系，并简要介绍中国地理信息标准体系。

3.1.1　地理信息标准体系的概念

3.1.1.1　标准

1. 标准的定义

GB/20000.1—2002 对标准的定义是：为了在预定的领域内获得最佳秩序，在协调一致的基础上制定并由公认机构批准的、对一些活动或活动的结果规定供普遍和重复使用的规则、导则或者特性值的文件。标准是通过规范、规程以及指导性技术文件等形式表现出来的，是技术产业化和社会化的基础。

规范是对设计、施工、制造、检验等技术事项所做的一系列统一规定或者说是阐述要求的文件，如“产品规范”、“技术规范”等。技术规范是规定技术要求的文件，这些要求应满足产品、过程或服务。在技术规范中必要时应给出程序，通过它检验这些要求是否得到遵守。

规程则是对工艺、操作、安装、检定、安全、管理等具体技术要求和实施程序所做的统一规定。

指导性技术文件是为设计、生产、使用和管理提供有关程序、过程、惯例、产品设计与选用等方面的资料或指南，供有关人员参照采样的一种国家标准。

2. 标准的制定

标准的制定是建立在科学、技术和实践经验综合成果的基础上，以取得最佳社会效益为目的的。制定标准时有一套统一的规格和工作程序，包括制定、发布和实施标准的过程。标准制定的要素包括下面几点。

(1) 标准必须由专家组成的技术委员会起草或审定；

(2) 标准须经过一定的程序产生，这些程序一定要体现出充分协调的一致性；

(3) 标准的内容涉及的是技术（某些标准中也涉及一些管理性条款，但这些条款也是与技术条款配合使用的)；

(4) 标准要有一定的科学性；

(5) 制定标准的目的是为了促进生产、加强管理、发展贸易、扩大交流；

(6) 制定、使用标准的动力是谋求利益的共同性；

(7) 标准的最终效果体现为自愿执行，通过社会和企业自愿实施、体现为促进社会和经济发展；

(8) 标准要具备统一的格式；

(9) 标准必须经权威部门的审批发布；

(10) 标准要实施一系列动态的管理。

3. 标准的分类

国际化组织和各国制定的标准很多，分类方法也各不相同。从性质维、级别维、对象维三个不同的角度来对标准的划分可以见图 3.1（李春田，2001）。

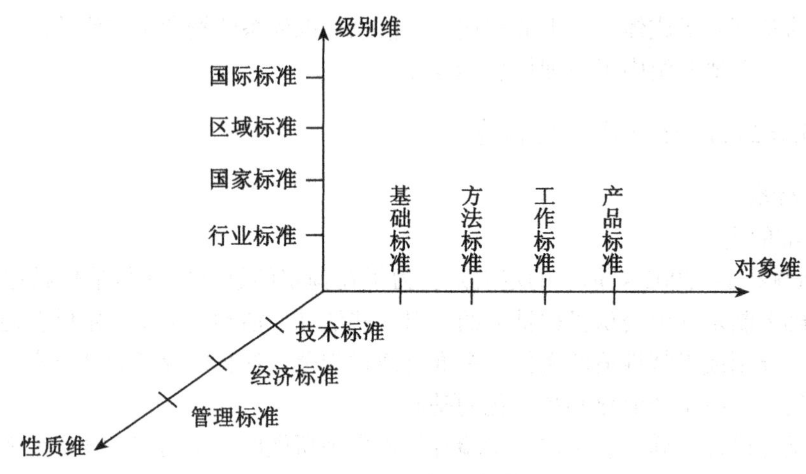

图 3.1　标准的划分

按照标准的基本属性（性质维)，可以把标准划分为技术标准、经济标准、管理标准。技术标准是指对标准化领域中需要协调统一的技术事项所制定的标准。经济标准是规定或衡量依存主体经济性质和经济价值的标准。管理标准是针对标准化领域中需要协调统一的管理事项制定的标准。

按照标准发生作用的有效范围（级别维)，可以将标准划分为国际标准、区域标准、国家标准和行业标准。国际标准是由国际标准化组织、国际电工委员会和国际电信联盟等制定的标准，或由其他国际标准组织制定并公布的标准。区域标准是由区域化组织通过并公布的标准。国家标准是由国家标准机关通过并公布的标准。行业标准是由行业组织通过并公开发布的标准。

按照标准的对象来划分（对象维)，可以分为基础标准、方法标准、工作标准和产品标准。基础标准是标准化工作的基础，是制订产品标准和其他标准的依据。方法标准是以生产经营活动中的试验、分析、抽样、作业等各种方法为对象制订的标准。工作标准是为协调整个工作过程、提供工作质量和工作效率，对工作岗位制定的标准。产品标准是为保证产品的适用性，对产品必须达到的某些或全部要求所制定的标准。

4. 标准化

GB/20000. 1—2002 对标准化的定义是“标准化是指在科学技术、经济贸易及管理等社会活动中，对重复性事物和概念通过制定、发布和实施标准、达到统一，以获得最佳秩序和社会效益的行为过程”。ISO/IEC 对标准化的定义是“标准化是为了在一定范围内获得最佳秩序，对实际的或潜在的问题制定共同的和重复使用的规则活动”。

标准化是一门科学，同时又是一项管理艺术。只有在事物具有重复出现的时候，才有制定标准的必要。在制定标准时，不仅要考虑标准在技术上的先进性，还要考虑经济上的合理性。

3.1.1.2　地理信息标准

1. 地理信息标准的定义

地理信息标准是国家空间信息基础设施的重要组成部分，是地理信息共享和服务的基础。目前地理信息标准还没有统一的定义，龚健雅等（2009）编著的《地理信息共享技术与标准》一书中对地理信息标准定义为：地理信息标准是为了在地理信息领域内获得最佳秩序，在协调一致的基础上制定并由公认机构批准和发布的、对一些活动或活动的结果规定供普遍和重复使用的规则、导则或特性值的文件。何建邦等（2003）编著的《地理信息共享的原理与方法》一书中对地理信息标准的定义是：人们通过某种约定或者统一规定而在一定范围内，来协调人们之间对于地理信息有关的事物和概念的认识与利用的抽象表述系统。

2. 地理信息标准专业性级别

地理信息标准按照专业性级别通常可以划分为以下几种（Tor Bernhardsen，2002）。

（1）地理信息技术通用基础标准。这一级别的标准是基于信息技领域的技术状况和标准状况而制定的框架性标准和通用性规则，如数据描述语言、查询语言、信息编码、信息转换语法等。

（2）地理信息技术专用基础标准。这一级别的标准侧重于制定地理信息技术领域内所用到的，与地理信息技术专业有关的基础性和框架性的标准。该层次的标准一般都是全球、一个国家、一个地区或某一组织，主要是基于地理信息技术领域的技术状况和标准状况以及基本技术要求而制定的共同遵守的专业基础国际标准、国家标准、区域标准、组织标准，如几何位置、属性结构、要素分类原则、拓扑关系、应用模式、空间数据质量、元数据、系统互操作、地理信息服务框架等。

（3）地理信息技术应用专业标准。这一级别的标准侧重于制定地理信息技术领域内所用到的、与地理信息技术专业直接有关的应用专业标准。其主要是基于本国地理信息技术领域的专业技术状况、数据生产、地理信息产品、信息系统建设和专业标准状况而制定的共同遵守的专业领域的国家标准和行业标准，如：地籍图、公共设施图、道路图、基本地图、城市规划图以及相应的专业地理信息系统的标准等。

3. 地理信息技术标准的主要元素

研究和制定标准时需要找出标准的主要元素并对其加以约束，这使得我们要有选择性的确定标准的主要元素。然而，涉及地理信息共享的主要元素是非常多的，通过分析ISO19100系列标准和有关资料，可以归纳出在通用基础和专用基础级别一般应该重点考虑的主要元素包括：概念模型、应用模式、转换格式、编码、空间表达、空间参考、时间特性、数据质量的描述和评价、可视化/可视表达、地理信息服务与接口、对象目录、元数据和地理信息互操作等。

4. 地理信息标准化

地理信息标准化是指制定、发布和实施地理信息标准的过程，以达到统一和获得最佳秩序和社会效益。ISO/TC211指出地理信息标准化工作的主要任务是针对直接或者间接与地球上位置相关的目标或现象信息，依据信息技术标准，制定一系列定义、描述和管理地理信息的结构化标准。这些标准说明管理地理信息的方法、工具和服务，包括数据的定义、描述、获取、处理、分析、访问、表示等，并以数字形式在不同用户、不同系统和不同地点之间转换地理信息数据的方法、工艺和服务，从而推动地理信息系统之间的互操作，包括分布式计算环境下的互操作。

地理信息标准化研究是目前国内外地理信息领域研究的一个重点和热点，标准化水平反映了一个国家的科技和经济实力，体现着对地理信息技术和产业的引导作用，符合科技发展方向。

5. 地理信息标准的依存主体

任何标准系统都必须依存于某个特定的依存主体系统之上。依存主体系统是指标准化系统赖以存在、服务和约束的对象主体系统，包括理论上、技术上、生产组织管理诸方面的要素，以及该领域的重复性事物和概念（李春田，2001）。

地理信息领域既是地理信息标准化系统工程研究的主要对象之一，又是地理信息技术标准体系赖以存在、服务和约束的对象。所以，地理信息领域中的重复性事物和概念就是地理信息标准体系的依存主体系统。

作为地理信息技术标准依存主体，地理信息领域的主要目标和工作内容是：研究、分析、获取、处理、管理、转换人们所关心的，直接或间接与地理位置和时间相关的自然、经济、社会方面的事物、现象和过程等众多地表信息，经过高度抽象，充分反映地理系统及其空间要素的特征、动态、周期及分布的基本状况，并通过制作地理信息产品、建立地理信息系统和运用互联网络等有效方式，将地理信息传递和应用到各个领域和社会的各个方面（龚健雅等，2009）。

3.1.1.3 地理信息标准体系结构

标准体系是为了实现确定的目标，在一定范围内由若干相互依存、相互制约的标准组成的，并按其内在联系形成的科学有机整体。它的具体表现形式是标准体系的结构图和体系表。地理信息标准体系就是地理信息领域内的标准按其内在联系形成的科学有机整体。

地理信息领域标准化体系的目标可以表现在以下几个方面（龚健雅等，2009）：

（1）建立结构化地理信息技术标准体系。地理信息标准体系应该覆盖地理信息技术涉及的领域，以及贯穿这个领域的各个方面和环节。这些地理信息技术标准体系要确保能对地理信息领域各个方面进行有效的控制。

（2）地理信息技术标准体系的水平要适应于依存主体系统的水平。确立的标准既要达到先进性、科学性和实用性，而且又要根据技术发展水平和实际情况的变化不断地更新标准。

（3）技术标准体系内部各个组成部分既要发挥整体功能，又要独立控制一个方面，形成有机的联系。标准体系的结构既要相对稳定，又要动态调整。标准之间要保证一致性，不能发生矛盾。

（4）标准体系的制定要吸收或兼容先进标准。在建立地理信息标准体系时，应从提高地理信息技术、产品、应用、管理水平的要求出发，积极采用国际标准、区域标准、国内现有的标准、其他行业相关标准，或参考国外同类标准制定新标准，并在制定新标准时尽可能吸收或兼容先进标准的内容。

1. 结构化思想

体系是具有整体性的，其具体表现为：体系整体中的部分都具有作为整体的部分的内在条件。体系整体与部分、部分与部分、整体与环境以及不同层次之间按一定规律进行信息、能量和物质的交换，并保持整体的序，才能体现体系的质和功能。整体与外部环境和过程连续性联系紧密。

系统结构具有有序性。系统内各部分都是相互联系、相互作用的。系统内各部分相对的稳定联系，形成有序结构，才能保持系统的整体性。系统结构的有序性保证了系统中的信息以一定的渠道有序的进行，系统高效的运行。

系统发展和变化具有有序性。系统始终处于不断地发展和变化当中，但它的发展和变化不是随意的，而是受系统内外各种因素的影响和限制，依据一定的规律发展和变化。系统发展和变化的过程中，各序列之间是有机联系的，发展和变化的顺序不会颠倒，即系统的动态性具有方向性。

2. 结构方式

系统存在结构，结构的组成方式又是多种多样的。系统在结构的形态方面，既有空间结构，也有时序结构。对于技术标准体系而言，一般的空间结构和时序结构可以表现为以下几种。

（1）序列结构：按照工作流程、数据流程、标准发挥作用的先后次序等系统运行的时间过程来划分，是一种串行并列结构。

（2）层次结构：层次结构既可以是树状结构，也可以是支撑结构。地理信息技术标准体系和标准体系的结构，经常采用支撑结构描述系统的概念结构，采用树状结构描述系统的逻辑结构即标准体系结构。

（3）功能归类结构：一般按照系统具备的各种功能、子功能类别划分，并将各种子功能归类到父功能形成并列结构排列。这种结构常用于表达层结构的某一层次。

3. 结构稳定性

系统结构具有稳定性。结构稳定性是指结构总是趋向于保持某一状态，外界的干扰会使其偏离这一状态，但干扰消除后又能恢复原来的状态。

从标准体系与依存主体系统的关系来看，标准体系的稳定性或稳定性变化情况主要取决于依存主体的变化和稳定性。从技术构成来看，地理空间信息技术是由地理科学和测绘科学技术与信息技术相结合而形成的。因此，地理信息技术标准体系受信息技术的影响很大。从应用的角度来看，社会对地理信息应用的广泛需求，尤其是对地理信息产品和服务的需求变化很快，这种变化对地理信息技术标准体系有一定影响。从政策条件限制来看，国家政策的变化或调整对地理信息技术标准体系有不可忽视的影响。从地理信息技术标准主要元素的活跃性来看，虽然每一个元素都有可变性，但有一些元素比较活跃，而另一些要素的活跃性相对弱一些。表 3.1 是地理信息技术标准主要要素的活跃性相对比较。

表 3.1　**地理信息标准主要要素活跃性相对比较（龚健雅等，2009）**

序号	地理信息技术标准要素	活跃性相对比较		
		很活跃	活跃	相对稳定
1	概念模型化和应用模式		√	
2	转换格式		√	
3	编码		√	
4	空间表达		√	
5	空间参考			√
6	时间特性			√
7	数据质量的描述和评价		√	
8	可视化/图示表达	√		
9	地理信息服务与接口	√		
10	对象目录（要素分类及数据字典）			√
11	元数据		√	
12	地理信息互操作	√		
13	地理信息产品	√		
14	地理信息数据采集、处理方法	√		

4. 地理信息标准体系的层次结构

地理信息标准体系的层次结构最基本的工作就是按照系统分解的原则对系统进行空

间和时序的分解。分解的主要方法有平行分解和串行分解。

平行分解是系统分解的最基本方法之一。一般在一个时间段内，根据系统的各个功能，或者不同的工作内容，或者不同的工序，把系统总体在纵向上分解为若干个次级系统，直到不可再分为止。平行分解法形成的系统层次结构如图 3.2 所示。

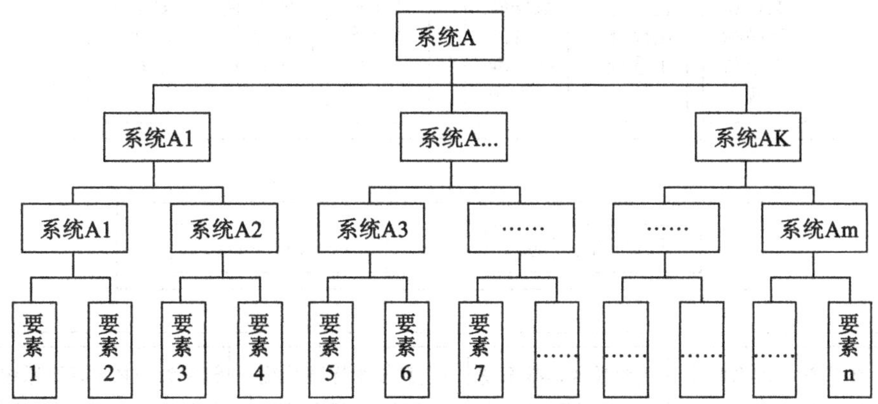

图 3.2 地理信息标准体系层次结构图

根据平行分解出来的结果，对若干次级系统在横向按时序进行排列，或对单次级系统按照时序在横向做进一步分解，这就构成了地理信息数据产品生产过程的串行分解结构。地理信息数据产品生产过程的串行分解结构如图 3.3 所示。

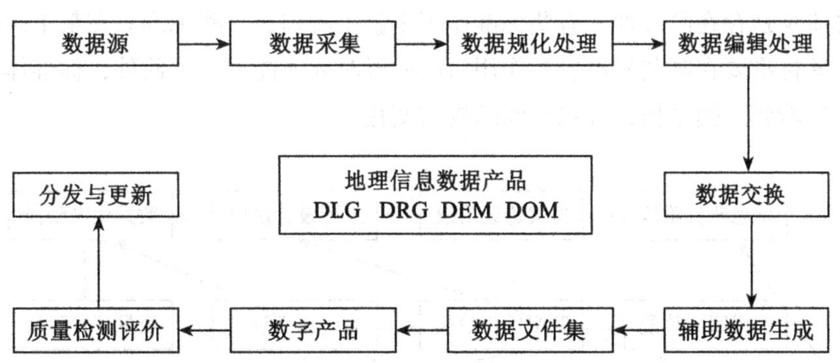

图 3.3 地理信息数据产品生产过程串行分解结构示意图（龚健雅等，2009）

5. 地理信息标准体系的空间结构

图 3.4 是地理信息标准体系的空间结构图，这种结构表现了相关领域体系、基础和支持标准子系统与其他标准子系统和标准体系要素之间的支撑关系。基础和支持标准子系统支撑并制约其他标准子系统，同时又是与上一层级标准接轨或兼容的主要部分。这种支撑结构有利于实现领域标准达到或兼容国家、国际标准的目标。

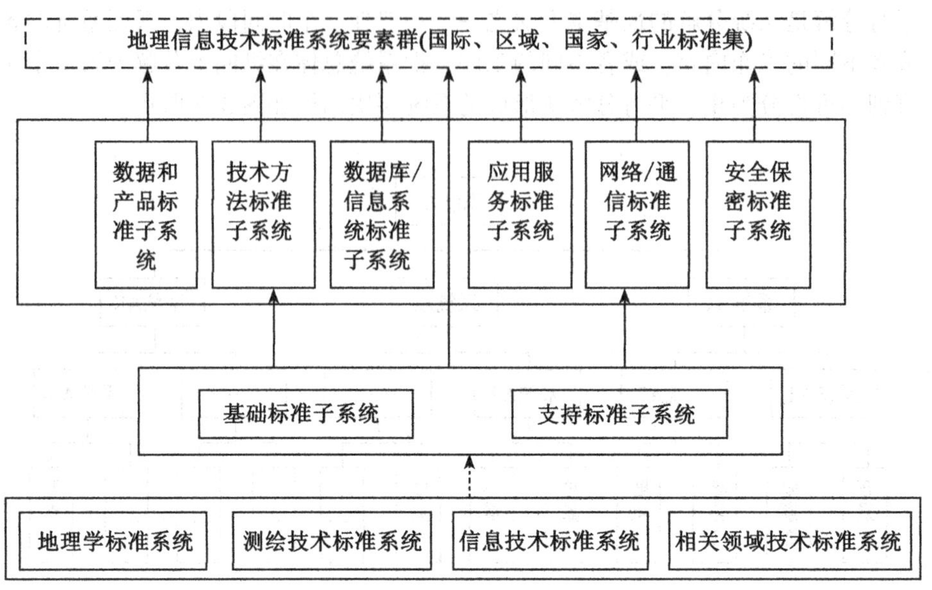

图 3.4　地理信息标准体系空间结构图（龚健雅等，2009）

6. 地理信息标准体系的时序结构

标准在使用时，存在一个时间顺序的关系，这个时间关系与依存主体系统的运行流程有关。图 3.5 是地理信息标准体系时序结构图。由于标准存在时序结构，标准在使用时就不可避免地存在阶段性。有些标准作用于整个流程，有些标准只在某个阶段发挥作用，也有些标准要在某些标准发挥作用后的一段时间才能用到。此外，标准体系的时序结构还会影响到空间结构，导致空间结构的变化。

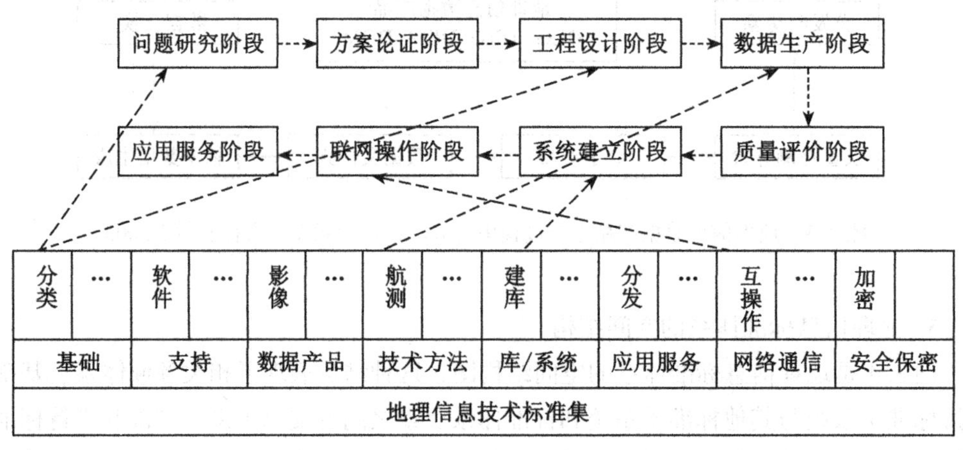

图 3.5　地理信息标准体系时序结构图（龚健雅等，2009）

3.1.2　国际地理信息标准体系

3.1.2.1　ISO/TC211 的标准体系

ISO/TC211 是国际标准化组织 ISO 中专门负责制订地理信息标准的委员会，其提出的 ISO19100 系列标准定义了在数据管理和交换中使用的地理信息的语义和结构，同时定义了在数据处理中使用的地理信息服务组件和其行为。

地理信息标准不仅涉及地理数据的定义、采集、分析、访问、表达和传输，还涉及地理信息的管理方法、工具和地理信息服务。制订地理信息标准的目的是推动地理信息领域的规范化和地理信息系统的互操作。由于地理信息标准依存的主体主要是地理信息与信息技术结合而形成的，所以地理信息标准是将地理信息（Geographic Information）及信息技术（Information Technology）结合起来构成的标准体系。图 3.6 展示了这种方法相结合产生的地理信息标准的参考模型。

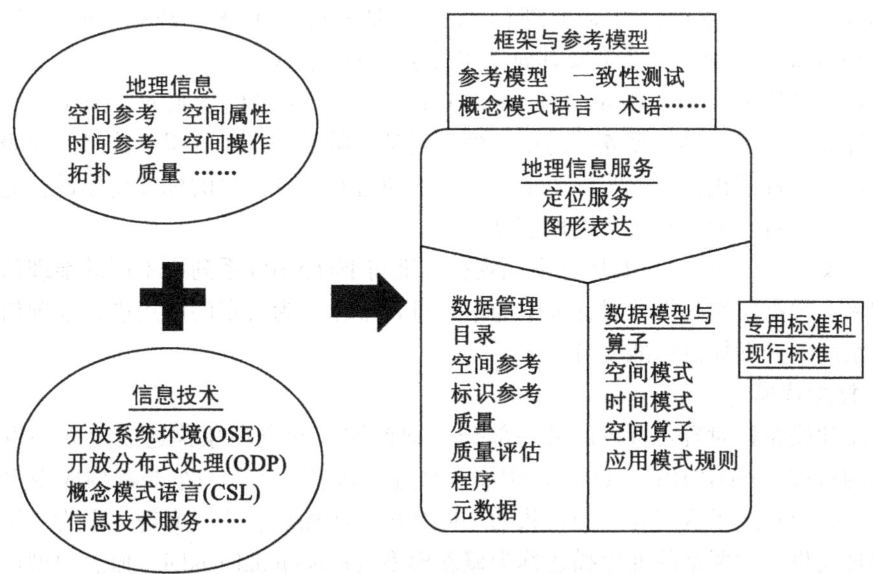

图 3.6　ISO19100 系列地理信息标准的参考模型图（ISO19101，2002）

在图 3.6 中，ISO19100 系列地理信息标准可以分为五大部分（ISO19101，2002）：

（1）框架与参考模型（framework and refernece model）：它涵盖了 ISO19100 系列地理信息标准中的基础部分。参考模型定义了标准涉及的重要部分以及它们之间的关联，为 ISO19100 系列中不同标准的交流提供基础。

（2）地理信息服务（geographic information services）：定义了信息传输的编码格式、基于地图学的可视化表达方法、位置服务接口等。

（3）数据管理（data administration）：定义数据质量、评估及度量，对数据、元数据、要素目录的描述，以及空间对象的直接和间接空间参照系等。

（4）数据模型与操作（data models and operators）：定义地球的几何性质、如何对地理要素及其空间特征进行建模，以及空间特征的定义及其相关联系。

（5）专用标准和现行标准（profiles and functional standards）：针对标准集合进行组织和选取子集，以适应具体应用领域和用户的需求，这样有助于快速构建适应于用户环境的标准集合。同时，商业上广泛应用并成为事实的标准也可以采纳并与现有标准进行协调。

在地理信息服务、数据管理和数据模型与操作中，概念建模（conceptual modelling）严格地描述地理信息、定义服务中的地理信息转换和交换，并且在专用标准和现行标准中也得到运用。ISO19100 系列标准中概念建模的方法基于开放分布处理（ODP）参考模型和概念模式建模纲要（CSMF）中的原则。

域参考模型（domain reference model）针对数据管理、数据模型与操作，提供地理信息结构与内容的高层表达与描述。它描述了 ISO19100 系列地理信息标准工作的范围，明确了地理信息标准化的主体。一方面，它对数据模型中地理信息的结构和操作的定义进行标准化；另一方面，它对地理信息的管理进行标准化。例如，通用要素模型（general feature model）为要素及其属性定义了一个元模型。

结构参考模型（architectural reference model）针对地理信息服务，描述了操作地理信息的计算机系统提供的服务的通用类型，列举了服务互操作的服务接口，为服务处理的地理信息的标准化提供了明确要求的方法。通过对服务接口的标准化建设，能够支持服务与环境进行互操作和交换地理信息。

专用文件（profiles）：专用标准和现行标准将 ISO19100 系列中不同的地理信息标准组合起来，根据应用的需求对标准中的信息进行细化，为特定的应用进行地理信息系统和应用系统的开发提供标准支持。

1. 概念建模

概念建模是针对现实世界的某一部分（即论域）建立抽象描述或建立一组相关抽象概念的过程（ISO19101，2002）。例如，水道、湖泊、岛等一组要素构成现实世界中的论域。一组描述了这些要素的形状的几何结构，例如点、线、面等，即为一组抽象概念。对现实世界中要素的抽象描述称为概念模型（conceptual model。概念模型可以存在于人的大脑中并通过口头交流，然而这样的概念模型通常不够准确。概念模型可以记录并存储下来以促进更广泛的传播。概念模式语言（conceptual schema language）提供语义和语法要素来严格描述概念模型。用概念模式语言描述的概念模型）就称为概念模式（conceptual schema）。描述了应用所需的数据的概念模式称为应用模式（application schema）。由于概念模式语言提供了描述信息的统一的方法和格式，因此计算机系统才有可能像人一样去读取和更新概念模式。采用概念模式语言来开发概念模式是地理信息标准化的基础。

ISO19100 系列地理信息标准采用概念建模的目的是为地理信息和服务提供严密的定义，使这些定义标准化，以实现系统在分布式计算环境下的互操作。

概念建模的方法如图 3.7 所示。

ISO19000 系列标准中概念模型的建立要遵循以下原则：

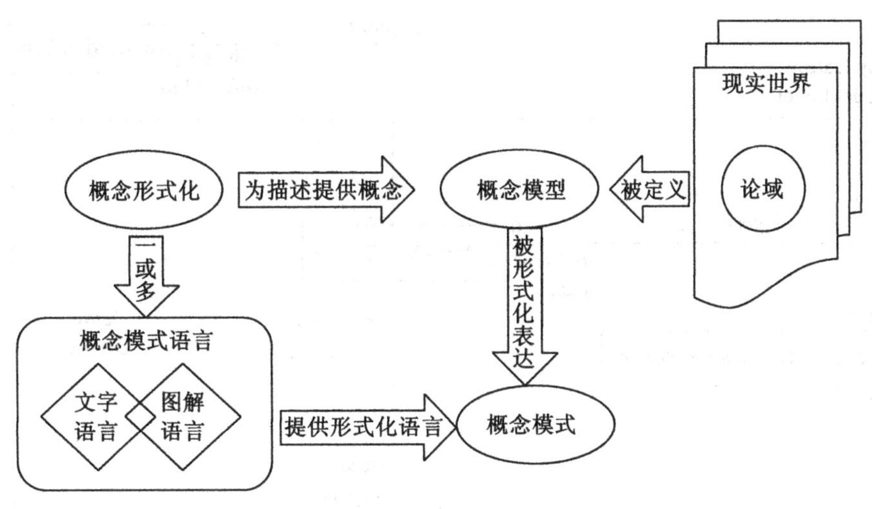

图 3.7　地理信息概念建模方法（ISO19101，2002）

（1）百分之百原则。论域中所有相关结构和行为规则都要在概念模式中描述，确保概念模式完整地定义论域。

（2）概念化原则。概念模式应该只包含与论域相关的结构和行为，而所有的物理的内外部数据表达内容是不包含在内的。即概念模式是独立于任何物理实现技术和平台的。

（3）Helsinki 原则。概念模式中所有的陈述都必须基于一套语义和语法的规则，例如通用建模语言 UML，来进行阐述和交换。

（4）使用一个具体的概念模式语言语法。概念模式中信息是使用一套形式化定义的概念模式语言的语法规则来表达的。

（5）自描述原则。国际标准中定义的规范性结构都应有自描述功能。

2. 域参考模型

域参考模型在 ISO19100 系列标准中是用于计算目的的地理信息的表达、组织、存储、交换和分析的主要概念，包括高抽象级别的域参考模型、应用模式、空间对象、参照系、数据质量、元数据和通用要素。

图 3.8 显示了域参考模型的高层视图。域参考模型使用了三层结构进行抽象建模。

（1）数据层（data level）：包含了地理数据集（dataset）、元数据集（metadata dataset）、地理信息服务（geographic information services）。数据集包括了要素实例（feature instance）、空间对象（spatial object）和位置（position）。要素实例描述了要素属性、关系和要素操作（计算要素信息的数学操作）。空间对象描述了要素的空间特征或是在某定义空间将属性值与位置关联的复杂数据结构。通常有两种方法对地理信息的空间特征进行建模：矢量和栅格。位置使用参照系提供的度量单位描述了空间对象在时空的位置。元数据集的使用允许用户搜索、评估、比较和订购地理数据。元数据集描述了数据集中地理信息

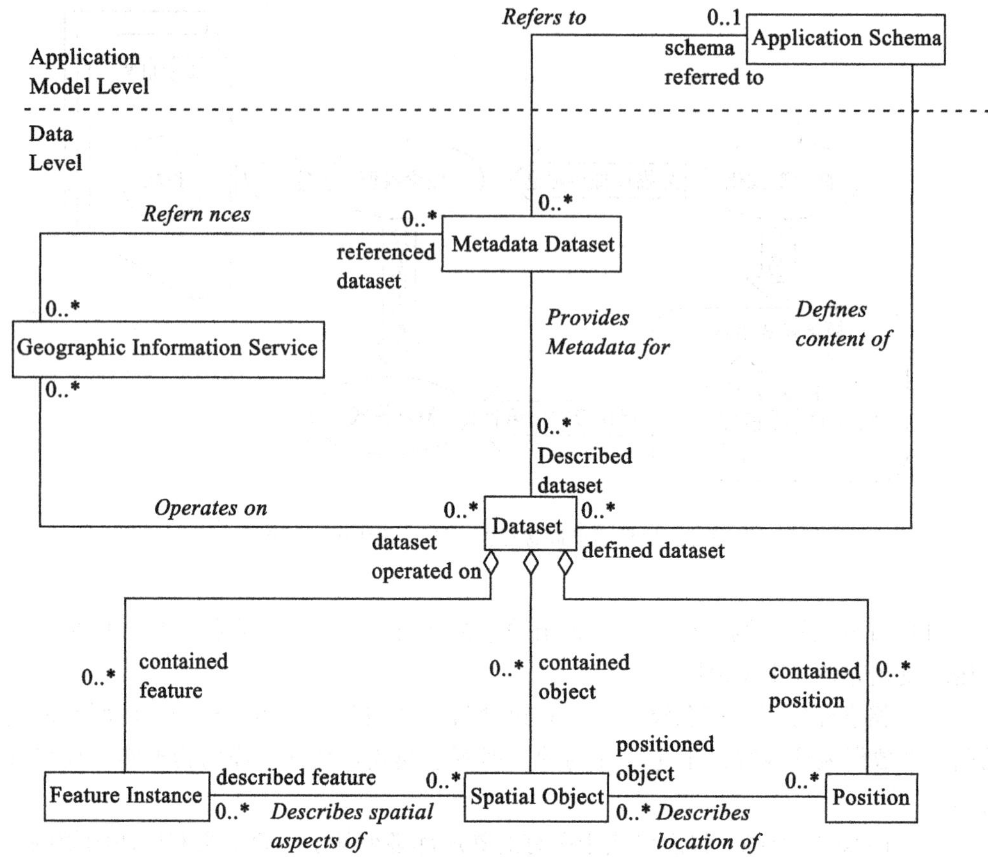

图 3.8　域参考模型高层视图（ISO19101，2002）

的管理、组织、内容等。元数据集的结构在 ISO19115 地理信息-元数据标准中定义的元数据模式中进行标准化。地理信息服务通过操作数据集中地理信息的软件程序实现。服务引用元数据集以实现正确地执行相关的数据操作，例如转换和内插操作。

（2）应用模型层（Application model level）：包含了 ISO19100 系列标准中的应用模式和概念模式。应用模式描述地理数据集的内容、结构和语义，包含了一系列的抽象类型定义，包括空间对象类型（Spatial object type）、数据质量元素（Data quality element）、参考系（Reference system）等。每一个地理数据集都对应一个应用模式。应用模式需要遵循 ISO19100 系列标准中的概念模式。概念模式基于通用要素模型开发，为应用模式的定义提供了基础。概念模式包括空间模式（Spatial schema）、时间模式（Temporal schema）、元数据模式（Metadata schema）、质量模式（Quality schema）等。详见 ISO19100 系列标准。专用标准等也属于应用模型层。

（3）元模型层（meta model level）：确定了用于定义应用模型层中模式的语言。包括概念模式语言和通用要素模型。概念模式语言例如 UML。通用要素模型提供了开发地理信息应用模式的元模型。应用模式中包含了通用要素模型中定义的类型实例。例如通用要素模型中定义了地物类型的概念，而应用模式中定义了特定的要素类型道路或湖泊等。通用要素模型定义了要素编目中的类型，例如要素、要素属性、要素操作和要素关系。要素编目中的特定类型可以在应用模式中使用。通用要素模型的详细说明见 ISO19109。

3. 体系结构参考模型

体系结构参考模型不仅定义了地理信息服务的结构，而且为确定地理信息标准化的需求提供了方法，使地理信息服务发挥更强大的功能。该模型提供了对 ISO19100 系列标准中不同标准定义的服务类型的理解，以及这些服务与其他信息服务的区别。它还显示了如何决定地理信息的哪些方面需要标准化来支持这些服务的操作。

（1）服务和服务接口。图 3.9 显示了分布在网络不同计算节点上应用系统和服务。服务提供了信息的处理、转换、管理或表现等功能。服务接口是服务调用和数据在服务与应用、外界存储设备、通信网络或人之间传输的边界。图 3.9 中显示了五类接口。应用程序接口（API）是服务与应用系统之间的接口，应用系统通过该接口调用地理信息服务。地理信息服务 API 的标准化是 ISO19100 系列地理信息标准中的核心。通信服务接口（CSI）是应用和服务访问数据传输服务的接口，从而能够进行网络通信。不同计算网络之间的通信可以通过一个网络与网络之间的接口（NNI）进行连接。人的技术接口（HTI）允许个人终端用户访问计算系统，该接口包括图形用户接口和键盘等。信息服务接口（ISI）是提供数据服务的边界，允许数据的持久性存储。

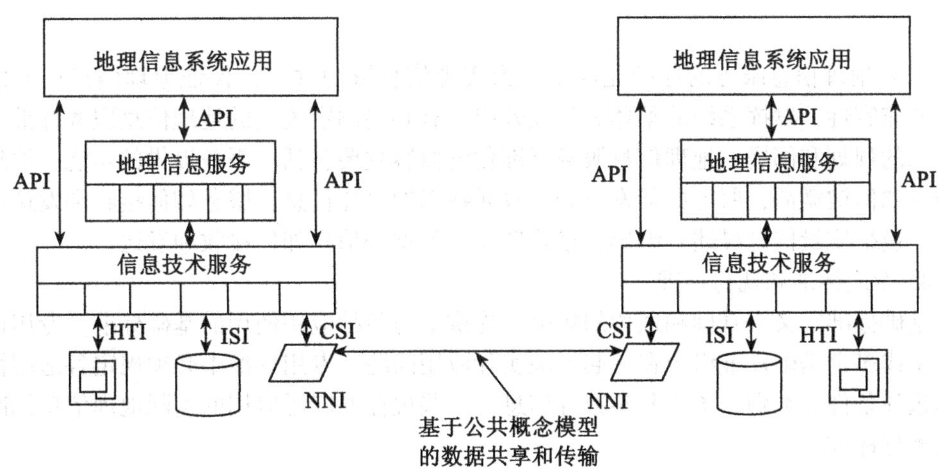

图例　API—应用程序接口　　HTI—人的技术接口　　ISI—信息服务接口
　　　CSI—通信服务接口　　NNI—网络与网络之间的接口

图 3.9　服务与服务接口示意图（ISO19101，2002）

（2）地理信息服务类型。与 OGC 空间信息服务框架中信息观点描述的服务类型相同，都在扩展的开放系统环境模型的基础上划分了 6 类地理信息服务，包括地理信息人机交互（Geographic Human Interaction Services，GHS）、地理信息模型管理服务

(Geographic Model Management Services, GMS)、地理信息工作流/任务服务(Geographic Workflow/Task Services, GWS)、地理信息系统管理服务(Geographic System Management Services, GSS)、地理信息处理服务(Geographic Processing Services, GPS)和地理信息通信服务(Geographic Communication Services, GCS)(图 3.10)。

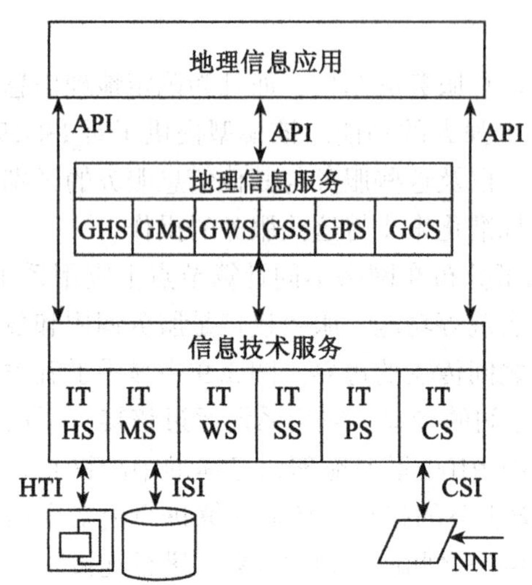

图例
G—地理
IT—信息技术
HS—人机交互
MS—模型管理服务
WS—工作流/任务服务
SS—系统管理服务
PS—处理服务
CS—通信服务
该方法在信息技术服务的基础上，根据地理信息的需求划分了 6 类地理信息服务。

图 3.10 信息技术服务在地理信息领域中的扩展(ISO19101, 2002)

(3) 地理信息服务的标准化需求。为实现信息资源共享，保证地理信息产业的协调性和兼容性，发挥系统的整体和集成效应，有必要制定统一的地理信息服务标准，实现统一的规划和部署。地理信息服务标准化的内容主要包括：服务提供的功能，地理信息服务如何被激活，服务如何发送和接收元数据的描述信息，服务如何接收和发送语义信息，包括质量信息描述、编码、格式转换、数据等信息如何接收和发送。

4. 专用标准和现行标准

基础标准定义了基础和通用的规范，提供了为各种应用使用的基础标准。专用标准是一个或多个基础标准组合在一起解决实际应用问题。专用标准中必须规定各适用情况下的选择条件、类别、子集和参数等信息。一些现存的广泛应用的国际地理信息标准被称为现行标准。

3.1.2.2 OGC 的标准体系

国际地理信息联盟 OGC 由 GIS 相关的厂商、高等院校和政府部门形成联盟，机制灵活，其推出标准的周期较短，特别是在实现规范上能够较好地与信息技术的发展相结合。OGC 制定的规范可以分为抽象规范和实现规范两大类。

1. 抽象规范

抽象规范编写的目的是建立一个概念模型，并证明该模型可以用来创造实现规范。目前，抽象规范包括 20 个主题，如表 3.2 所示。主题 19——通用参考系统(General Reference Systems)规范尚在讨论中。

表 3.2　**OGC 抽象规范主题**

主题编号	主题名
主题 0	抽象规范概览（Abstract Specification Overview）
主题 1	要素几何（Feature Geometry）
主题 2	空间参照系（Spatial Referencing by Coordinates）
主题 3	定位几何结构（Locational Geometry Structures）
主题 4	存储功能和内插（Stored Functions and Interpolation）
主题 5	要素（Features）
主题 6	覆盖类型（The Coverage Type）
主题 7	地球图像（Earth Imagery Case）
主题 8	要素间关系（Relationships Between Features）
主题 9	质量（Quality）
主题 10	要素集合（Feature Collections）
主题 11	元数据（Metadata）
主题 12	开放式 GIS 服务框架（The OpenGIS Service Architecture）
主题 13	目录服务（Catalog Services）
主题 14	语义和信息（Semantics and Information Communities）
主题 15	图像解译服务（Image Exploitation Services）
主题 16	图像坐标转换服务（Image Coordinate Transformation Services）
主题 17	基于位置的移动服务（Location Based Mobile Services）
主题 18	地理空间数字版权管理参考模型（Geospatial Digital Rights Management Reference Model）
主题 20	观测与量测（Observations and Measurements）

2. 实现规范

抽象规范经过编码、接口定义、参数定义才能成为可执行的实现规范。目前 OGC 提供的实现规范包括网络地物要素服务规范（Web Feature Service，WFS），网络地图服务规范（Web Map Service，WMS），网络覆盖服务规范（Web Coverage Service，WCS），网络目录服务规范（Catalogue Services for Web，CSW），地理注记语言规范（Geography Markup Language，GML），网络处理服务规范（Web Processing Service，WPS），以及传感器观测服务规范（Sensor Observation Service，SOS）等。

3.1.3 中国地理信息标准体系

3.1.3.1 国家技术标准体系

国家技术标准体系是由一系列的设计社会、经济、科学、文化等领域具有内在联系的国家标准、协会标准和企业标准组成的有机整体。它在指导标准化工作中起着重要的作用，为各行各业建立科学合理的技术标准体系提供重要的依据。

国家的标准制定主要有两种渠道：一种是通过专业性标准化技术委员会组织有关企业、标准化研究机构和专业研究机构来制定标准；另一种是由这些机构直接承担标准的制定工作。技术标准研制系统的结构图见图 3.11。

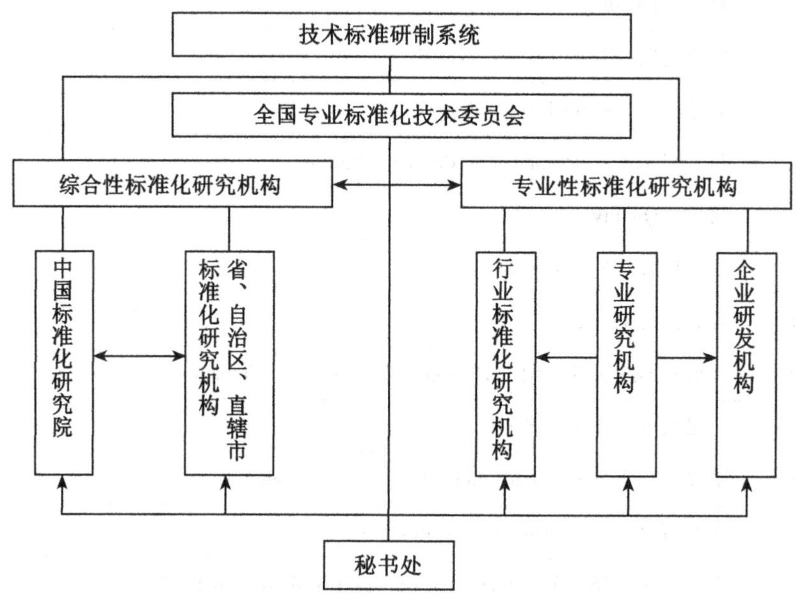

图 3.11 技术标准研制系统框架图（龚健雅等，2009）

3.1.3.2 国家地理信息技术标准体系

国家地理信息技术标准体系由通用类、数据资源类、应用服务类、环境与工具类、管理类、专业类和专项类 7 大类组成，这 7 大类又可以分为 44 小类。通用类包括参考模型、空间基准与参照系、空间模式等；数据资源类包括数据内容、数据字典、数据获取等；应用服务类包括服务、产品、可视化表达、分发等；环境与工具类包括设备环境、软件、仪器检测等。管理类包括保密、安全、质量等；专业类包括土地-地理信息、农业-地理信息等；专项类包括电子商务、数字城市等。

3.2 地理信息服务基础标准

地理信息标准的一个重要目的是促进地理信息的共享和服务，因此地理信息服务的标准涉及现有的地理信息标准体系研究的方方面面，从空间参考、数据模型、处理方法到数据质量，都可以与地理信息服务建立关联。考虑到目前的空间信息服务中元数据和 GML 作为基本信息模型得到广泛应用，这里就这两个标准做简要介绍。

3.2.1　地理信息元数据标准

3.2.1.1　地理信息元数据概念

地理数据生产者和使用者通常不是同一个人或者单位，这就需要适当的文档资料来帮助不熟悉数据的人来更好地了解数据，并恰当地使用数据。但是在这个海量信息的时代，数据量越来越大，这也对数据的生产和管理提出了更高的要求：

（1）数据生产者需要元数据管理和维护好海量数据，以便提高效率，且不受工作人员变动的影响。

（2）用户需要元数据提供查询可用数据的方便简捷的途径，以便确定在何处能找到自己需要的数据。

（3）用户需要利用元数据提供的数据的技术文件信息获得所需数据。

（4）当数据格式对于应用而言直接使用时，用户需要元数据来理解数据和转换数据。

（5）在不知道有关联系信息时，用户需要元数据实现远程访问数据资源。

为了满足这种需求，地理信息元数据的概念就产生了。元数据是描述数据的数据。在地理信息中，元数据就是地理空间相关数据集和信息资源的描述信息，即描述地理空间数据的数据。通过元数据可以实现数据生产者与数据使用者之间的交流，用户可以通过元数据信息方便地确定数据是否符合其需求。

元数据的主要作用可以归纳为以下几点（龚健雅等，2009）：

（1）帮助数据生产单位有效地管理和维护空间数据，建立数据文档，并保证即使其主要工作人员退休或调离时，也不会失去对数据情况的了解。

（2）提供有关数据生产单位数据存储、数据分类、数据内容、数据质量、数据交换站（Clearinghouse）及数据销售等方面的信息，便于用户查询检索地理空间数据。

（3）提供通过网络对数据进行查询和检索的方法或途径，以及与数据交换和传输有关的辅助信息。

（4）帮助用户了解数据，以便就数据是否能满足其需求做出正确的判断。

（5）提供有关信息，以便用户处理和转换有用的数据。

3.2.1.2　地理信息元数据标准

国际地理信息元数据标准有美国联邦地理数据委员会（FGDC）的数字地球空间元数据内容标准（CSDGM）和国际标准化组织地理信息标准化委员会 ISO/TC 211 的 ISO19115 地理信息元数据标准。国内有《中国可持续发展信息共享元数据标准》、国家基础地理信息系统（NFGIS）元数据、《地质调查元数据内容与格式标准》、《地理信息　元数据》（GB/T 19710—2005）等。其中国家标准《地理信息　元数据》（GB/T19710—2005）采用的是 ISO/TC 211 制定的《地理信息—元数据》国际标准。

参照 ISO19115 地理信息元数据标准，地理信息元数据内容可以分为三个部分：元数据实体集信息、元数据包、数据类型信息。元数据具体内容框架见图 3.12。

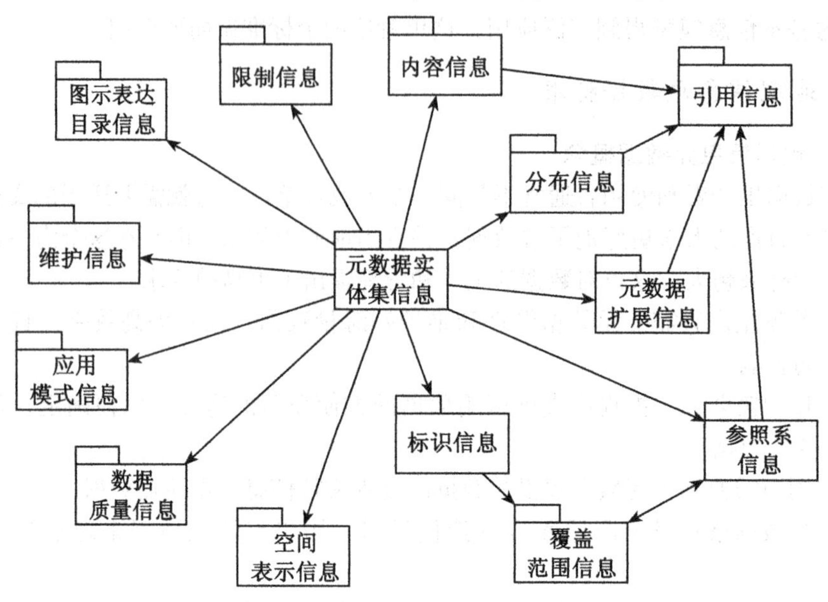

图 3.12 地理信息元数据内容框架（ISO/TC211，2003）

元数据实体集信息包含引用各个元素子集和数据类型信息的根实体。

数据类型信息包括覆盖范围信息和引用及负责单位信息。

元数据包中包括标识信息、内容信息、分发信息、数据质量信、图示表达目录信息、应用模式信息、空间表示信息和参照系信息以及地理信息元数据的限制信息和维护信息等。

（1）元数据实体集信息。元数据实体集信息包含引用各个元数据子集和数据类型信息的根实体，描述了元数据的标识、限制、数据质量、维护信息、空间表示、参照系、内容信息、图示表达目录信息、分发、元数据扩展信息和应用模式等。

（2）标识信息。标识信息包含唯一标识空间信息资源的信息，包括有关资源的引用、数据摘要、目的、可信度、状态和联系办法等信息。空间信息资源包含数据标识（MD_DataIdentification）和服务标识（MD_ServiceIdentification）两个方面的内容。数据标识定义了识别数据集所需的信息，包括空间表示类型、空间分辨率、数据集语种、数据集字符集、专题类型、环境说明、覆盖范围和补充信息等。服务标识提供有关服务的概略说明，详见《ISO19119 地理信息 服务》（Geographic information-Services）。

（3）限制信息。限制信息包含对数据施加的限制信息。限制信息定义为法律限制和安全限制。法律限制描述了访问和使用数据集时的限制信息；安全限制描述了为了国家安全或类似的安全考虑，对资源或元数据施加的限制，包括安全限制分级、用户注意事项、分级系统和处理说明。

（4）数据质量信息。数据质量信息包含对数据集质量的一般评价信息，是数据志信息 LI_Lineage 和元素信息 DQ_Element 的聚集。其中数据志描述的是数据产生的有关事件、数据源信息或需要了解的其他数据志信息。数据志同时又是处理步骤 LI_ProcessStep 和数据源 LI_Source 的聚集。处理步骤描述数据集生命周期中有关事件或转换信息,包括为维护数据集进行的处理;数据源描述确定的数据生产所用的数据源信息。元素信息描述的是定量的质量信息，它又定义为完整性 DQ_Completeness、逻辑一致性 DQ_LogicalConsistency、位置准确度 DQ_PositionalAccuracy、专题准确度 DQ_ThematicAccuracy 和时间准确度 DQ_TemporalAccuracy。这 5 个实体表示数据质量元素，可以进一步细分数据质量子元素。

（5）维护信息。维护信息包含有关数据更新范围和更新频率信息，包括维护和更新频率、下次更新日期、用户要求的维护频率、更新范围、更新范围说明、维护注释以及与维护方联系的相关信息。其中，对于更新范围的说明，主要从属性、要素、要素实例、属性实例、数据集等方面进行了描述。

（6）空间表示信息。空间表示信息包含数据类型信息包括覆盖范围信息和引用及负责单位信息。数据集中用于表示空间信息的机制信息。空间表示信息又分为格网空间表示信息（MD_GridSpatialRepresentation）和矢量空间表示信息（MD_VectorSpatialRepresentation）。

格网空间表示信息描述数据集中有关格网空间对象的内容，并且为了满足进一步说明的需要，格网空间表示信息又包含了地理校正(MD_Georectified)和/或地理可参照性元素(MD_Georeferenceable)。地理校正描述的是在空间参照系（SRS）中定义的地理(即经纬度）坐标系或地图坐标系中规则分布格网单元的格网，以便格网的任何格网单元能够进行地理定位，确定它的格网坐标和格网原点、格网单元间隔和定向。地理可参照性描述的是任何给定的地理/地图投影的相关信息。

（7）参照系信息。参照系包含某数据集中使用的空间和时间参照系的描述。参照系元数据识别所使用的参照系的元素，可细分为坐标参照系 MD_ProjectionParameters(投影参数和椭球参数的聚合)和椭球参数 MD_EllipsoidParameters（斜线方位角和斜线点的聚合)。

坐标参照系信息是关于坐标系的元数据，该坐标系的属性源自于 ISO19111 基于坐标的空间参照系定义的坐标参照系。坐标参照系信息除了包含自身的标识信息（投影、椭球体和大地基准）外，它还是包含投影参数信息和椭球参数信息。

投影参数信息是描述地图投影的参数集，包括带号、标准纬线、中央经线、直角坐标系原点的纬度、东偏和西偏及其它们的值、比例尺等。

椭球参数信息除了描述椭球体大小和形状的参数集（长半轴及其单位、短半轴及其单位/扁率）外，它还包含斜线方位角参数和斜线点参数。斜线方位角信息包括从正北方向顺时针量测并以度为单位的角度（方位角）和地图投影原点的经度；斜线点参数包括定义该斜线的一个点（接近图廓）的纬度和经度；它们用于描述斜轴墨卡托地图投影中央经线的方法。

（8）内容信息。内容信息包含与数据集内容相关的说明信息。内容信息又分为要素目录信息(MD_FeatureCatalogueDescription)和覆盖数据层说明信息(MD_CoverageDescription)。要素目录信息是描述标识要素目录或概念模式的信息。覆盖数据层说明信息是描述有关格网数据格网单元内容的信息，它还包含影像说明信息和量纲范围信息。影像说明信息用于描述有关影像适用性的内容；量纲范围信息描述格网单元度量值每个量纲的范围。量纲范围还包含一个子类——波段信息，用于描述电磁光谱波长的范围。

（9）图示表达目录信息。图示表达目录信息包含数据集使用的图示表达目录的信息。

（10）分发信息。分发信息包含有关资源分发者和获取资源的途径的有关信息。分发信息是数字传送信息(MD_DigitalTransferOptions)、分发者信息(MD_Distributor)和格式信息(MD_Format)的聚集。数字传送信息描述从分发者获取资源的技术方法和介质，分发者信息描述有关分发者的联系信息、分发订购程序等，格式信息描述数据对象在记录、文件、通信、存储设备和传送通道中的表示方法。

（11）元数据扩展信息。元数据扩展信息包含有关用户定义的扩展元数据的信息。它描述地理数据所需要的、该标准中没有的新元数据元素(MD_ExtendedElementInformation)的信息，包括新元数据元素的名称、缩写名、域代码、定义、约束条件、条件、数据类型、最大出现次数、域值、父实体、规则、理由和来源等。

（12）应用模式信息。应用模式信息包含有关用于建立数据集的应用模式信息。

空间信息元数据标准一般将公共引用的元数据实体归类为元数据类型实体，通常包括覆盖范围信息 Extent information（EX_Extent）、引用和负责单位信息 Citation and responsible party information（CI_Citation and CI_ResponsibleParty）。

覆盖范围信息描述有关实体的平面、垂向和时间覆盖范围信息。覆盖范围信息一般包含地理覆盖范围、时间覆盖范围和垂向覆盖范围，分别描述有关对象覆盖范围的地理、时间和垂向组成部分。

引用和负责单位信息提供引用资源（数据集、要素、原始资料、出版物等）的标准方法，以及资源的负责单位信息等联系信息。

3.2.2 地理信息共享编码——GML

地理标记语言（Geography Markup Language，简称 GML）是由 OGC 开发的基于 XML（eXtensible Markup Language，可扩展的标记语言）的地理信息（包括几何和属性特征）的传输和存储编码，基于该标准可以很容易地在不同系统之间交换和共享地理数据及其属性。

1. GML 设计的目的

地理标记语言 GML 是一种地理信息表达的实现规范，为地理信息数据共享奠定了基础，是实现 GIS 网络服务不可缺少的基本规范。GML 语言设计的目的主要有以下几点（龚健雅等，2009）：

（1）提供适用于 Internet 环境的空间信息编码方式，用于数据传输和存储。

（2）能够扩展，用以支持对空间信息的多样化需求，不管是用于对空间信息的单纯描述，还是进行更深层次的分析使用。

（3）以一种可扩展和标准化的方式为基于 Web 的 GIS 建立良好的基础。

（4）允许对地理空间数据进行高效率编码。

（5）提供了一种容易理解的空间信息和空间关联的编码方式。

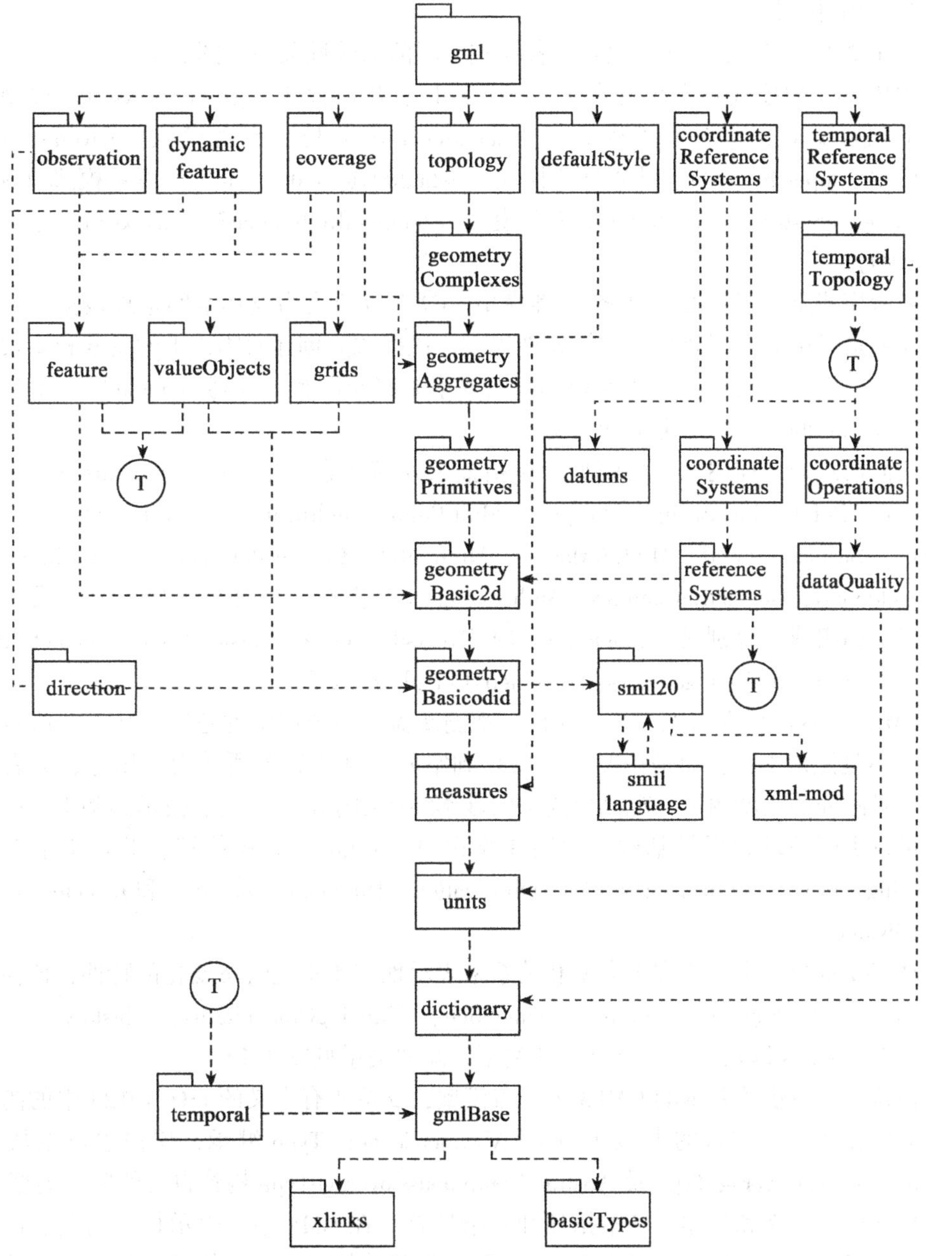

图 3.13　GML 基本模式之间的依赖性（龚健雅等，2009）

（6）实现空间和非空间数据的内容和表现形式的分离。

（7）易于将空间信息和非空间信息进行整合。

（8）易于将空间几何元素与其他空间或非空间元素连接起来。

（9）提供一系列公共地理建模对象，从而使各自独立开发的应用之间互操作成为可能。

2. GML 模式

GML 提供了 33 个基本的模式，各模式之间的依赖性关系见图 3. 13。

GML 的主要模式有要素模式（feature. xsd）、几何模式（geometry. xsd）、观测模式（observation. xsd）、动态要素模式（dynamicFeature. xsd）、覆盖模式（coverage. xsd）、拓扑模式（topology. xsd）、缺省样式模式（defaultStyle. xsd）、坐标参考系模式（coordinateReferenceSystems. xsd）时间参考系模式（temporalReferenceSystems. xsd）（龚健雅等，2009）。

要素模式定义了基本的要素/属性模型。GML 以要素为描述空间地理数据的基本单位，而要素又由非空间属性和空间属性组成。该模式为创建 GML3. 1 的要素和要素集合提供了一个框架，它定义了抽象和具体的要素元素及类型，并通过 include 元素包含了几何模式和时间模式中的定义和声明。

几何模式详细描述了几何模型，包括抽象几何元素、坐标（Coordinates）、Vector、Envelope、Point、LineString、Polygon、MultiPoint、multiCurve、MultiLineString、MultiPolygon、Surface、Solid、MultiSurface 、MultiSolid、CompositeCurve、CompositeSurface、CompositeSolid、GeometricComplex、MultiGeometry 等多个几何元素的定义。该模式由五个模式文档组成，分别是：geometryBasic0d1d. xsd、geometryBasic2d. xsd、geometryPrimitives. xsd、geometryAggregates. xsd、geometryComplexes. xsd。

GML3. 1 观测旨在给观测行为建模。观测涵盖了一个广泛的范围：从一个旅行者的照片（不是照片本身，而是拍照的行动）到空间机载传感器所获得的影像，或者湖面以下 5 米深处的温度测量。观测模式中的基本结构用于对科学的、技术的和工程的测量模式进行更好的理解提供基础。观测在模式 observation. xsd 中描述，共定义了 7 个元素：using、target、subject、resultOf、Observation、DirectedObservation 和 DirectedObservationAtDistance。

动态要素模式定义了许多类型和关系来表示地理要素随时态变化的特性，该模式定义了 DataSource、status、TimeSlice、MovingObjectStatus、history、track、dynamicProperties 以及相应的类型。各类型之间的关系见图 3. 14。

覆盖模式提供了基本的 GML3. 1 覆盖模型，支持所有定义的 ISO 19123 中的离散或连续的覆盖类型，支持的类型从 gml：AbstractCoverageType 继承，用户也可以从 gml：AbstractDiscreteCoverageType 及 AbstractContinuousCoverageType 构建自己的覆盖类型。

拓扑模式定义和描述了基本拓扑和复杂拓扑。在 GML 中，表示拓扑的概念模型是以 OGC 抽象规范（ISO DIS 19107）的主题 1 为基础的。该模型描述了相关的拓扑与几何关系，可以直到三维关系——体拓扑。在 GML3. 1 的拓扑模式中，有四种基本的拓扑对象，即节点（Node）、边界（Edge）、面（Face）和拓扑体（TopoSolid）。

缺省样式模式定义了要素样式、几何样式、拓扑样式、标签样式、公共样式元素、图样式以及相应的复杂类型，在 defaultStyle. xsd 中加以描述。开发 GML3. 1 的一个需求便是将数据与表现严格分离。因此，GML 数据的描述结构都没有内置描述样式信息的能力。更确切地说，缺省样式机制被创建成一个单独的模型，它可“插入（plugged-in）”到 GML 数据集。

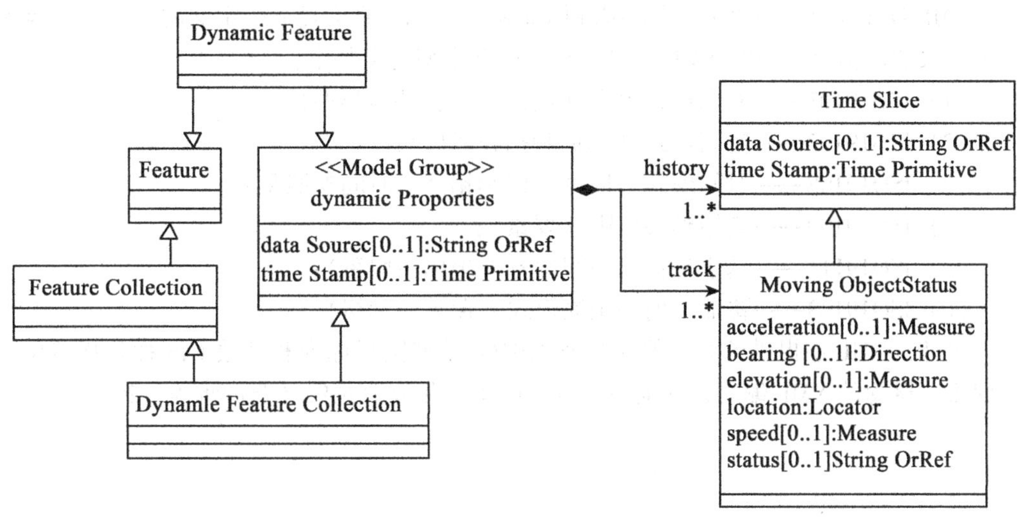

图 3.14　动态要素模式（龚健雅等，2009）

坐标参考系模式在逻辑上分为两个部分：一部分定义了抽象坐标参考系统的 XML 编码元素和类型；另一个较大的部分定义了空间-时态坐标参考系统的多个具体类型的 XML 编码的特定的结构。坐标参考系统模式包含的 GML 模式有 coordinateSystems. xsd，datums. xsd 和 coordinateOperations. xsd。

时间参考系模式共有 7 个具体的元素用来描述时间参考系统：TimeReferenceSystem、TimeCoordinateSystem、TimeCalendar、TimeCalendarEra、TimeClock、TimeOrdinalReferenceSystem 和 TimeOrdinalEra。

3. GML 应用模式的设计

GML 模式的利用一般有三种情况：

（1）直接应用这些元模式已经定义的类型和对象。

（2）根据实际的需要来定义 GML 专用标准，并在专用标准的基础上应用特定的类型和对象。

（3）根据需要选择必要的元模式或者相关的 GML 专用标准进行建模，构造自己的应用模式。

GML 应用模式设计，首先要根据实际需求，建立适当的空间数据模型。然后选取 GML 中相应的 Schema，对其中抽象类型定义给出实际的具体定义，并按 XML Schema 语法的规则，将其组合生成 GML 应用模式。

基于 GML 的空间数据建模时，首先要定义新的要素或要素类型（Feature 或 FeatureCollection），并定义新的几何类型（Geometry Type）及几何属性（Geometry Property）。然后再声明目标命名空间（Target Namespace），导入不同命名空间的 GML 模式，然后再使用替代组（Substitution Group），声明额外的属性，定义新的要素关联类型。

4. GML与ISO国际标准

GML规定了在ISO19100系列国际标准和开放GIS抽象规范中定义的与这些标准和规范一致的许多概念类的XML编码，相关概念模型定义如下：

（1）ISO19103——概念模式语言（度量单位、基本类型）；

（2）ISO19107——空间模式（几何和拓扑对象）；

（3）ISO19108——时间模式（时间几何和拓扑、时间参照系）；

（4）ISO19109——应用模式规则（要素）；

（5）ISO19111——基于坐标的空间参考（坐标参照系）；

（6）ISO19123——覆盖几何和函数模式（覆盖、网络）。

另外，GML还提供了对其他的在ISO19100系列国际标准和开放GIS抽象规范中没有建模的概念的XML编码，如动态要素，简单观测或值对象（龚健雅等，2009）。

第4章　网络地理信息系统和服务技术

本章从现有技术的角度，介绍网络地理信息系统和服务的实现技术。

4.1　网络地理信息系统技术

目前已有多种不同的技术方法被用于研制实现网络地理信息系统，包括通用网关接口（Common Gateway Interface，CGI）、服务器应用程序接口方法（Server API）、Plug-in模式、GIS ActiveX、GIS Java Applet、微软动态服务页面ASP、J2EE等（陈能成，2009）。其中，ASP和J2EE与第1章介绍的分布式对象技术密切相关，这里就其他技术及Web2.0技术作简要介绍。

4.1.1　CGI模式

CGI是最早实现动态网页的技术，它是一个用于Web服务器和客户端浏览器之间的特定标准，允许网页用户通过网页的命令来启动一个存在于网页服务器主机的程序，并且接收到这个程序的输出结果。

基于CGI模式的Internet GIS是基于HTML的一种扩展，需要有GIS服务器在后台运行。通过CGI脚本，将GIS服务器和Web服务器相连，客户端所有的GIS操作和分析，都是在GIS服务器上完成的。客户端通过Web浏览器发送请求，Web服务器接收请求后激发CGI程序，并在GIS服务器上进行相关操作，然后将返回的结果通过服务器和网络传输返回给用户。基于CGI的互联网GIS体系结构见图4.1。

CGI模式工作流程如下：

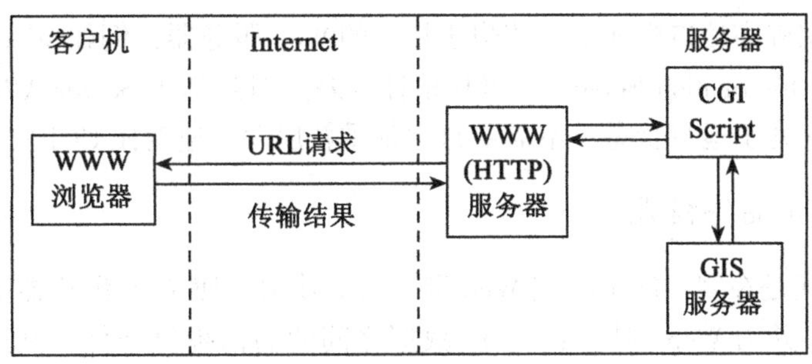

图4.1　基于CGI的互联网GIS体系结构（陈能成，2009）

（1）Web 浏览器用户发出 URL 及 GIS 数据操作请求；

（2）Web 服务器接受请求，并通过 CGI 脚本，将用户的请求传送给 GIS 服务器；

（3）GIS 服务器接受请求，进行 GIS 数据处理如放大、缩小、漫游、查询、分析等，将操作结果形成 GIF 或 JPEG 图像；

（4）GIS 服务器将 GIF 或 JPEG 图像，通过 CGI 脚本、Web 服务器返回给 Web 浏览器显示。

CGI 是连接应用软件和 Web 服务器的标准技术，也是最早的 Web 数据库连接技术，是 HTML 功能的扩展。CGI 作为网络服务器上的可执行程序，几乎可以应用到所有的 Web 服务器。开发者可以通过任意一种开发语言来编写 CGI 应用程序，例如：C、C++、Perl、Visual Basic。

基于 CGI 的 Web GIS 的优势主要有：

（1）所有的 GIS 操作都是由 GIS 服务器完成的，可以充分利用服务器端的计算和分析资源。所有具有客户端小、处理大型 GIS 操作分析的功能强、充分利用现有的 GIS 操作分析资源等优势。

（2）客户机端与平台无关。在客户机端使用的是支持标准 HTML 的 Web 浏览器，操作结果是以静态的 GIF 或 JPEG 图像的形式表现。

基于 CGI 的 Web GIS 的缺点主要有：

（1）增加了网络传输的负担。用户的每一步操作，都需要将请求通过网络传给 GIS 服务器，GIS 服务器将操作结果形成新的栅格图像，再通过网络返回给用户。这就使得网络传输数据量变大，增加了网络传输负担。

（2）服务器的负担重。客户端的每个请求均通过网络传输给 GIS 服务器，每个请求在执行时都需要建立连接和释放，这将增加服务器的负担。

（3）同步多请求问题。CGI 程序作为独立的外部程序来执行，存在与 Web 服务器上其他进程之间竞争资源的问题，这将影响系统的运行效率。并且同时发送多个请求时，多进程之间也存在进程之间的竞争问题。

（4）静态图像。浏览器上显示的是静态图像，这会限制用户操作的灵活性。

（5）用户界面的功能受 Web 浏览器的限制，影响 GIS 资源的有效使用。

4.1.2 服务器应用程序接口方法（Server API）

服务器应用程序接口模式通常依附于特定的 Web 服务器，例如 Microsoft ISAPI 依附于 IIS（Internet Information Server），可移植性较差。但是基于 Server API 的动态连接模块启动后将一直处于运行状态，不需要每次都重新启动，速度比 CGI 快。

4.1.3 Plug-in 插件模式

Plug-in 模式是在客户端上扩充 Web 浏览器的技术，使 Web 浏览器支持处理 GIS 数据和地图显示，并为 Web 浏览器与 GIS 数据之间的通信提供条件。利用 Plug-in 技术，可以在客户端直接处理来自服务器的 GIS 矢量数据，并且可以生成自己的数据，以供 Web 浏览器或其他 Plug-in 显示使用。但是 Plug-in 必须像应用软件一样，先安装在客户机后才能使用。

CGI 系统仅提供给用户端有限的功能，传给用户的信息都是静态的，用户的 GIS 操作都需要由服务器来处理。而 Plug-in 把一部分服务器上的功能移植到用户端上，加快了用户操作的反应速度，减少了流量。为了便于其他软件厂商发展插入型软件，例如 Netscape 公司专门提供了一套应用程序接口（API）。

基于 Plug-in 的 Web GIS 体系结构示意图见图 4. 2。Plug-in 模式的工作流程如下：

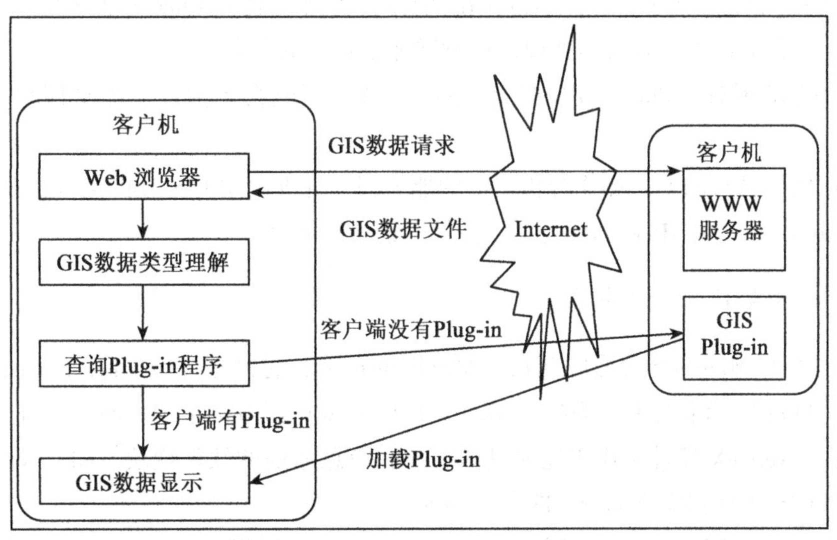

图 4. 2　基于 Plug-in 模式的 Web GIS 体系结构图（陈能成，2009）

（1）客户端的 Web 浏览器向 Web 服务器发送数据请求；

（2）Web 服务器接受用户发出的请求，进行处理，并将用户所需的 GIS 数据传递给 Web 浏览器；

（3）客户机端接受 Web 服务器传来的 GIS 数据，并将 GIS 数据类型进行理解；

（4）在本地系统查找与 GIS 数据相关的 Plug-in（或 Helper），或加载相关的 Plug-in。

（5）GIS 的操作如放大、缩小、漫游、查询、分析皆由相应的 GIS Plug-in 来完成。

基于 Plug-in 的 Web GIS 系统有以下优势：

（1）无缝支持与 GIS 数据的连接。由于对每一种数据源，都需要有相应的 GIS Plug-in；因而 GIS Plug-in 能无缝支持与 GIS 数据的连接。

（2）GIS 操作速度快。大部分 GIS 基本操作是在浏览器上通过 plug-in 插件完成，与从服务器上得到服务相比，等待时间减少，运行速度加快，效率提高了。

（3）服务器和网络传输的负担轻。服务器仅需提供 GIS 数据服务，网络也只需将 GIS 数据一次性传输。服务器的任务很少，网络传输的负担轻。

基于 Plug-in 的 Web GIS 同样存在缺点，主要表现在下列几个方面：

（1）GIS Plug-in 与平台相关。对于同一个 GIS 数据，在不同的操作系统下，需要不同的 Plug-in 支持。对于不同的 Web 浏览器，也需要使用相对应的 Plug-in。

（2）GIS Plug-in 与 GIS 的数据类型相关。为了显示和处理不同类型和来源的空间数据，需要安装不同的 Plug-in 来进行相关处理。

（3）需要事先安装，管理困难。Plug-in 要像一般的安装程序一样，先在客户端安装才能使用。随着客户端浏览器上应用的增多，需要安装的 Plug-in 也相应增多，以适应不同类型和格式的空间数据处理，这就增加了管理的复杂性。

（4）更新困难。Plug-in 出现新版本时，系统不能自动更新，需要用户重新下载安装。

（5）使用已有的 GIS 操作分析资源的能力弱，处理大型 GIS 分析能力有限。

Autodesk 公司的 MapGuide 是 GIS 插件的最典型的例子。

4.1.4 GIS ActiveX 控件技术

ActiveX 是 Microsoft 为适应互联网而发展的标准，它是建立在 OLE（Object Linking and Embedding）标准之上，为扩展 Microsoft Web 浏览器 Internet Explorer 功能而提供的公共框架。ActiveX 控件是用于完成具体任务和信息通信的软件模块。GIS ActiveX 控件用来处理 GIS 数据和完成部分 GIS 分析功能。

与 Plug-in 不同，ActiveX 能被支持 OLE 标准的任何程序语言或应用系统所使用。相反，Plug-in 只能在某一具体的浏览器中使用。基于 GIS ActiveX 控件的互联网地理信息系统是依赖 GIS ActiveX 来完成 GIS 数据的处理和显示。GIS ActiveX 控件与 Web 浏览器灵活无缝结合在一起。通常情况下，GIS ActiveX 控件包容在 HTML 代码中，并通过 <OBJECT>参考标签来获取。基于 ActiveX 的 Web GIS 体系结构见图 4.3。

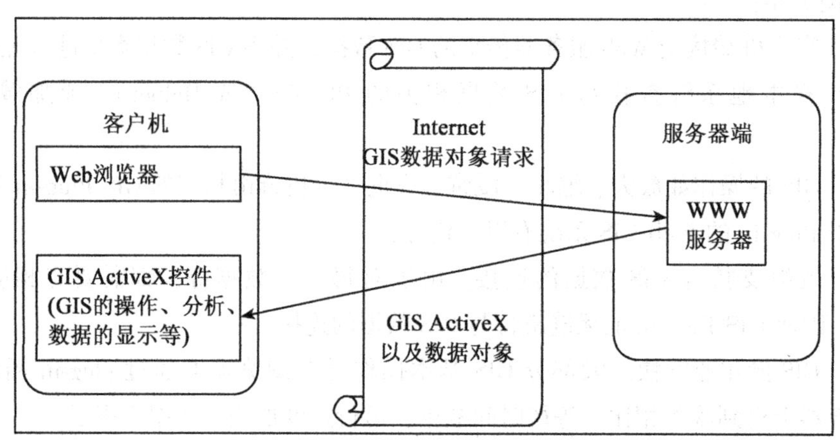

图 4.3　基于 ActiveX 的 Web GIS 体系结构图（陈能成，2009）

其工作流程如下：

（1）Web 浏览器发出 GIS 数据显示操作请求；

（2）Web 服务器接受到用户的请求，进行处理，并将用户所要的 GIS 数据和 GIS ActiveX 控件传送给 Web 浏览器；

（3）客户机端接受 Web 服务器传来的 GIS 数据和 GIS ActiveX 控件，启动 GIS ActiveX 控件，对 GIS 数据进行处理，完成 GIS 操作。

基于 GIS ActiveX 控件的 Web GIS 系统的优势有以下几点：

（1）具有 GIS Plug-in 模式的所有优点。GIS ActiveX 与 GIS Plug-in 一样，客户端处理能力强，GIS 服务器和网络负载下，运行速度快，支持多种格式的数据。

（2）能被支持 OLE 标准的任何程序语言或应用系统所使用，比 GIS Plug-in 模式更灵活，使用方便。

基于 GIS ActiveX 控件的 Web GIS 系统也存在不足：

（1）需要下载。当浏览器上没有相应的 GIS ActiveX 时，必须从网络或 Web 服务器上下载，占用客户端机器磁盘空间。

（2）与平台相关。对于不同的平台，必须提供不同的 GIS ActiveX 控件。

（3）与浏览器相关。GIS ActiveX 控件最初只使用于 Microsoft Web 浏览器。在其他浏览器使用时，须增加特殊的 Plug-in 予以支持。

（4）使用已有的 GIS 操作分析资源的能力弱，处理大型的 GIS 分析能力有限。

4.1.5　GIS Java Applet

GIS Java Applet 是在程序运行时，从服务器下载到客户机端运行的可执行代码，是由面向对象语言 Java 开发的小应用程序，与 Web 浏览器紧密结合，以扩展 Web 浏览器的功能，完成 GIS 数据操作和 GIS 处理。基于 GIS Java Applet 模式的 Internet GIS 体系结构示意图见图 4.4。

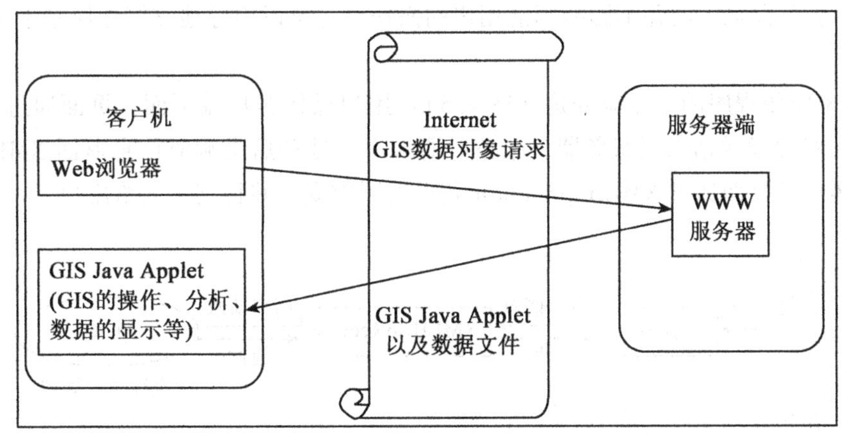

图 4.4　基于 GIS Java Applet 模式的 Internet GIS 体系结构示意图（陈能成，2009）

基于 GIS Java Applet 的 Web GIS 系统的优势有以下几点：

（1）体系结构中立，与平台和操作系统无关。在具有 Java 虚拟机的 Web 浏览器上运行，编写一次后，可以到处运行。

（2）动态运行，无需在用户端预先安装。由于 GIS Java Applet 是在运行时从 Web 服务器动态下载的，所以当服务器端的 GIS Java Applet 更新后，客户机端总是可以使用最新的版本。

（3）GIS 操作速度快。所有的 GIS 操作都是在本地由 GIS Java Applet 完成，因此运行的速度快。

（4）服务器和网络传输的负担轻。服务器仅需提供 GIS 数据服务，网络也只需将 GIS 数据一次性传输。

同样，基于 GIS Java Applet 的 Web GIS 系统也存在以下缺点：

（1）使用已有的 GIS 操作分析资源的能力弱，处理大型的 GIS 分析能力有限。

（2）GIS 的数据的保存、分析结果的存储和网络资源的使用能力有限。

4.1.6 Web 2.0 技术

近些年广泛应用的 Web 2.0 技术，例如 AJAX、FLEX 等，为 Web GIS 的富互联网应用（RIA）和空间信息与其他信息在 Web 上的整合（Mashup）提供了前景。一些商业 GIS 软件例如 ESRI 公司的 ArcGIS Server 的应用开发框架（ADF）也提供了 AJAX 支持。

4.1.6.1 AJAX 技术

AJAX 全称是 Asynchronous JavaScript and XML，即异步 JavaScript 和 XML，它是一种新兴的 Web 客户端开发技术（Garrett 2005；高尚 2008）。AJAX 技术使客户端能够同时支持同步和异步地向服务器发送请求，其核心是 XMLHTTPRequest 对象。XMLHTTPRequest 对象在大部分 Web 浏览器上已经实现并且拥有一个接口，它允许数据从客户端传递到服务器端，而并不影响当前用户的操作，它可以很好地支持任何基于文本的数据的传输。

AJAX 应用程序的工作流程是（图 4.5）：用户操作客户端页面，页面通过 XMLHttpRequest 对象发送请求到服务器，服务对请求进行处理后将响应信息返回 XMLHttpRequest，客户端页面通过 XMLHttpRequest 获得返回数据，并将其呈现给用户。

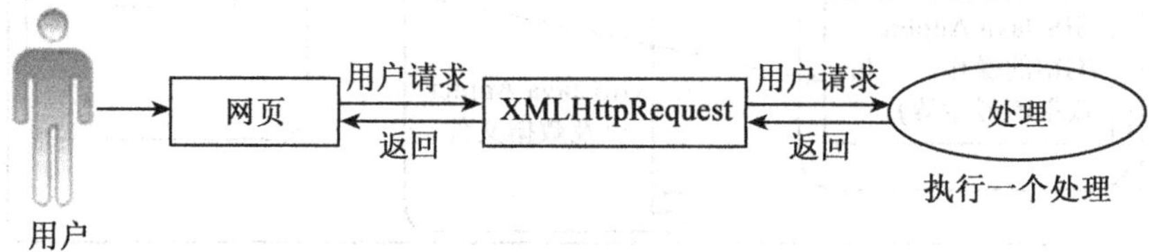

图 4.5　AJAX 工作流程

AJAX 是由一系列技术结合而产生的，主要包含的技术有：HTML，CSS，DOM（Document Object Model），XML，XSLT，JSON，XMLHttRequest，JavaScript（简称 JS）等。其中，HTML 和 CSS 用于页面的显示，DOM 的应用使客户端支持动态显示，XML、XSLT 和 JSON 主要用于客户端与服务器之间的数据交换，XMLHttpRequest 负责发送请求和接收返回，JavaScript 是客户端开发的主要语言。AJAX 的开发模式及其包含的各项技术之间的关系见图 4.6。

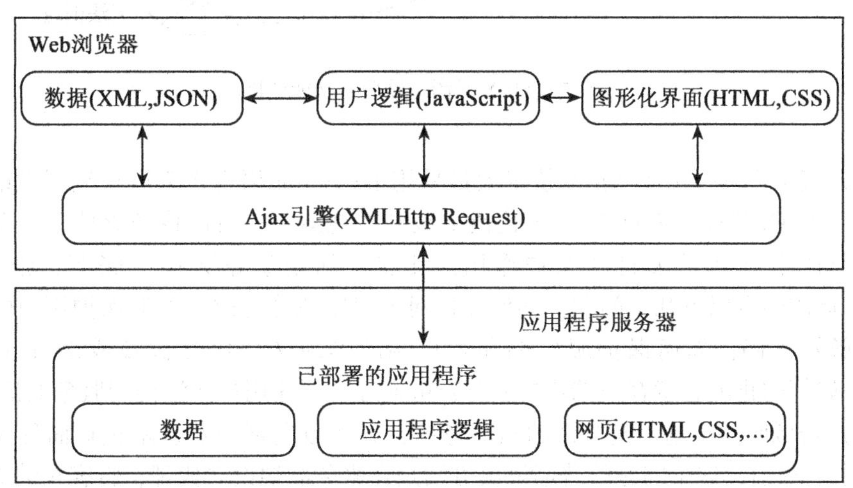

图 4.6　AJAX 开发模式及其包含各项技术之间关系

AJAX 技术的优点主要有以下几点：

（1）异步性。AJAX 技术可使得客户端异步地向服务器发送请求，即客户端发送请求后可继续进行其他操作，无需等待服务器的返回信息。这一特性提高了程序运行效率，优化了用户体验。

（2）轻量级开发。AJAX 技术使用简单，容易上手，而且使用过程中性能开销也很小。

（3）减轻了服务器端负担。客户端分担了一部分数据处理的任务，从而减轻了对服务器的压力。

（4）按需获取数据。AJAX 技术减少了重复数据的载入，并根据页面的实际需要向服务器请求数据，从而减轻了服务器和网络的负担，并提高了页面的载入速度；

（5）基于标准化技术，受到浏览器广泛支持。AJAX 技术采用的大都是标准化的技术的，大多数的浏览器均可支持，因此 AJAX 应用无需任何插件即可运行。

AJAX 的缺点主要有以下几点：

（1）对浏览器后退功能的破坏。因为浏览器仅能记录历史条件下的静态页面，所以在 AJAX 进行了若干动态的页面更新之后，用户只能回到上一个静态页面状态，而不能回到上一个动态页面状态（图 4.7）。

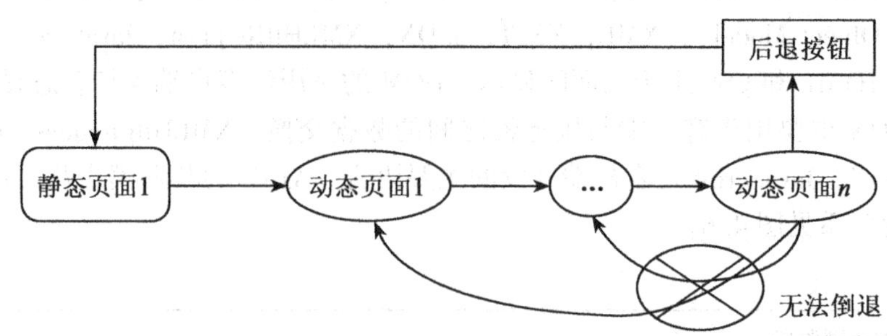

图 4.7 AJAX 对浏览器后退功能的破坏

（2）安全问题。由于 AJAX 技术大量采用 JavaScript 语言作为客户端开发语言，用户在使用 AJAX 程序时需首先将 JS 代码下载到本地运行，所以像防火墙、安全套接层这些安全技术对其无法起到保护作用，其安全问题暴露无遗（张明，张建军等，2006）。具体的有以下几个问题：如何保护网页程序免受篡改；如何保护用户的敏感信息，如账号密码；如何保护服务端和客户端的本地文件免受偷窥或篡改（Gosselin 2002）；如何防止因恶意客户端攻击服务器端而导致普通用户无法使用服务的情况等。

（3）跨域问题。基于安全性因素的考虑，大多数浏览器默认阻止页面程序的跨域访问请求。目前，这个问题的普遍解决方案是在服务器端设立代理，将客户端的跨域请求由代理进行转发，从而达到跨域的目的。

（4）运行速度问题。JS 代码中有着很多的递归、循环、DOM 操作，所以相比于其他脚本语言，JS 的运行速度较慢。

（5）对搜索引擎不友好问题。AJAX 的页面是后加载页面，而搜索引擎一般只会爬取静态页面，所以如果搜索引擎想要爬取 AJAX 页面的全部内容，就需要做很多额外的操作，如为 AJAX 页面做一个静态备份页面等。

4.1.6.2 Flex

Flex 是 Adobe 公司推出的一种基于标准编程模型的高效 RIA 开发产品集。RIA 是 Rich Internet Applications 的缩写，翻译为丰富互联网应用程序。RIA 的目标是将桌面程序的表现力与浏览器程序方便、快捷地结合在一起。开发者可以在浏览器程序上部署 C/S 客户端的程序（如图 4.8 所示），得到比传统 HTML 更强大的表现力。

一个完整的 Flex 程序由 MXML 代码和 ActionScript 代码组成。MXML 基于 XML 标准，用于配置和设计 Flex 程序的界面及编写表现层数据模型；ActionScript 基于 ECMAScript，其语法规范类似于 JavaScript。这样两种基于 W3C 标准的开发语言就构成了 Flex 程序，两种语言的关系类似于 HTML 和 JavaScript。

Flex 平台具有以下技术特点：

（1）具备了富客户端的优点。充分利用客户机的运算能力而降低了服务器端的压力。

（2）支持多种服务器语言（Java、. net 等）及主流框架（Spring、Hibernate 等），

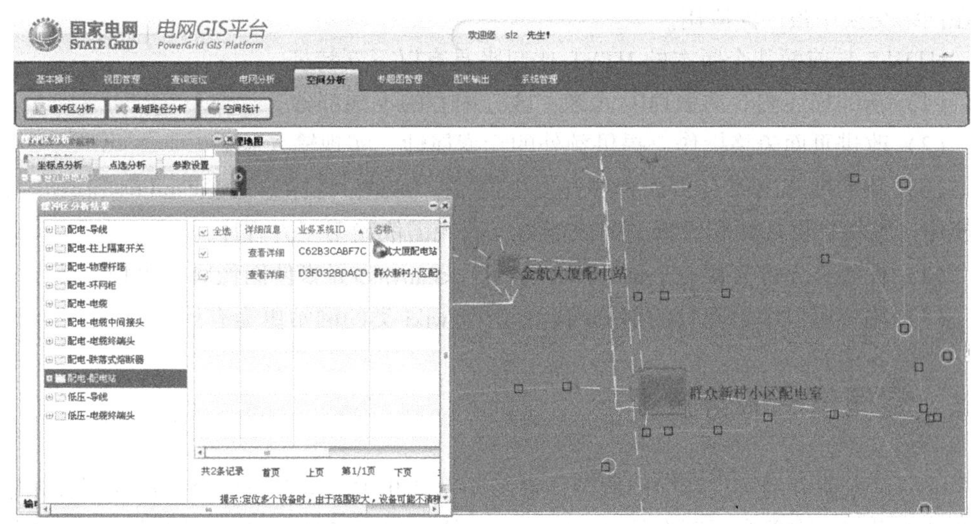

图 4.8　Flex 客户端

能够充分利用主流开发平台的资源背景。

（3）基于 Flash，继承了 Flash 的优点，能轻松使用多媒体资源，动态交互性强。

（4）支持跨浏览器平台，能够被 Mozilla、Firefox、Internet Explorer 等浏览器广泛支持。

（5）框架设计的重用性高，有利于模块化设计。

Flex 技术也有其不足，主要表现在以下几个方面：

（1）Flex 需要编译成 swf 下载才能运行，文件相对较大，内存占用多，运行效率较低。

（2）不擅长处理复杂的业务流程。

（3）运行期容易出现严重的内存泄露状况。

4.1.6.3　Silverlight

Silverlight 是微软所发展的 Web 前端应用程序开发解决方案，是微软 RIA 策略的主要应用程序开发平台之一，以浏览器外挂组件方式，提供 Web 应用程序中多媒体与高速交互性前端应用程序解决方案。

Silverlight 技术具有下列特点：

（1）提供丰富的用户体验。Silverlight 提供了高质量的视频及音频功能，基于向量的图形功能等。

（2）快速开发。Silverlight 是基于标准的可验证开发技术，具有广泛的工具支持，开发成本低，效率高。

（3）快速部署。简单按需安装 Silverlight 浏览器插件，部署方便。

4.1.6.4　HTML5

HTML5 是新一代的 HTML 语言标准，加入了很多新的功能，将给网络开发者和用户带来很大利好。HTML5 尚未完全完成，但是已经引起了巨大的反响，它的优势使它将在网络交换中被广泛应用。

HTML5 与前面几个版本的 HTML 比起来具有以下新特征：

（1）新的描述内容的 HTML 元素，区分内容的不同部分。

（2）改进页面表格操作，提供额外的元素属性，实现输入验证。

（3）新的 Web API 让页面程序开发更简单。例如，将标签元素<audio>和<video>一起使用，它将提供视频和音频的回放能力，而无需依赖第三方程序。

（4）标签将允许直接在上面用脚本绘图，<canvas>元素使图像脚本更加灵活。

（5）用户可以编辑网页的部分内容，对于 wiki 类的网站更为有用。

4.2 空间信息服务技术

空间信息服务的实现与面向服务体系结构密切相关。本节首先介绍面向服务体系结构的基本思想，进而介绍现有的 Web Services 技术和网格服务技术，同时，对近几年出现的 Restful 服务方法作简要介绍。

4.2.1 面向服务体系结构

面向服务体系结构（Service Oriented Architecture，SOA）作为一种分布式信息架构，对以往封闭式软件应用程序进行重新组织，将应用程序的不同功能单元（称为服务）通过这些单元之间的接口和消息传输协议联系起来。接口定义遵循相应的标准，独立于实现服务的硬件平台、操作系统和编程语言。这使得构建在各种系统上的服务可以以一种统一和通用的方式进行交互（Papazoglou，2003）。

SOA 结构提供了三种角色：服务提供者（Service Provider）、服务代理（Service Broker）、服务请求者（Service Requester）。服务提供者发布自己的服务，并对使用自身服务的请求进行响应。服务代理注册已经发布的服务提供者，对其分类并提供搜索服务。服务请求者利用代理查找所需的服务，然后使用该服务。

SOA 体系结构中的组件必须具备上述一种或多种角色。这些角色之间存在三种操作：发布（Publish）、查找（Find）、绑定（Bind）。发布是使服务提供者可以向服务代理注册自己的功能及访问接口。查找则是使服务请求者通过服务代理查找特定种类的服务。绑定是使服务请求者能够使用服务提供者。将多个服务提供者组合在一起就构成了服务链（Chain）。SOA 结构示意图可见图 4.9。SOA 的实现可以采用 CORBA、DCOM、J2EE 或 Web Services 等。

4.2.2 Web Services 核心技术

网络服务（Web Services）技术，作为面向服务体系架构的一种实现，极大地推动了空间信息共享与应用服务的发展。Web Services 是一个网络环境下支持多台计算机交互操作的软件系统。它提供标准的接口使得不同的软件系统之间能够进行互操作，因而

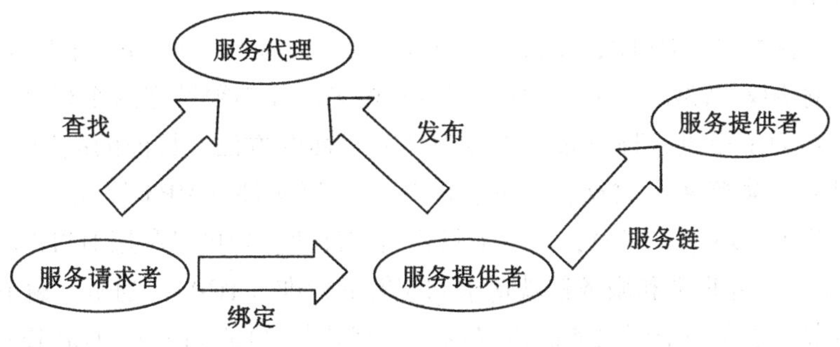

图 4.9　SOA 结构图

不同的组织提供的网络服务可以组合实现用户的请求。

Web 服务技术的核心是各种 Web 服务技术标准。各项 Web 服务技术规范和协议共同构成了建立和使用 Web 服务的协议栈。由于不同的技术厂商和标准化组织对于 Web 服务的理解有所差异，因此所提出的 Web 服务架构栈也不尽相同。Web Services 主流的标准主要有 SSL、HTTP、WSDL、UDDI 等，见图 4.10。Web Services 的核心技术主要有 HTTP、XML、WSDL、SOAP 和 UDDI/ebRIM。WSDL 用来描述 Web Services 的编程接口，UDDI/ebRIM 用来注册 Web Services 的描述信息，其他应用程序可以通过 UDDI/ebRIM 来查找到需要的服务，SOAP 则是提供应用程序和网络服务之间的通信手段。

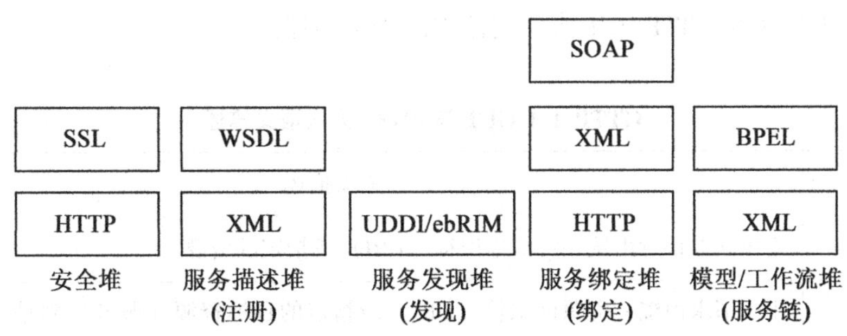

图 4.10　Web Services 主流的标准

此外，为扩展 Web 服务能力，已经或正在开发一些新的标准。这些标准通常冠以 WS 字头（Web Service 的简称），例如，WS 安全（WS-Security）定义了如何在 SOAP 中使用 XML 加密或 XML 签名来保护消息传递。可作为 HTTPS 保护的一种替代或扩充。WS 信赖性（WS-Reliability）是一个来自 OASIS 的标准协议，用来提供可信赖的 Web 服务间消息传递。WS 可信赖消息（WS-ReliableMessaging）同样是一个提供信赖消息的协议，由 Microsoft，BEA 和 IBM 发布。目前 OASIS 正对其实施标准化工作。WS 寻址（WS-Addressing）定义了在 SOAP 消息内描述发送/接收方地址的方式。WS 事务（WS-Transaction）定义事务处理方式。

4.2.2.1 HTTP

超文件传输协议（HTTP，HyperText Transfer Protocol）是互联网上应用最为广泛的一种网络传输协议（W3C，2011a）。所有的WWW文件都必须遵守这个标准。设计HTTP最初的目的是为了提供一种发布和接收HTML页面的方法。目前的应用除了HTML网页外还被用来传输超文本数据，例如：图片、音频文件（MP3等）、视频文件（rm、avi等）、压缩包（zip、rar等），基本上只要是文件数据均可以利用HTTP进行传输。

HTTP是一个客户端和服务器端请求和应答的标准（TCP）。通常，由HTTP客户端发起一个请求，建立一个到服务器指定端口（默认是80端口）的TCP连接。HTTP服务器则在那个端口监听客户端发送过来的请求。一旦收到请求，服务器（向客户端）发回一个状态行，比如"HTTP/1.1200OK"，和（响应的）消息，消息的消息体可能是请求的文件、错误消息、或者其他一些信息。尽管TCP/IP协议是互联网上最流行的应用，HTTP协议并没有规定必须使用它和（基于）它支持的层。事实上，HTTP可以在任何其他互联网协议上，或者在其他网络上实现。HTTP只假定（其下层协议提供）可靠的传输，任何能够提供这种保证的协议都可以被其使用。

HTTP在Web的客户程序和服务器程序中得以实现。运行在不同端系统上的客户程序和服务器程序通过交换HTTP消息彼此交流。HTTP定义这些消息的结构以及客户和服务器如何交换这些消息。HTTP/1.1协议规范定义了8种用于操作与获取资源的方式，包括OPTIONS、GET、HEAD、POST、PUT、DELETE、TRACE与CONNECT。目前OGC规范定义的空间信息服务所支持的HTTP操作包括GET和POST，表4.1列出了GET和POST方法在HTTP/1.1协议规范中的语义描述。

表4.1　**HTTP/1.1 GET与POST方法语义描述**

方法	语义描述
GET	用于获取任意由统一资源标识符（URI）所指定的资源
POST	用于请求由统一资源标识符（URI）所指定的目标资源（服务）对请求中所包含的数据进行处理

当客户端向网络目录服务发送请求时，有两种方式对请求所包含的信息进行编码：关键字/数值（Key Value Pair，KVP）和XML。KVP适合对较为简单的数据信息进行编码，而XML则适合于简单或者复杂的数据信息。对于HTTP GET方法，由于所有的请求信息都包含在请求统一资源标识符（Uniform Resource Identifier，URI）中，所以所采用的信息编码方式只有KVP。而对于HTTP POST方法来说，其Request URI只包含所请求目标服务的基本URI，所有的请求信息作为载荷（payload）附加到HTTP POST请求中。HTTP POST的载荷可以包含大量的数据信息，所以HTTP POST方法可以采用简单的KVP方式对数据信息进行编码（对应于HTTP POST方式的application/x-www-form-urlencoded)，也可以采用 XML 方式对较为复杂的数据信息进行编码。

4.2.2.2 XML

可扩展标记语言（EXtensible Markup Language，XML）是 W3C 为了补充超文本标记语言（HyperText Markup Language，HTML）的不足而制定的一种类似于 HTML 的标记语言（W3C，2011b）。所以，和 HTML 一样，XML 也是来自于标准通用标记语言(Standard Generalized Markup Language，SGML)。XML 继承了 SGML 的扩展性、文件自我描述特性以及强大的文件结构化功能。

XML 是当前最热门的网络技术之一，其结合了 HTML 和 SGML 的优点并消除了它们的缺点。用户可以自己定义 XML 的标记，每个标记可以具有明确的语义，所以 XML 的结构嵌套可以复杂到任何程度，具有良好的结构化特性和扩展性。XML 还具有自我描述的特性，适合数据交换和共享，具有很强的开放性。XML 把数据和表达分离，因而同一个数据可以有不同的表达。XML 具有良好的交互性，它可以在客户机上进行操作，不需要与服务器交互，极大地减轻了服务器的负担。XML 与应用程序和操作系统的无关性，确保了结构化数据的统一。XML 是基于开放标准的一种网络可用语言，可以实现互操作。

在 XML 标准的基础上，为了定位 XML 结构中的元素、属性等，W3C 进一步制订了 XPath 规范（W3C，1999)，该规范为以下规范奠定了基础：

- XSLT（可扩展样式表语言转换 Extensible Stylesheet Language Transformations)：将 XML 原本的树状结构转换为另外一种树状结构；
- XML Link（XLink)：一种能在 XML 文档中建立超文本链接的语言；
- XML Pointer（XPointer)：让超文本链接指向 XML 文档中特殊的部分；
- XML Query：查询 XML 数据源的规范。

4.2.2.3 SOAP

SOAP 是 Internet 中交换结构化信息的轻量级机制，基于 HTTP 协议，用于实现异构应用系统之间的信息交换和互操作（Mitra，2001）。SOAP 本身并没有定义应用程序语义，而是通过提供有标准组件的包装模型和对模型中用特定格式编码的数据进行重编来实现表示程序应用语义，这使得 SOAP 能用于从消息传递到远程过程调用的各种系统。

SOAP 组成部分包括三个：封装结构、编码规则——XML、RPC 机制。封装结构定义了一个整体的框架，描述消息中包括内容、内容属性和由谁处理这些内容等信息。编码规则定义了用来交换应用程序数据类型的一系列机制，支持 XML Schema 中定义的全部简单数据类型及结构和数组。RPC 机制定义了远程过程调用和应答的协定。

一个 SOAP 消息通常是由一个强制信封（SOAP Envelope)、一个可选的消息头(SOAP Header)、一个强制的消息体（SOAP Body）构成（表 4.2)。其中 SOAP Envelope 表示 SOAP 消息 XML 文档的顶级元素；SOAP Header 是为了支持在松散环境下通信方如 SOAP 发送者、SOAP 接受者或者是一个或多个 SOAP 的传输中介）之间尚未预先达成一致的情况下为 SOAP 消息增加特性通用机制；SOAP Body 是提供消息的容器。

表 4.2　　典型 SOAP 消息结构示例

```
<? xml version="1.0"? >
<soap:Envelope xmlns:soap="http://www.w3.org/2003/05/soap-envelope"
soap:encodingStyle="http://www.w3.org/2003/05/soap-encoding">
    <soap:Header>
        …
        …
    </soap:Header>
    <soap:Body>
        …
        …
        <soap:Fault>
        …
        …
        </soap:Fault>
    </soap:Body>
</soap:Envelope>
```

HTTP 协议绑定定义了在 HTTP 上使用 SOAP 的规则。SOAP 请求/响应自然地映射到 HTTP 请求/协议模型。如表 4.3 所示，HTTP 请求和响应消息的 Content-Type 标头都必须设为 text/xml（在 SOAP1.2 中是 application/soap+xml）。对于请求消息，它必须使用 POST 作为动词，而 URI 应该识别 SOAP 处理器。SOAP 规范还定义了一个名为 SOAPAction 的新 HTTP 标头，所有 SOAP HTTP 请求（即使是空的）都必须包含该标头。SOAPAction 标头旨在表明该消息的意图。对于 HTTP 响应，如果没有发生任何错误，它应该使用 200 状态码，如果包含 SOAP 错误，则应使用 500。

表 4.3　　HTTP 上使用 SOAP 的请求和响应

请求	响应
POST /Temperature HTTP/1.1 Host: www.weather.com Content-Type: text/xml Content-Length: <whatever> SOAPAction: "urn:StockQuote#GetQuote" <s:Envelope xmlns:s="http://www.w3.org/2001/06/soapenvelope"> <s:Body> … … </s:Body> </s:Envelope>	HTTP/1.1 200 OK Content-Type: text/xml Content-Length: <whatever> <s:Envelope xmlns:s="http://www.w3.org/2001/06/soapenvelope"> <s:Body> … … </s:Body> </s:Envelope>

4.2.2.4　WSDL

网络服务描述语言（Web Service Description Language，WSDL）是 W3C 通过的用于描述服务接口的一个规范（W3C，2007）。它可以描述一个网络服务可以做什么、如何调用该服务以及该服务在什么地方等内容。WSDL 能够描述基于 HTTP 协议上的 GET，POST 和 SOAP 绑定，其中 GET 和 POST 绑定可以支持对 OGC 网络服务的描述。

WSDL 文档包含了服务 URL 和命名空间、网络服务的类型、有效函数列表、每个函数的参数、每个参数的类型以及每个函数的返回值及数据类型等信息，其结构框架由 XML Schema 定义。WSDL 文档中各元素之间的关系见图 4.11（Dhesiaseelan，2004）。在抽象定义部分里，WSDL 通过类型系统描述了网络发送和接收的消息，消息通常使用 W3C 的 XML Schema（XML 模式）来进行描述，另外消息交换模式（message exchange patterns）定义消息的序列和多重性。操作（operation）将消息交换模式与一个或多个消息（messages）关联到一起。而接口（interface）以独立于传输协议和交换格式的方式将这些操作组织起来。在概念描述的具体实施部分，绑定（bindings）指定了接口（interface）具体的消息交换格式和传输协议。服务端点（endpoint）将服务的网络地址和绑定关联在一起。最后，服务（service）将实现了一个共同接口的服务端点聚合起来。

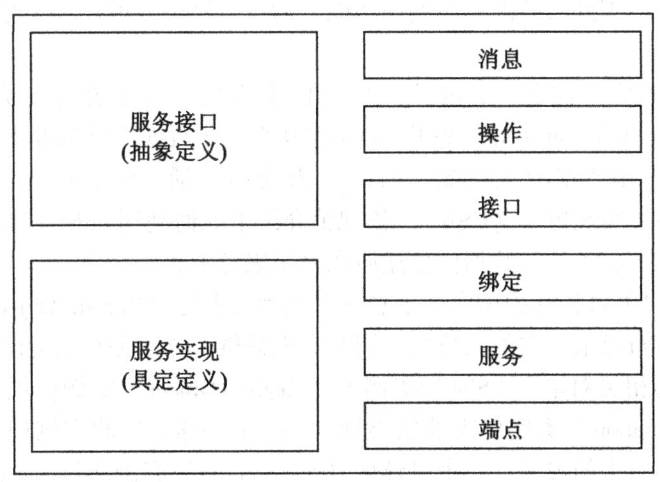

图 4.11　WSDL 文档各元素之间关系

4.2.2.5　UDDI 和 ebRIM

目前有两个主流服务注册模型：UDDI 和 ebRIM。

UDDI（Universal Discovery Description and Integration，统一描述、发现和集成）是一套基于 Web 的、分布式的、为 Web 服务提供的信息注册中心的实现标准规范，同时也包含一组使企业能将自身提供的 Web 服务注册以使得别的企业能够发现的访问协议的实现标准（OASIS，2004）。UDDI 标准定义了 Web 服务的发布与发现的方法。

UDDI 标准包括了 SOAP 消息的 XML Schema 和 UDDI 规范 API 的描述。它们两者一起建立了基础的信息模型和交互框架，具有发布各种 Web 服务描述信息的能力。UDDI 注册使用的核心信息模型由 XML Schema 定义。UDDI XML Schema 定义了四种主要信息类型，它们是技术人员在需要使用合作伙伴所提供的 Web 服务时必须了解的技术信息。

（1）业务实体（BusinessEntity）。记录了有关提供服务的所有者信息和联系方式。这些信息包括了商业实体的名称和一些关键性的标识，以及该商业实体是属于哪个具体工业分类之类的分类信息，以及联络方法（包括 Email，电话，URL）等信息。所有“businessEntity”中的信息支持“黄页”分类法。每个商业实体信息结构包含一个或多个业务服务。

（2）业务服务（BusinessService）。记录了所有者提供的一个或多个特定的服务。业务服务描述是由企业提供的经过分类的一组服务。它与绑定信息一起构成了“绿页”信息。

（3）绑定模块（BindingTemplate）。明确了服务的接入（访问）终端点。绑定信息包含了有关如何调用服务的说明，包括 Web 应用服务的地址、应用服务器和调用服务前必须调用的附加应用服务等。

（4）服务调用规范（TModel）。服务调用规范描述了 UDDI 技术信息，包括服务遵循的规范、行为、概念甚至共享的设计等。每个服务可以有一个或多个 TModels 来帮助描述服务的特性。因此服务的能力例如功能、输入、输出等可以使用相应的 TModels 来记录。

UDDI 只针对服务注册，它的注册信息模型不足以满足数据注册的要求。OASIS ebXML 注册信息模型（ebRIM）基于 ISO 11179 系列元数据注册标准提供了一套全面的机制来管理服务和数据的元数据，因此更为通用灵活。OGC 已经实现并推荐基于 ebRIM 的目录服务实现规范（CSW）。该规范介绍了如何利用 ebRIM 来发布和查询空间信息。空间数据和服务的元数据信息注册在目录服务中。

图 4.12 给出了 ebRIM 模型高层示意图。其顶层类是“RegistryObject”。它作为基础父类提供了注册对象最基本的元数据，同时它也提供了方法去获取为注册对象提供了额外元数据信息的相关对象。“Slot”实例为“RegistryObject”实例提供了动态添加属性的方式。“Association”实例作为抽象类别“RegistryObject”的实例记录了信息登记模型中对象之间多对多的关系。一个具体的“Association”实例通过 sourceObject 与 targetObject 属性标识代表一个源“RegistryObject”与目标“RegistryObject”之间的关联。每个“Association”有一个属性“associationType”表明该“Association”的类型。“associationType”属性的值关联到规范 AssociationType ClassificationScheme 的一个 ClassificationNode 实例。

每个“ClassificationScheme”实例也是“RegistryEntry”的实例，它提供了一种结构化的方式对“RegistryObject”实例进行分类或组织。“ClassificationScheme”的结构可以定义在目录注册模型内，也可以定义在目录注册模型外，因此相应的有两类的“ClassificationScheme”：内部（Internal）ClassificationScheme 和外部（External）ClassificationScheme。“ClassificationNode”实例也是“RegistryObject”的实例，它用来定义 internal

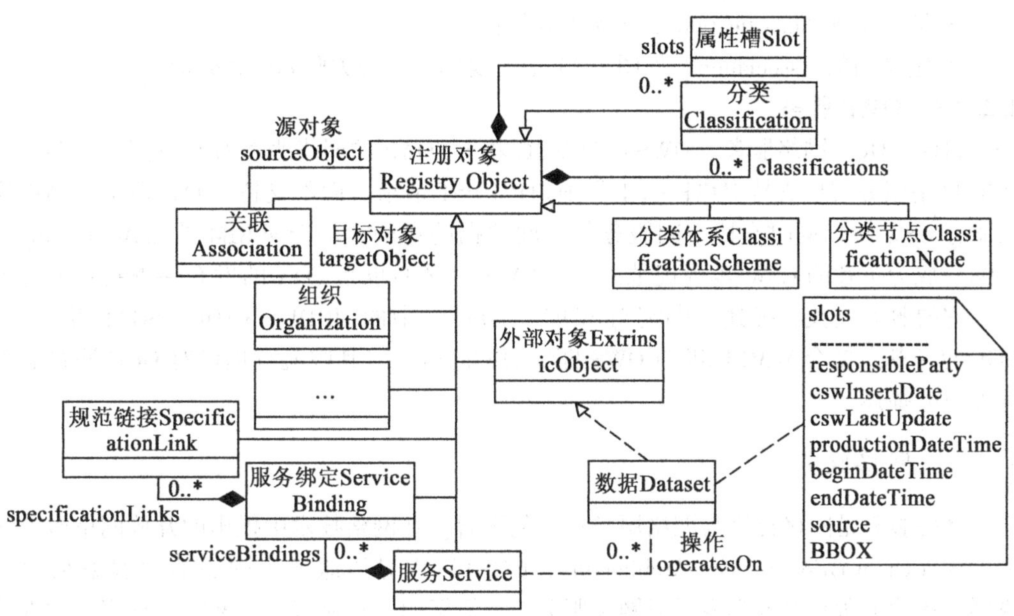

图 4. 12　ebRIM 模型图

ClassificationScheme 的树状结构。该树状结构中每个节点是一个"ClassificationNode"，根节点是"ClassificationScheme"。通过"ClassificationNode"定义的分类树可以定义分类模式或者本体。

"Classification"实例也是"RegistryObject"的实例。它可以用来对其他"RegistryObject"的实例进行分类。通过"Classification"实例，"RegistryObject"实例可以被分类成多个"ClassificationScheme"实例中的类别值。从这个意义上，一个"Classification"实例也可以理解为 Association 的一种特殊形式。根据"ClassificationScheme"是 internal 或者 external，"Classification"也可以是 internal 或者 external。一个 internal Classification 通过属性指向"ClassificationNode"的全局标志符（ID），而一个 external Classification 通过指定 external ClassificationScheme 中节点的唯一标识值（例如 URI）间接表达了分类所属的节点。

服务元数据类型包含 Service、ServiceBinding 与 SpecificationLink，用于注册管理服务元数据，包括网络服务（Web Services）以及其他类型的服务。Service 类型用于描述服务的基本元数据信息。一个 Service 实例可能包含一个或多个 ServiceBinding 实例，用于描述该 Service 实例所提供的多个访问接口。一个 ServiceBinding 实例可能包含一个或多个 SpecificationLink 实例，用于指定描述如何通过该访问接口对服务进行访问的相关文档。

ebRIM 提供了通用、标准的元数据类型使得网络目录服务可以描述管理通用资源信息元数据，同时提供了标准扩展方式以适应应用的需求。这些标准方式包括：

- 通过继承已有的 ebRIM 类来引入新的元数据类别到 ebRIM 的树状类结构中，例如生成新的 ExtrinsicObject 类型，如图 4. 11 中虚线部分新的类 Dataset；

- 对 ebRIM 类别增加属性"Slot"，如图 4.11 中虚线部分类 Dataset 对应的 slots；
- 通过增加 Classification 定义新的分类；
- 定义新的 Association，如图 4.11 中虚线部分新的关联 operationsOn。

4.2.2.6 OWS 服务

目前，OGC 网络服务（OWS）与 W3C 基于 SOAP 的网络服务有些不同。大多数的 OGC 网络服务实现支持 HTTP GET 和 HTTP POST 请求，而不支持 SOAP 请求。网络注册服务 CSW 可以同时支持空间服务与空间数据的查询。基于 ebRIM 的 CSW（Martell，2008）成为推荐的 CSW 实现规范之一。OWS 遵循的也是 SOA 的发布—查找—绑定模式，它的服务查找、描述、绑定与 W3C 和 OASIS 中的 UDDI、WSDL、SOAP 相对应。OGC 也正朝着结合 W3C 标准与 OWS 框架的方向研究，其中就有提供对 OGC 网络服务的 WSDL 描述。

4.2.3 网格服务

网格服务是网格计算与网络服务技术的融合。在网格技术中提出的开放网格服务体系架构（Open Grid Services Architecture，OGSA）倡导以服务为中心的"服务结构"，将网格环境下所有事务都表示成网格服务，计算资源、存储资源、网络、程序、数据等都是服务，所有的服务都联系对应的接口，通过标准的接口和协议支持创建、终止、管理和开发透明的服务，结合目前的 Web Service 技术，支持透明安全的服务实例。OGSA 目标是为基于网络的应用定义一个通用的，标准的和开发的体系结构（GGF，2004）。几乎所有的服务规范，在一个网格应用程序中都指定了标准接口要求这些服务。OGSA 中一个网络应用通常包括几个不同的服务组件：虚拟组织 VO 管理服务、资源发现和管理服务、工作流管理服务、其他服务，例如安全、数据管理等（图 4.13）。网络服务为

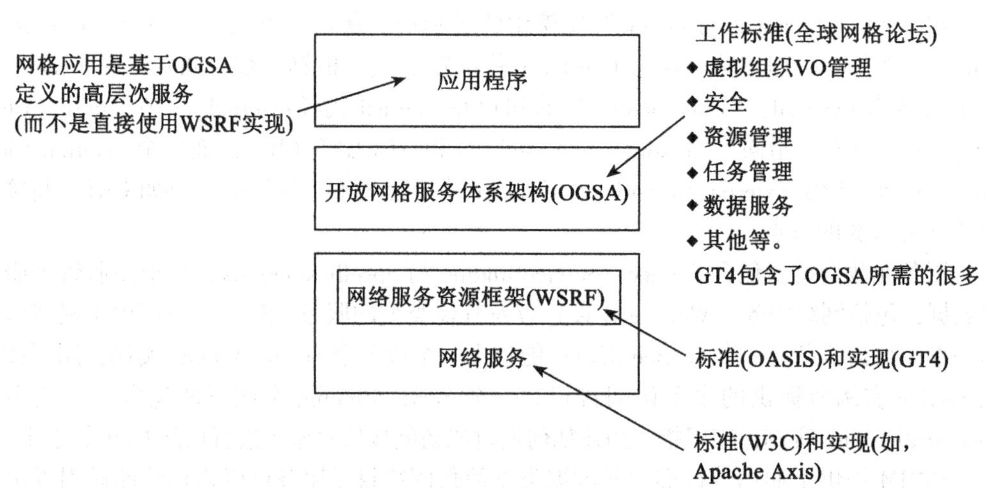

图 4.13 OGSA、WSRF、Web Services 和 Globus Toolkit（GT）之间关系图（Globus Alliance，2006）

每一类服务都提供了一个标准的接口。OGSA 有效地扩展了 Web Service 架构的功能，并派生出了网络服务资源框架（Web Services Resource Framework，WSRF）技术规范。

WSRF 是 OASIS 提出的规范。在 WSRF 规范中，提出了 WS-Resource 的概念，将网格服务定义为 Web 服务和资源两部分组成。其中，资源是有状态的，服务是无状态的(图 4. 14)。利用 Web 服务对具有状态属性的资源进行存取，并包含描述状态属性的机制。从而既实现对有状态服务的支持，又充分兼容现有的无状态 Web 服务标准。Globus Toolkit 作为开源的工具包是网格服务实现的代表性例子。

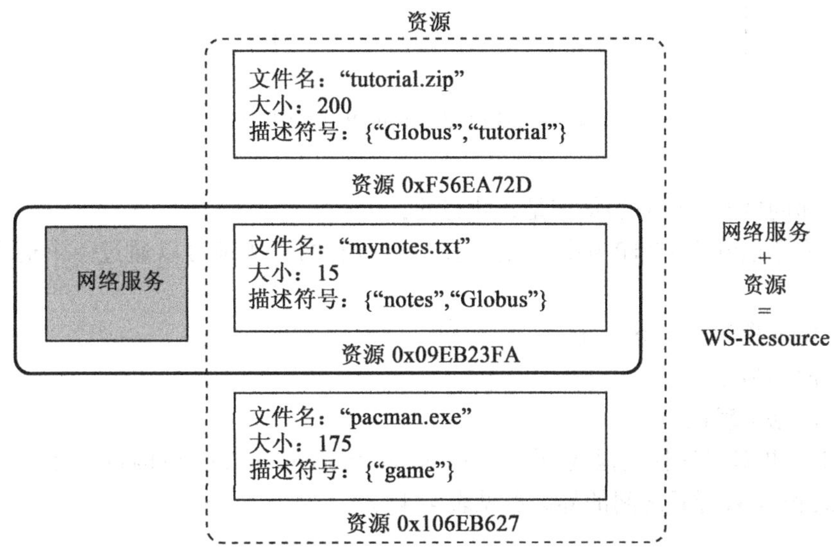

图 4. 14　有状态 Resource 与无状态 Web 服务间的关系

4. 2. 4　Restful Service

REST 是 Representational State Transfer（表述性状态转移）的缩写，它并不是一种协议或标准，而是一种针对分布式系统的软件架构风格，其目的是决定如何使一个良好设计的 Web 程序向前进行，用户可以通过选择一个带有超链接的 Web 页面上的超链接(代表状态迁移)，使得另一个 Web 页面（代表程序的下一个状态）被返回给用户，实现 Web 程序的进一步运行。

RESTful Web Service 是指用 REST 体系结构风格创建的轻量级 Web 服务。RESTful 风格的 Web 应用结构中客户端动态展现的资源状态是由通过请求获取的服务器端静态资源状态组合而成的，其应用结构见图 4. 15。资源通过 URIs 来进行定位；对资源的操作包括获取、创建、修改和删除资源，这些操作对应于 HTTP 协议的 GET，POST，PUT，DELETE 方法；通过操作资源的表形来操作资源；资源具有多种表示形式，例如 XML，HTML 以及其他格式。

RESTful Web Service 具有以下特点：

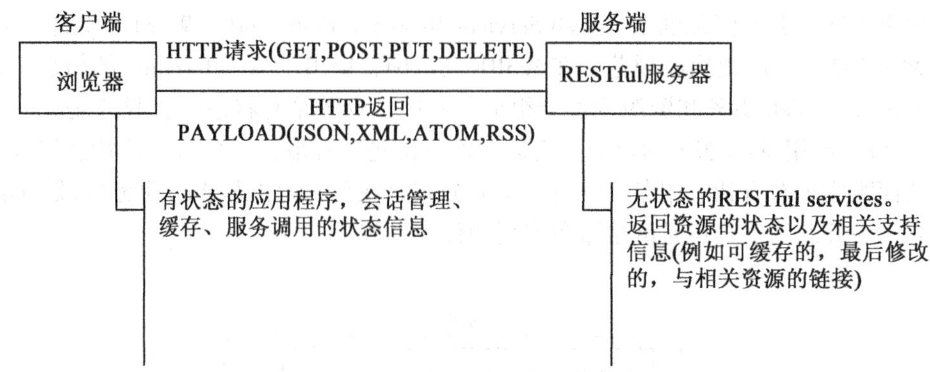

图 4.15　RESTful 风格的 Web 应用结构

（1）面向资源。所有通信都是无状态的；

（2）完全依赖于 HTTP 协议。统一接口，所有的资源都可以通过一个通用的访问接口；

（3）Web 资源与 URI 绑定；

（4）简约易用；

（5）网络负载低。

REST 是相对于远程过程调用协议（Remote Procedure Call Protocol，RPC）来说的。REST 样式和 RPC 样式之间的异同点见表 4.4。

表 4.4　**REST-Style 和 RPC-Style 比较**

	REST	RPC
复杂度	低	高
中间件	可不依赖	依赖
耦合度	松	紧
操作信息	HTTP、URI	包含在 SOAP 中
数据格式	自定义	XML Schema
性能	无额外开销	传输 XML 导致额外开销
互操作性	高	没有预期高

目前 RESTful 的 Web 服务由于其简洁性开始被人们关注并采用，例如，Amazon.com，Yahoo 等著名网站都提供 REST 风格的 Web 服务。同时，REST 也引起了针对这些服务实现方式比较的讨论。就目前而言，SOAP 的成熟度优于 REST。从效率和易用性看，REST 依赖一套简单的“动词”，把所有的复杂性都转移到了指定资源的“名词”中，而 SOAP 却有一套相当复杂的 XML 格式化命令和数据传输选项，因而

REST 在效率和易用性上更胜一筹。而从安全性看，SOAP 通过使用 XML-Security 和 XML-Signature 两个规范组成了 WS-Security 来实现安全控制的，当前已经得到了各个厂商的支持，.net，php，java 都已经对其有了很好的支持。而 REST 没有任何规范对于安全方面作说明，同时现在开放 REST 风格 API 的网站主要分为两种，一种是自定义了安全信息封装在消息中（其实这和 SOAP 没有什么区别），另外一种就是靠硬件 SSL 来保障，但是这只能够保证点到点的安全，如果是需要多点传输的话，SSL 就无能为力了。从应用设计与改造看，REST 对于资源型服务接口设计相对比较容易，而对于一些复杂的服务接口，SOAP 更容易被开发人员接受（许卓明等，2003；张元一，2007）。

第 5 章　空间信息注册服务

第 4 章提到面向服务体系架构 SOA 中有三个基本的角色：服务提供者、服务请求者以及服务中介者。在空间信息服务领域中，空间信息注册服务就是扮演服务中介者的角色。围绕空间信息注册服务，本章主要介绍 OGC 的三个标准：OGC 目录服务抽象规范、OGC 目录服务实现规范、OGC 目录服务应用纲要。

5.1　OGC 目录服务抽象规范

5.1.1　目录服务概述

OGC 规范分为抽象规范和实现规范，抽象规范不依赖具体的技术框架，通过建立概念模型来指导实现规范。目前已有的抽象规范有 20 个，目录服务抽象规范是其中之一（Kottman，1999）。

目录服务在信息领域里扮演信息发现者的角色，向用户或服务的请求者提供信息。信息发现有不同的类型。如图 5.1 所示，Google 等大众化搜索引擎，其主要应用于面向全球的分布式信息环境，将不同来源的信息集成到一起来进行搜索，信息具有异构性、非结构化等特点。而在行业应用中，行业信息环境趋于同构，信息基于结构化的描述。

对于不同的架构和信息环境，信息发现需要的领域知识也不一样。Google 等大众化搜索引擎对领域或行业应用的支持程度相对较低。在结构化信息的搜索中，对信息的结

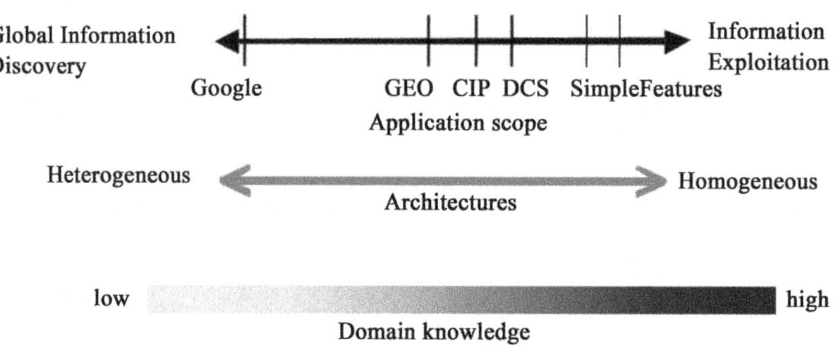

图 5.1　信息发现的两级（Nebert 等，2007）

构定义通常都是基于共有的或者行业认可的标准，对领域知识的需求相对较高，例如简单要素（SimpleFeature）的定义。目录服务处于图5.1中信息发现的右端，它是一种基于结构化描述的，对领域知识要求较高的服务。

目录服务与数字图书馆领域关系密切，它所采用的一些协议借鉴了数字图书馆领域的研究成果。例如数字图书馆系统对图书进行编目并建立索引，对图书目录进行划分和构建。基于数字图书馆的管理思想，OGC 目录服务定义空间信息组织、发现和访问等功能的服务接口。

一个目录服务可以理解为一个特定的描述地理资源的信息库，服务于特定的组织或领域用户群。这些地理资源可以是 OGC 定义的要素、要素集合、处理服务等。目录服务强调的是对地理资源的检索和管理，它存储的主要是对资源进行描述的元数据信息，如名称、类型等。目录服务模式（Schema）定义了如何来描述资源的结构和内容信息，这些信息为用户的查询提供了支持。

在分布式环境下，用户不需要访问不同的网络节点来寻找不同的资源，而只需访问目录服务，就能寻找到相应的资源，从而有效地提高了查询效率。目录服务可以提高搜索的查全率和查准率：

- 查全率是指所有符合要求的信息都能够通过目录服务检索到；
- 查准率是指剔除无用信息，得到有用信息，提高查询的精度。

服务提供者或管理员可以通过目录服务控制要对外发布哪些资源，通过目录服务用户可以知道哪些资源是可以访问的。

因此，目录服务可以描述分布式环境下大量的地理信息资源，为描述信息提供公共格式或者软件接口，对信息采用合理的组织方式以利于资源的访问。例如，不需要改变实际数据的内容或物理组织方式，就可以对数据的描述进行不同的结构化组织；定义资源的标准化描述方式后，用户就可以通过目录服务查询相应的资源信息，并且知道如何访问这些资源；对于同一种资源，针对不同的用户可以在目录服务里呈现不同的描述方式；通过目录服务，可以对不同来源、不同格式、和不同位置的资源提供远程的访问。

5.1.2　目录服务核心模型

目录服务核心模型包括目录的核心功能和地理资源的概念模型。

目录的核心功能是资源的发现、访问和图书馆功能。

资源的发现包括：

- 通过元数据的关键字和相关联的值可以查询要素集；
- 查询可以辅助执行工作流或特定空间信息处理操作的信息；
- 查询数据是否符合需求；
- 查询数据是否存在；
- 根据同一个数据在不同的领域的不同需求，支持数据的不同表达；
- 查询优化，还可以定义一些结构化或者预先定义好的信息查询方法，也就是给用户定义好查询的模板，辅助用户对资源进行搜索。

通过元数据实体提供的参考信息，可以建立对数据或数据子集的访问。目录的图书馆功能与图书馆系统对图书条目的管理功能相关，包括定义、修改和删除目录实例和目录条目等。

在地理资源概念模型中，地理资源（GeoResource）定义为计算机网络环境下空间信息的基本单元。地理资源与目录服务之间的关系可见图5.2。具体所指的地理资源依赖于具体应用的需求，例如在信息领域里，数据中心管理的资源是数据，在服务中心里管理的则是服务，而在决策时管理的则是地理相关的知识资源。从本质上来讲，一个目录包含了多个目录条目（CatalogEntry）。目录本身也可以作为地理资源，这就形成了嵌套，意味着目录里面还可以管理相应的目录，这也为目录的联合提供了可能。

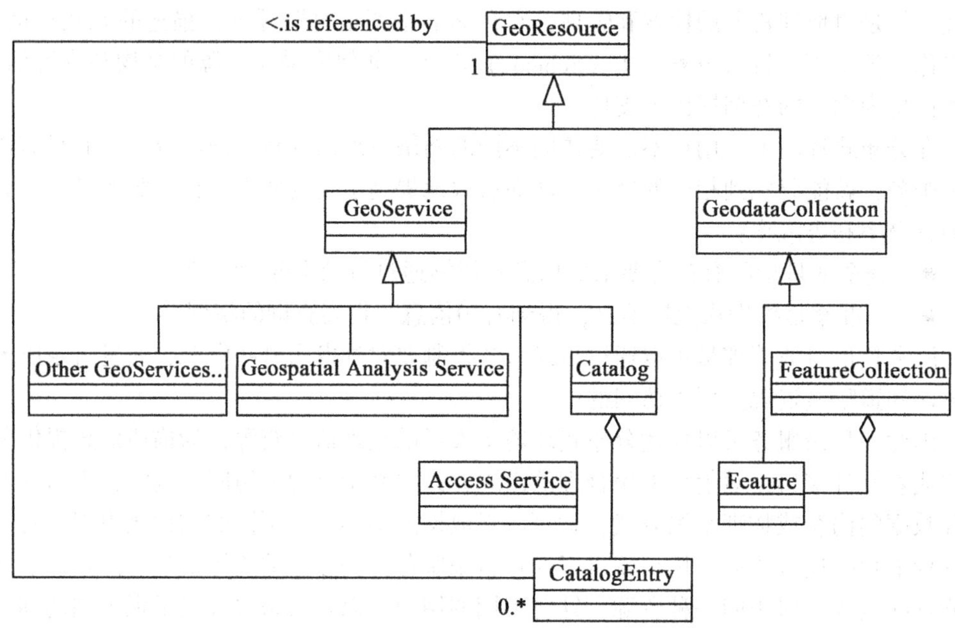

图5.2 地理资源与目录服务之间的关系（Kottman，1999）

目录条目可以提供地理资源例如数据集的高层描述，其描述与ISO1915标准中元数据描述的核心问题类似，包括下面几个方面：

（1）where，指该数据集描述的是地理空间上的那块区域；

（2）what，描述该数据集是干什么的；

（3）who，描述数据是谁提供的；

（4）when，描述数据是什么时候创建的，数据来源的时间；

（5）how，指如何获取和访问数据；

（6）why，解决数据集应用的问题，确定数据集能用到哪些地方去。

5.1.3 目录服务抽象模型

目录服务抽象模型定义了地理资源发现服务、地理数据访问服务及服务的其他一些功能所用到了的概念及操作。在地理资源发现服务里面，主要有三个概念：目录（Catalog）、目录条目（Catalog Entry）、元数据实体（Metadata Entity）、元数据元素（Metadata Element）。目录是指由一组目录条目组成的集合；一个目录条目包含一组元数据实体，而元数据实体由一组元数据元素组成，比如元数据的名称、标识符等信息。

地理数据访问服务牵涉的概念有地理数据集（Dataset）、地理数据集的集合（Dataset Collection）、要素（Feature）、要素集（Feature Collection）、元数据集（Metadata Set）、元数据实体（Metadata Entity）等概念。地理数据集集合是指包含多个地理空间数据集的集合。地理空间数据集通常是一个OpenGIS要素集合，也可以是个体要素。要素集记录了地理数据集的一组属性值，而要素记录了某个地理要素对象的一组属性值。元数据集包含了与要素集合或者某个要素相关联的所有元数据，由多个元数据实体组成。

目录服务抽象模型还定义了目录服务通常需要支持的一些公有的功能，包括：

- 集合操作：集合元素的添加、删除、拷贝、获取等。
- 大规模查询结果：对大规模查询结果返回的优化处理等。
- 延迟返回：当查询处理时间较长时，需要提供查询处理的状态信息。
- 用户协作：用户发送查询请求后，需要将返回的结果发给其他的用户，这就需要提供用户协作机制，实现目录服务在用户上的协作。
- 服务协作：多个目录服务间的协作机制。例如通过查询一个目录服务，可以把查询发送到联邦里面的其他目录服务里面去。
- 数据形式转换：在实际应用时，查询的结果可能需要新的形式，需要支持包括数据格式转换、空间坐标转换、语义转换等。

5.2 OGC目录服务实现规范

OGC目录服务实现规范包括目录抽象信息模型（Catalogue abstract information model）、通用目录接口模型（General catalogue interface model）以及网络目录服务规范（Catalogue Services for the Web，简称CSW）等内容（Nebert，2007）。

目录服务抽象信息模型主要是确定目录服务到底要管理哪些空间信息，或者说目录条目以及信息资源到底有哪些信息需要管理。知道需要管理哪些信息后，再要确定的就是信息是如何访问的，也就是服务的接口模型。有了这个服务接口模型后，用户在网络环境下使用时就要对协议进行绑定，主要是遵循HTTP协议的绑定。这里要区分两个概念：一个是OGC目录服务实现规范（OGC Catalogue Service），另一个是CSW。目录服务实现可以基于不同协议，CSW则强调服务遵循HTTP协议绑定。

5.2.1 目录抽象信息模型

OGC目录抽象信息模型包括目录查询语言和核心目录模式（Core Catalogue Schema）。

目录查询语言提供了所有网络目录服务实现都必须要支持的一个最小抽象查询语言集（OGC_Common Catalogue Query Language），包含查询操作、查询表达式以及语法规则，以支持 OGC 不同网络目录服务实现间的互操作。该抽象查询语言支持嵌套的布尔查询、文本匹配操作、时间数据类型以及空间操作符，其语法设计基于 SQL SELECT 操作的 WHERE 子句语法。所有可以被映射为 OGC_Common Catalogue Query Language 的具体查询语言实现都可以被应用于与 OGC CSW 相兼容的实现中，例如 OGC Filter 规范（Vretanos，2005a），图书馆应用系统信息检索服务定义与协议规范 Z39.50 Type-1 查询的 Catalogue Interoperability Protocol（CIP）和 Geospatial（GEO）扩展等。不同的地理空间领域或用户群体可以根据需求选择不同的具体查询操作语言实现来实现 OGC 网络目录服务或者访问 OGC 网络目录服务，而同时保证不同 OGC 网络目录服务实现之间的互操作性。实际应用中，在支持公共目录查询语言的基础上还可以扩展，这种扩展通过定义相应的谓词、操作以及数据类型来实现。

核心目录模式提供了基本元数据信息模型，包括可查询核心属性（Core queryable properties）和可返回核心属性（Core returnable properties）。不同的地理空间领域或不同的用户群体会采用不同的模型来描述元数据，但无论何种模型，都必须支持 OGC CSW 规范所指定的可查询以及可返回的核心属性。对可查询核心属性的支持使得任一与 OGC CSW 规范相兼容的客户端程序能够访问不同的 OGC CSW 服务，并搜索 CSW 服务所支持的任意类型的地理空间信息。同时，所有由 OGC CSW 实现都必须支持利用可返回核心属性来描述所返回的用户所需的地理空间信息。这使得不同 OGC 网络目录服务所管理发布的地理空间信息能够以共同的方式表示，并在不同的地理空间科学领域与不同的用户群体之间交换共享。表 5.1、表 5.2 和表 5.3 列出了 OGC 网络目录服务规范所指定的可查询核心地理空间信息属性。可返回核心地理空间信息属性来自于都柏林核心元数据（Dublin Core Metadata）（ISO 15836）标准（ISO，2003），表 5.4 描述了 OGC 网络目录服务规范指定的可返回核心地理空间信息属性。

表 5.1　**可查询核心地理空间信息属性**

属性名称	定义	数据类型
Subject[a]	地理空间信息的主题	CharacterString
Name[a]	地理空间信息的名称	CharacterString
Abstract[a]	地理空间信息的概括介绍	CharacterString
AnyText	用于描述地理空间信息的元数据所包含的任意文本	CharacterString
Format[a]	地理空间信息的物理或电子格式	CodeList：text/plain，text/xml，application/xml

续表

属性名称	定义	数据类型
Identifier[a]	在指定命名空间中地理空间信息的唯一标识	Identifier
Modified[c]	地理空间信息的最近修改时间	Date-8601
Type[a]	地理空间信息的类型	CodeList：Dataset，Service，DatasetCollection
BoundingBox[d]	一个矩形区域，用于描述地理空间信息所关联的地理空间范围	参考表 5.2
CRS	与地理空间信息相关联的空间坐标参考系统	Identifier[e]
Association	用于建立不同地理空间信息之间一对一的关联关系	参考表 5.3

[a]—Dublin Core 元数据元素集，版本 1.1：ISO Standard 15836-2003（Feb. 2003）。

[b]—典型地，地理空间信息的主题由某一词汇表所定义的关键字或者某一分类系统中所定义的类型代码来表示。

[c]—DCMI 元数据术语<http://dublincore.org/documents/dcmi-terms/>。

[d]—在语义上等价于 ISO 19115 所定义的类型 EX_GeographicBoundingBox。

[e]—缺省值为 Geographic CRS with the Greenwich prime meridian。

表 5.2　**BoundingBox**

属性名称	定义	数据类型
WestBoundLongitude	地理空间信息所关联的地理空间范围最西端坐标值，单位为度（degree）	numeric
SouthBoundLatitude	地理空间信息所关联的地理空间范围最南端坐标值，单位为度（degree）	numeric
EastBoundLongitude	地理空间信息所关联的地理空间范围最东端坐标值，单位为度（degree）	numeric
NorthBoundLatitude	地理空间信息所关联的地理空间范围最北端坐标值，单位为度（degree）	numeric

表 5.3 **Association**

属性名称	定义	数据类型
Target	关联关系中被引用的地理空间信息	Identifier
Source	关联关系中所引用的地理空间信息	Identifier
Relation	关联关系的描述	CharacterString 或 Identifier

表 5.4 **可返回核心地理空间信息属性**

可返回属性名称 (Dublin Core)	相对应的可查询属性名称	描述
dc：title	Title	地理空间信息名称
dc：creator	N/A	负责生成地理空间信息的组织或个人
dc：subject	Subject	地理空间信息主题
dc：abstract	Abstract	地理空间信息简要描述
dc：publisher	N/A	负责发布地理空间信息元数据的组织或个人
dc：contributor	N/A	为地理空间信息的产生作出贡献的组织或个人
dc：date	Modified	地理空间信息最近的更新时间
dc：type	Type	地理空间信息类型
dc：format	Format	地理空间信息物理或电子格式
dc：identifier	Identifier	在指定命名空间中地理空间信息的唯一标识
dc：source	Source	关联关系中所引用的地理空间信息
dc：language	N/A	地理空间信息内容的描述语言
dc：relation	Relation，Source，Target	关联关系的描述
dc：spatial	Envelop，CRS	地理空间信息所关联的空间范围
dc：rights	N/A	地理空间信息的使用权限

图 5.3 展示了利用可返回核心地理空间信息属性组织描述的某一地理空间服务的元数据。该地理空间服务的名称是 National Elevation Mapping Service for Texas，其适用的地理空间经度范围从 -108.44° 到 -96.223°，适用的地理空间纬度范围从 28.229° 到 34.353°。

```xml
<? xml version="1.0" encoding="UTF-8" ? >
<csw:Record                    xmlns:csw="http://www.opengis.net/cat/csw/2.0.2"
xmlns:dc="http://purl.org/dc/elements/1.1/"
xmlns:dct="http://purl.org/dc/terms/"
xmlns:ows="http://www.opengis.net/ows"
xmlns:xsi="http://www.w3.org/2001/XMLSchema-instance"
xsi:schemaLocation="http://www.opengis.net/cat/csw/2.0.2
../../../csw/2.0.2/record.xsd">
    <dc:creator>U.S. Geological Survey</dc:creator>
    <dc:contributor>State of Texas</dc:contributor>
    <dc:publisher>U.S. Geological Survey</dc:publisher>
    <dc:subject>Elevation, Hypsography, and Contours</dc:subject>
    <dc:subject>elevation</dc:subject>
    <dct:abstract>Elevation data collected for the National Elevation Dataset (NED) based on 30m
horizontal and 15m vertical accuracy.</dct:abstract>
    <dc:identifier>ac522ef 2-89a6-11db-91b1-7eea55d89593</dc:identifier>
    <dc:relation>OfferedBy</dc:relation>
    <dc:source>dd1b2ce7-0722-4642-8cd4-6f885f132777</dc:source>
    <dc:rights>Copyright © 2004, State of Texas</dc:rights>
    <dc:type>Service</dc:type>
    <dc:title>National Elevation Mapping Service for Texas</dc:title>
    <dct:modified>2004-03-01</dct:modified>
    <dc:language>en</dc:language>
    <ows:BoundingBox>
        <ows:LowerCorner>-108.44 28.229</ows:LowerCorner>
        <ows:UpperCorner>-96.223 34.353</ows:UpperCorner>
    </ows:BoundingBox>
</csw:Record>
```

图 5.3　按照可返回核心地学空间信息属性组织的地学空间信息元数据示例

5.2.2　通用目录接口模型

通用目录接口模型定义了支持目录信息发现、访问、维护和组织的一组抽象服务接口。该接口允许用户或应用软件在分布式计算环境（包括万维网环境）下发现信息。接口实现设计指南在协议绑定中明确。每种协议绑定包括了通用接口、操作、参数等到所选协议上的映射。应用纲要则是在某种协议绑定的基础上进一步细化实现。

图 5.4 显示了开发 OGC 目录接口的参考模型架构。应用客户端与目录服务通过 OGC 目录接口进行交互。目录服务可以通过以下三种资源之一响应目录服务请求：目录服务所在地的元数据库、资源服务或其他目录服务。本地元数据库与目录服务间通过内部接口交互。与资源服务间的接口可以是私有接口或 OGC 标准接口。目录服务间的接口是 OGC 目

录接口，这种情形下，目录服务同时扮演客户端和服务端的角色，OGC 目录服务查询返回的数据经请求的目录服务处理后，向最初的目录请求返回合适的数据。

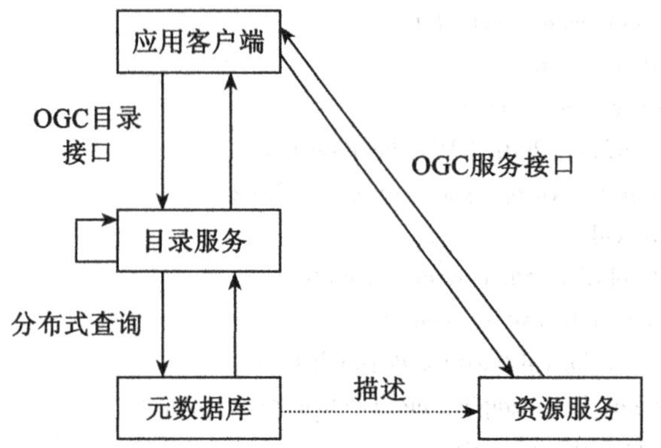

图 5.4 OGC 目录接口开发的参考模型架构（Nebert 等，2007）

图 5.5 以 UML 类图的形式显示了 OGC 目录服务接口。目录服务是 OGC 服务的一种。目录服务类（CatalogService）与以下 5 个类建立关联：

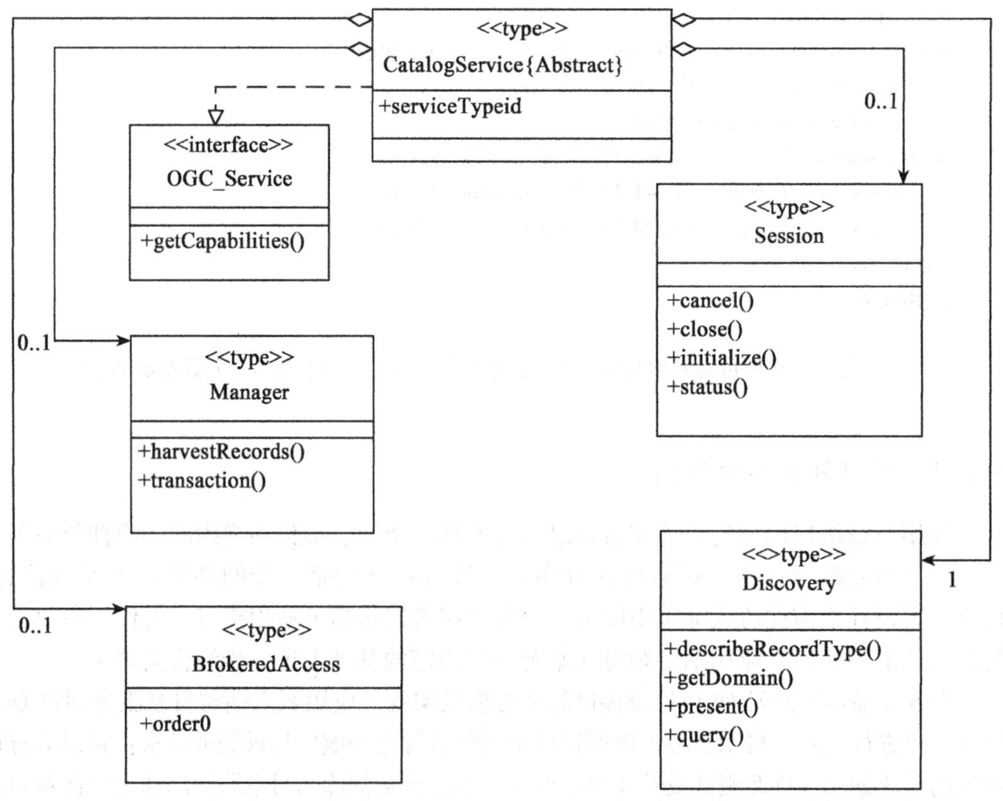

图 5.5 OGC 目录服务接口的 UML 图（Nebert 等，2007）

（1）OGC_Service 类：提供了 getCapabilities 操作获取目录服务的元数据。目录服务继承该类。

（2）Discovery 类：为客户端发现注册在目录里的资源提供了四个操作。Query 操作对目录中的元数据条目进行搜索，返回满足查询条件的地理资源结果集。Present 操作返回前面结果集中部分或全部地理资源的部分元数据。describeRecordType 操作提供注册的元数据用到的类型定义。getDomain 操作提供元数据属性的值域。

（3）Session 类：提供了服务器与客户端间交互会话的四个操作。Initialise 操作启动一个会话；close 操作终止一个会话；status 操作返回之前启动操作的状态；cancel 操作取消之前启动的一个操作。

（4）Manager 类：为资源在目录中的注册提供了元数据的插入、更新、删除操作。Transaction 操作用于创建、修改和删除目标网络目录服务中的元数据记录。Harvest 操作中，客户端只在请求中指定目标地理空间信息的访问位置，网络目录服务本身负责解析目标地理空间信息并得到其元数据信息。

（5）BrokeredAccess 类：提供 order 操作去订购目录服务中注册但不能直接访问的资源。

5.2.3　网络目录服务规范 CSW

5.2.3.1　HTTP 协议绑定

目录服务的建立和开发遵循一定的互操作协议规范，例如 Z39.50、CORBA、HTTP 协议绑定等。其中 OGC 网络目录服务访问接口支持 Hypertext Transfer Protocol（HTTP）协议。OGC 网络目录客户端与服务之间的交互是通过标准 HTTP 协议的“请求—响应”模式实现，也就是说，客户端通过 HTTP 协议向网络目录服务发送请求，并期望以 HTTP协议接收到来自于网络目录服务送回的请求结果或者错误异常信息。

在 CSW 中定义了可查询和可返回核心属性的实现。CSW 元数据记录采用基于 XML 编码都柏林核心元数据，表 5.5 给出了可查询和可返回核心属性中都柏林核心元素名到 CSW 的 XML 元素的映射。

表 5.5　　**基于 XML 编码都柏林核心元数据名（OGC 目录服务规范）**

都柏林核心元数据名	OGC 可查询属性	XML 元素名
题名 title	Title	dc：title
创建者 creator		dc：creator
主题 subject	Subject	dc：subject
描述 description	Abstract	dct：abstract
出版者 contributor		dc：contributor
日期 date	Modified	dct：modified
类型 type	Type	dc：type
格式 format	Format	dc：format

续表

都柏林核心元数据名	OGC 可查询属性	XML 元素名
标识符 identifier	Identifier	dc: identifier
来源 source	Source	dc: source
语种 language		dc: language
关联 relation	Association	dc: relation
覆盖范围 coverage	BoundingBox	ows: BoundingBox
权限 rights		dc: rights

可返回核心属性的完整集合通过 CSW 的 csw: Record 元素来表达，另外两个元素 csw: BriefRecord 和 csw: SummaryRecord 分别表达核心属性集合的简单和概要性的记录。图 5.6 展示了利用可返回核心属性组织描述的某一地理空间数据集的元数据。

```
<? xml version="1.0" encoding="ISO-8859-1"? >
<Record                              xmlns="http://www.opengis.net/cat/csw/2.0.2"
xmlns:dc="http://purl.org/dc/elements/1.1/"
xmlns:dct="http://purl.org/dc/terms/"
xmlns:ows="http://www.opengis.net/ows"
xmlns:xsi="http://www.w3.org/2001/XMLSchema-instance"
xsi:schemaLocation="http://www.opengis.net/cat/csw/2.0.2
../../../csw/2.0.2/record.xsd">
    <dc:identifier>00180e67-b7cf-40a3-861d-b3a09337b195</dc:identifier>
    <dc:title>Image2000 Product 1 (at1) Multispectral</dc:title>
    <dct:modified>2004-10-04 00:00:00</dct:modified>
    <dct:abstract>IMAGE2000 product 1 individual orthorectified scenes. IMAGE2000 was produced from
ETM+ Landsat 7 satellite data and provides a consistent European coverage of individual orthorectified
scenes in national map projection systems.</dct:abstract>
    <dc:type>dataset</dc:type>
    <dc:subject>imagery</dc:subject>
    <dc:subject>baseMaps</dc:subject>
    <dc:subject>earthCover</dc:subject>
    <dc:format>BIL</dc:format>
    <dc:creator>Vanda Lima</dc:creator>
    <dc:language>en</dc:language>
    <ows:WGS84BoundingBox>
        <ows:LowerCorner>14.05 46.46</ows:LowerCorner>
        <ows:UpperCorner>17.24 48.42</ows:UpperCorner>
    </ows:WGS84BoundingBox>
</Record>
```

图 5.6　按照可返回核心属性组织的地学空间信息元数据示例

5.2.3.2 CSW 操作

OGC 网络目录服务访问接口包含 7 个用于客户端对服务进行访问的操作（operation），包括：GetCapabilities、DescribeRecord、GetDomain、GetRecords、GetRecord ById、Harvest 与 Transaction。其中 GetCapabilities、DescribeRecord、GetRecords 与 GetRecord ById为 OGC 网络目录服务实现的必选操作，其余为可选操作。这 7 种操作分为 3 类。

第一类是基本服务操作（service operations），基本服务操作是所有 OGC Web Services系列服务都包含的操作，客户端可以借助于基本服务操作获取目标 OGC 网络服务的功能描述，基本服务操作只包含 GetCapabilities 操作。

GetCapabilities 操作使得客户端可以在运行时（runtime）动态获得目标 OGC 网络目录服务的元数据信息。一个成功 GetCapabilities 操作的返回是一个包含目标服务元数据信息的 XML 文档。该文档包含 ServiceIdentification、ServiceProvider、OperationsMetadata 以及 Filter_Capabilities 四个部分。ServiceIdentification 包含与该 OGC 网络目录服务实现有关的元数据信息，比如服务名称、版本、关键字等；ServiceProvider 描述了服务提供者的信息；OperationsMetadata 详细地描述了服务接口元数据，包含每一个操作的访问地址、访问方法、参数等；Filter_Capabilities 包含该服务所支持的过滤功能，即搜索功能。

第二类是查询操作，包含 DescribeRecord、GetDomain、GetRecords 与 GetRecordById，客户端借助于查询操作获得 OGC 网络目录服务的元数据信息模型以及从 OGC 网络目录服务中搜索信息。DescribeRecord 操作使得客户端可以在运行时动态获得网络目录服务所采用的元数据信息模型。利用 GetCapabilities 操作，客户端可以获得网络目录服务元数据信息模型中所包含的所有类型，而利用 DescribeRecord 操作，客户端可以获得元数据信息模型中每一种类型的详细定义。

客户端可以利用 GetDomain 操作在运行时获得某一元数据记录元素取值的允许范围。通常情况下 GetDomain 返回的取值范围要比该元素数据类型所定义的取值范围要小。

GetRecords 操作是网络目录服务最主要的操作。在资源发现的通用模型中所包含的最主要方法包含两个操作：搜索（search）与呈现（present）。OGC 网络目录服务规范中定义的 GetRecords 操作，基于 HTTP 协议的“请求—返回”模式将搜索与呈现两种操作融合在一起。客户端在 GetRecords 操作的请求中指定搜索的目标元数据类型、搜索条件以及元数据结果返回形式，对网络目录服务进行查询。

GetRecordById 是资源搜索通用模型中的呈现操作，它用于从网络目录服务中获取由某一标识（identifier）所指定的元数据记录。

第三类操作是管理操作，包含 Harvest 与 Transaction，用于对服务中的信息进行增加、修改或删除。Transaction 操作作为“推（push）”的方式在目标网络目录服务中创建新的元数据记录。而 Harvest 操作作为“拉（pull）”的方式提取指定地理空间信息的元数据信息并注册到网络目录服务中。Harvest 操作分为同步（synchronous）与异步（asynchronous）两种方式。当客户端采用同步方式请求 Harvest 操作时，目标网络目录服务在收到请求后立即开始处理，并在处理结束后返回结果给客户端，在此期间客户端一直处于等待状态；而当客户端采用异步方式请求 Harvest 操作时，目标网络目录服务在收到请求后立即返回给客户端确认消息，客户端在收到确认消息后就停止等待状态，之后网络目录服务可以安排时间进行处理，并在处理结束后按照事先在 Harvest 请求中指定的方式通知客户端。当有大量的地理空间信息需要被注册到目标网络目录服务中时，宜采用异步方式调用 Harvest 操作以避免客户端的长时间等待。

表 5.6 列出了 OGC 网络目录服务中所有 7 种操作所支持以及首选的 HTTP 通信和数据信息编码方法。

表 5.6　　**操作所支持以及首选的 HTTP 通信和数据信息编码方法**

操作	HTTP 方法	数据信息编码类型
GetCapabilities	GET (POST)	KVP (XML)
DescribeRecord	POST (GET)	XML (KVP)
GetDomain	POST (GET)	XML (KVP)
GetRecords	POST (GET)	XML (KVP)
GetRecordById	GET (POST)	KVP (XML)
Harvest	POST	XML (KVP)
Transaction	POST	XML

表 5.7 显示了通用目录接口模型中定义的不同类的方法到基于 HTTP 协议的 CSW 操作的映射。

表 5.7　　**通用目录接口模型到 CSW 操作的映射（OGC 目录服务规范）**

通用目录接口模型操作	CSW 操作
OGC_Service.getCapabilities	OGC_Service.GetCapabilities
Discovery.query	CSW-Discovery.GetRecords
Discovery.present	CSW-Discovery.GetRecordById
Discovery.describeRecordType	CSW-Discovery.DescribeRecord
Discovery.getDomain	CSW-Discovery.GetDomain
Manager.transaction	CSW-Publication.Transaction
Manager.hervestRecords	CSW-Publication.Harvest

5.3　OGC 目录服务应用纲要

在 OGC 目录服务实现规范的基础上，还派生出了目录服务应用纲要。图 5.7 显示了目录服务通用模型、协议绑定和应用纲要之间的关系。不同的协议绑定映射到通用模型，不同的应用纲要使用不同的协议绑定。目前 OGC 已经提出的目录服务应用纲要包括 ebRIM Profile of CSW 和 ISO Metadata Profile of CSW 等。这些应用纲要在实现思路上类似，只是采用的信息模型不同。

图 5.7　通用模型、协议绑定和应用纲要之间的关系（OGC 目录服务规范）

以 ebRIM Profile of CSW（CSW-ebRIM）为例，在 OGC 目录服务实现规范定义了目录服务抽象模型后，信息有了抽象的表达和描述，那么信息具体采用的是何种组织方式呢？例如如何定义信息的实体和信息的属性及其之间的关联。这里采用了 ebRIM 规范，它专门针对电子商务领域的资源提供了一套资源组织方式。如图 5.8 所示，OGC 目录服务实现规范定义了信息模型、查询语言及接口。其中信息模型定义了核心可查询属性、核心可返回属性、信息的结构和语义。这三者最后都绑定到 ebRIM，通过 ebRIM 的相关机制表达出来。ebRIM 提供了一个框架来表达这些核心的查询及公共的可返回属性的结构和语义等。查询语言和接口与 HTTP 协议相结合，形成 CSW，CSW 与 ebRIM

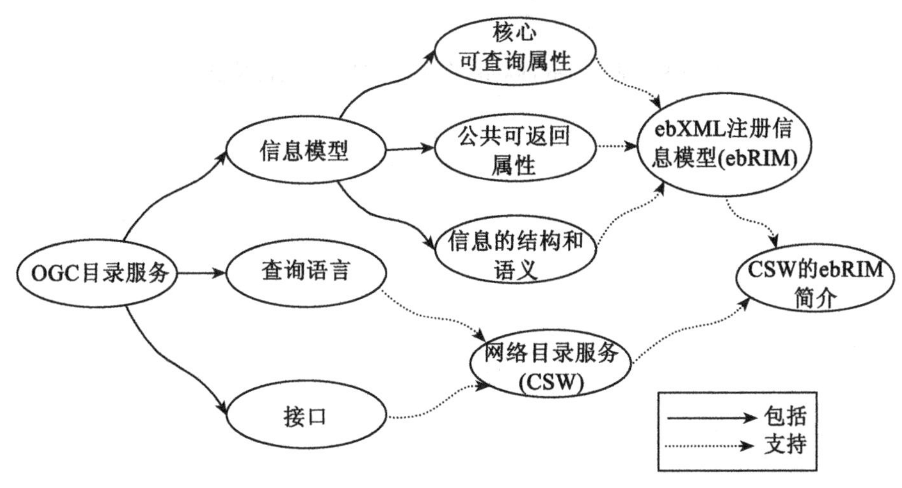

图 5.8　OGC 目录服务、CSW 和 ebRIM Profile of CSW 的关系（Yue 等，2011）

结合最后形成构建在 HTTP 协议上的目录服务的信息模型、接口和查询（Martell, 2008）。

目前，已经有些软件实现了 CSW-ebRIM 规范，例如通用信息领域的开源 ebRIM 实现软件 Omar 提供了 CSW 的接口以支持空间信息目录服务（Omar, 2010）；GeoNetwork，作为 GIS 领域一款功能完善、界面友好的开源空间信息元数据目录服务软件（图 5.9），也正在实现对 CSW-ebRIM 的支持（GeoNetwork, 2010）。

图 5.9　基于 GeoNetwork 的空间信息元数据目录服务

第 6 章　空间数据服务和可视化服务

6.1　空间数据服务

经过 10 多年的发展，空间数据服务相对成熟，并形成了一系列的标准规范，其中，以 OGC 的数据服务规范，包括网络要素服务 WFS、网络覆盖服务 WCS、网络地图服务 WMS 为代表。

OGC WFS 规范定义了 Web 客户端与 WFS 服务之间的接口，使得 Web 客户端可以通过一致通用的途径在线获取地理要素（Feature）数据（Vretanos，2005b）。地理要素数据是基于矢量模型的数据，例如交通道路网、海岸线、行政区域、公用管道线等。

OGC WCS 规范定义了 Web 客户端与 WCS 服务之间的接口，使得 Web 客户端可以通过一致通用的途径在线获取多空间维、多时间维的地理覆盖（Coverage）数据（Evans，2003）。Coverage 数据基于栅格模型，包含所有类型的遥感影像以及格网数据（Gridded Data），例如数字高程模型数据、土地利用分类数据等。

WCS 与 WFS 一起涵盖了所有类型的地理空间数据，它们构成了基于 Web 的地理空间数据获取互操作方案基础。

OGC WMS 规范定义了 Web 客户端与 WMS 服务之间的接口，Web 客户端可以通过 WMS 在线获得地图（de la Beaujardière，2004）。地图是地理空间数据的可视化表示，WMS 服务根据客户端的需求将存档地理空间数据渲染成为地图。有时，WMS 服务在后台会和 WCS 或 WFS 服务建立连接，从 WCS 或 WFS 服务中获得定制的地理空间数据，并将其渲染成为满足客户端需求的地图，在这种情况下，WMS 可以看作 WCS 与 WFS 服务的前端数据可视化服务。

6.1.1　网络地图服务

网络地图服务（Web Map Service，WMS）是根据地理信息动态地生成具有空间参考数据的地图的服务。一个地图并不代表数据本身，是对数据绘制后的图片，可以是 PNG、GIF 或 JPEG 格式，也可以是基于矢量图形元素的格式，例如 SVG。

WMS 请求的内容包括请求的操作、地图显示的信息、要显示的地球上的哪块区域、需要的坐标参考系统、输出图片的高度和宽度，以及不同来源的地图的图片叠加等。

WMS 可以划分为基本 WMS 和可查询 WMS。基本 WMS 提供了 GetCapabilities 和 GetMap 操作，而可查询 WMS 在基本 WMS 的基础上提供了 GetFeatureInfo 操作。WMS

的操作阐述如下：

GetCapabilities 操作最终返回的是服务元数据 XML 文档，其描述了服务的名称、服务提供者信息、服务的实现函数、实现平台等信息；还描述了服务能够提供的图层信息，包括名称、参考系、坐标范围等信息。

GetMap 操作请求通过参数的设定来指定要返回数字栅格地图的内容和表达形式，这些参数包括图层、空间坐标参考系、图像范围、像素宽度和高度等。

GetFeatureInfo 操作用于获取数字栅格地图上某个地理要素的详细信息，包括查询的地理要素数目、查询点位的像素坐标、查询结果的输出格式等参数。因此，只有具有可查询属性的图层才能进行该步操作。

下面是采用 HTTP Get 请求进行 GetMap 操作的一个例子。

http://192. 168. 2. 10/wms/wms. aspx? SERVICE = WMS&REQUEST = GetMap&Styles = CenterLine&Layers = TERL_L&SRS = EPSG: 4326&BBOX = 635253. 991362888, 3968090.38702234, 658125. 303905647, 3986958. 30011834&Height = 250&Width = 500&FORMAT = image/png&Transparent = TRUE

将该请求在浏览器中键入后，请求结果如图 6. 1 所示。

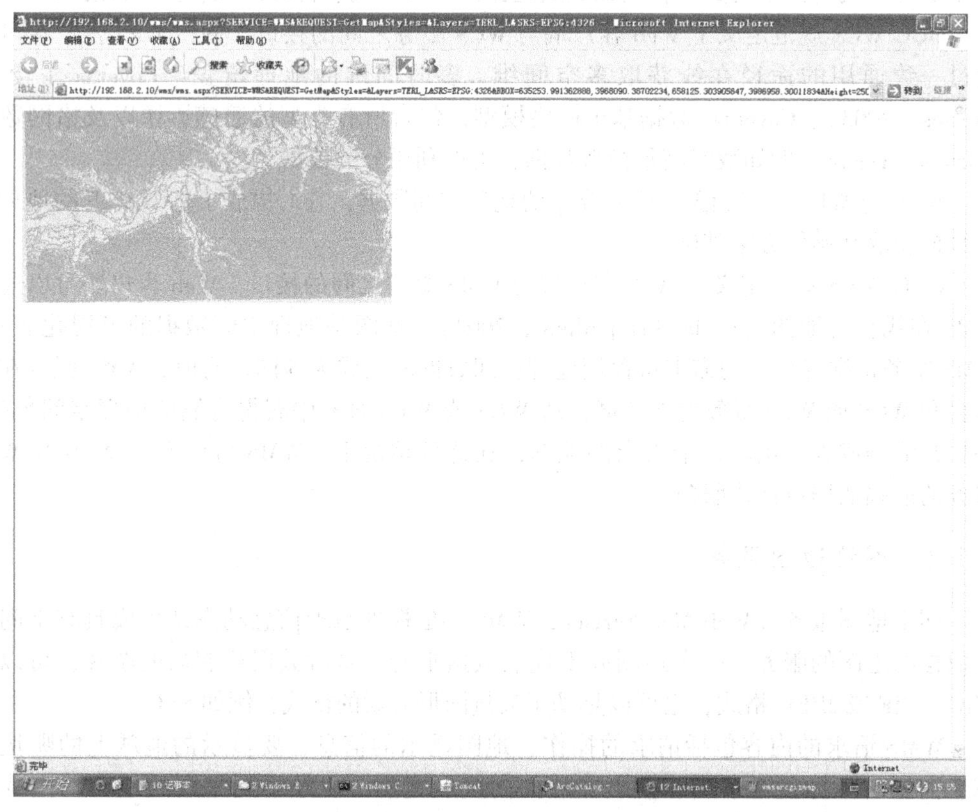

图 6. 1　网络浏览器中采用 HTTP Get 方法发送 GetMap 请求结果

在网络地图服务的基础上，OGC 进一步提出了网络地图上下文实现规范（Web Map Context Documents Specification，WMC）。它说明来自一个或多个地图服务器的一幅或多幅地图的特定组合怎样能够以可移植的、平台无关的格式进行描述，描述结果即为网络地图上下文文档，或者简称上下文。

地图上下文文档以 XML 的格式进行构造，主要包括以下信息：提供图层的服务器、地图边界范围、地图投影、使得客户端软件能够重新绘制该地图的足够的操作元数据、用于标注或描述该地图及其来源的辅助性元数据。WMC 的作用表现在以下几个方面：

- 上下文的使用，能够保存用户的一些地图视图设置，比如地图的初始视图范围、用户浏览和修改地图图层时的客户端状态。
- 一旦用户已经选择某个图层后就将保存该图层的一些额外的信息（可以利用的样式、图层格式、空间参考系统等），从而避免再次查询地图服务器。
- 上下文文档能够从一个客户端会话中被保存下来并公开发布、传递给其他客户端应用来启动同样的上下文。

为了提高地图服务的性能，OGC 还提出了网络地图瓦片服务（Web Map Tile Service），定义了 GetCapabilities，GetTile 和 GetFeatureInfo 等操作（Masó 等，2010）。通过在服务器端预先生成地理数据的瓦片，从而提高服务响应的速度。

6.1.2　网络要素服务

网络要素服务（Web Feature Service，WFS）在基于 HTTP 协议的分布式计算环境下提供了地理要素访问和操作的接口，可以对地理要素进行创建、删除、更新、锁定、查询、获取等操作。

定义 WFS 的要求如下：

- 接口通过 XML 定义；
- 采用 GML 表达要素；
- 谓词和 Filter 语言采用 XML 定义并从 OGC 目录服务实现规范的通用查询语言派生过来；
- 采用 XPath 表达定位要素属性。

WFS 处理请求的步骤如下：

(1) 客户端请求 WFS 的能力描述文档（Capabilities）。能力描述文档包含了 WFS 支持的操作和提供的要素类型；
(2) 客户端发送要素类型描述的请求；
(3) 根据要素类型的定义，客户端发送符合定义的要素请求；
(4) 请求在网络服务器中进行处理；
(5) WFS 服务对后台数据进行读取，按照要求进行处理；
(6) WFS 处理好请求后，产生一个状态报告，返回给客户端。如果有错误发生时，状态报告会显示错误情况。

WFS 可以划分为以下 3 类：

- 基本 WFS：一个基本的 WFS 服务实现了 GetCapabilities，DescribeFeatureType 和

GetFeature 操作。这类 WFS 也可称为只读 WFS。

- XLink WFS：XLink WFS 除了支持基本 WFS 的所有操作外，还实现了GetGmlObject。
- 事务 WFS：事务 WFS 除了支持基本 WFS 的所有操作外，还实现了事务操作。

WFS 规范的 6 个操作功能如下：

（1）GetCapabilities 操作：返回描述 WFS 服务元数据的 XML 文档，元数据描述了该 WFS 服务可以提供的地理要素类型以及针对每个要素类型的操作。

（2）DescribeFeatureType 操作：返回 WFS 能够提供的地理要素类型的 GML 应用模式描述文档。

（3）GetFeature 操作：根据用户设置的空间查询或属性查询的查询条件，获取地理要素。查询条件采用基于 XML 的 Filter 编码规范定义查询限制（Vretanos，2005a）。

（4）Transaction 操作：描述地理数据变化的操作方法，如插入、更新、删除要素操作，为事务请求提供服务。

（5）LockFeature 操作：在一个事务处理期间锁定一个地理要素类型中一个或多个地理要素实例，支持序列化事务处理。

（6）GetGmlObject 操作：一个 WFS 服务可以通过追踪 XLinks 来获取客户请求所需的构造地理要素的子要素实例。GetGmlObject 可以获取 GetFeature 操作返回结果中GmlObjectId对应的 GML 数据，并可以控制处理时是否对 XLinks 进行遍历和解析。

6.1.3 网络覆盖服务

网络覆盖服务（Web Coverage Service，WCS）将地理空间数据通过地理覆盖（Coverage）的形式提供数字式地理信息，可以用来描述任何随空间变化的地理现象。不同于 WMS 中对空间数据进行绘制返回静态的地图图片，WCS 提供了数据和数据的描述信息；定义了请求数据的丰富语法；能够返回包含了原始语义的数据（而不是图片），从而能够对数据进行解译和内插，而不是仅仅停留在绘制上。与 WFS 返回离散的地理要素不同，WCS 返回的是随空间变化的现象的覆盖数据，它将时空域和一组可能多维的属性关联。

1. 接口操作

WCS 规范定义了 3 种操作：GetCapabilities 操作、GetCoverage 操作和 Describe Coverage 操作。

GetCapabilities 操作返回一个服务元数据 XML 文档，描述 WCS 服务的基本信息和能够提供的数据集概要信息，以便客户端请求 Coverage 数据。客户端运行GetCapabilities 操作并存储结果以便后续操作过程使用。

DescribeCoverage 操作返回 WCS 能够提供一个或多个描述 Coverages 数据的 XML 文档，该文档描述的信息包括：空间坐标参考系、空间范围、空间特征、时态特征、每个像素的属性值等。

GetCoverage 操作可以请求获取所需的 Coverages 数据。该操作与 WMS 的 GetMap 操作和 WFS 的 GetFeature 操作请求的语法和语义相似，只是 WCS 获取的是 Coverages 数据而不是静态影像地图或者离散的地理要素。

2. 信息模型

了解 WCS 的使用首要的是对 Coverage 的信息模型进行理解。在 WCS 的 DescribeCoverage 操作返回的覆盖描述 CoverageDescription 数据结构中，有两个核心属性，一个是 Coverage 的域（Domain），一个是 Coverage 的范围（Range）。

Coverage 的域包括了空间域（SpatialDomain）和时间域（TemporalDomain）。

Coverage 的范围通过场（Field）来描述。Field 有两种类型，基于标值（Scalar）或基于矢量（Vector）的 Field。基于标值的场将某个数或单值关联到域上的每个位置，例如地表高程。

基于矢量的场在域上的每个位置具有多个观测，这些观测是对同一现象的量测并在同一参考系统进行表达，通过关键字 keys 和轴 axes 来记录。其中 axes 代表一个或多个控制变量，keys 是在这些控制变量上的不同取值。例如一个高光谱图像覆盖的 Range 通常有一个矢量场，其表达了电磁波谱上不同点上的亮度值。这时，该矢量场的 axis 就是谱带，或是传感器记录亮度值的波长，key 就是 axis 上的一个谱或波长。客户端就可以通过请求命名为波长的 axis 上的特定的 keys 获取高光谱图像近红外部分的数据。

因此，对应一个矢量场而言，Axis 数据结构描述了 Coverage 的 range 的每个控制变量，并通过 Keys 描述了获取 Field 的子集时的限定值。当 Range 的某个 Field 是多维数组时，axes 的描述如图 6.2 中 Field 1 所示。

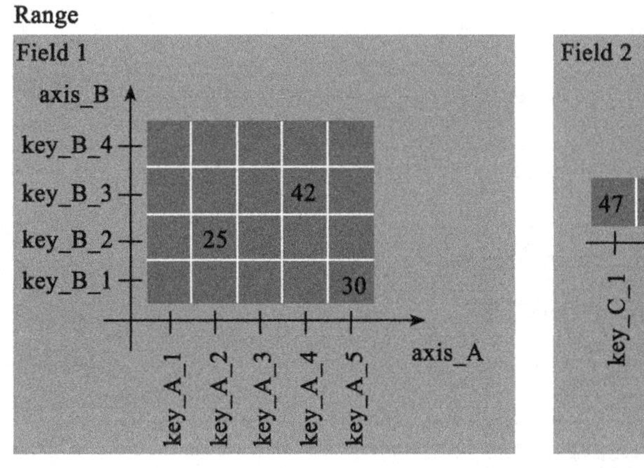

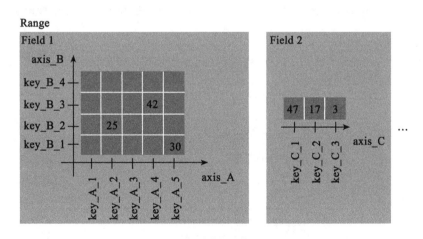

图 6.2　Range 中二维和一维矢量场的例子

正是通过 Domain 和 Range，WCS 中的 Coverage 将时空域和多维属性进行了关联。因此 GetCoverage 操作就包括了域子集 DomainSubset 和范围子集 RangeSubset 参数。在 GetCoverage 操作的实现中，如图 6.3 所示，覆盖的处理包含了坐标转换、重采样、空间域子集、时间域子集、范围子集、数据格式编码、结果输出等基本操作。

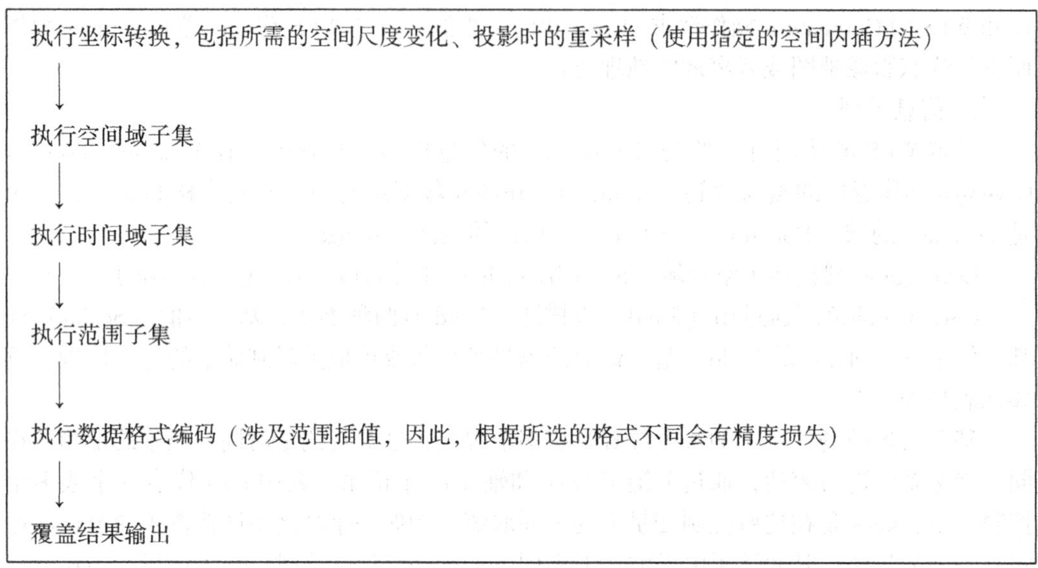

执行坐标转换，包括所需的空间尺度变化、投影时的重采样（使用指定的空间内插方法）
执行空间域子集
执行时间域子集
执行范围子集
执行数据格式编码（涉及范围插值，因此，根据所选的格式不同会有精度损失）
覆盖结果输出

图 6.3　GetCoverage 操作服务器端实现的内部处理流程

图 6.4 显示了 GeoServer 提供的基于 HTTP POST 的 DescribeCoverage 样例请求和返回。GeoServer 提供了 WMS、WFS 和 WCS 的较为成熟的开源实现和一系列的样例请求，图 6.4 中用户可以选择不同的样例请求来调用不同的数据服务。

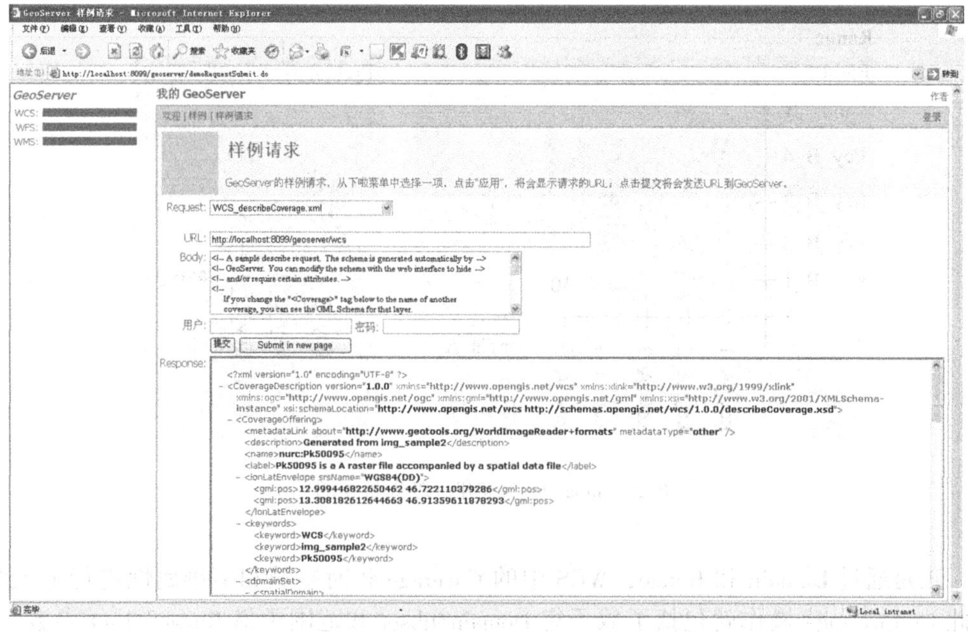

图 6.4　GeoServer 提供的数据服务

6.2　可视化服务

6.2.1　可视化服务概述

可视化服务包括针对要素的地图符号化服务，例如 WMS 也可以称为一种可视化服务，也包括基于虚拟地球技术的网络三维可视化服务。针对地图符号可视化共享的需求，ISO/TC211 制定了 ISO19117 标准。该标准定义了基于可视化描述规则的地理信息可视化机制，OGC 制订了符号编码实现规范和 WMS 的样式化图层描述规范。对于异构的虚拟地球平台而言，Keyhole 标记语言（Keyhole Markup Language，KML）为用户信息的共享与可视化提供了标准。在可视化服务的实现技术上，涉及针对栅格、矢量和三维城市模型等不同数据的快速传输和可视化方法等。这里主要就可视化服务涉及的标准 ISO19117 和 KML 等进行介绍。

6.2.2　ISO19117 地理信息图示

ISO19117 地理信息图示标准定义了一个有助于人们理解的地理信息绘制的模式，包括描述符号的方法以及从通用模式到应用模式的映射（ISO/TC211，2001）。但它只提供可视化的样式，并不提供地图符号的标准化，没有规定地图符号编码的具体实现。

该标准定义了一个绘制目录，主要规定绘制规则，具体流程可见图 6.5。比如，首先要知道要素属性，根据要素属性就可以判断应该采用哪种绘制规则。例如，有一个道路数据的信息，该道路有分段信息和分类信息两个属性，分类信息是 String 类型的，其值为“乡村道路”或“城镇道路”。分段信息包含道路的空间信息等内容，使用的描述规范为 N50 规范。一个绘制规则包括两部分，一部分是查询声明，另一部分是绘制行为声明。例如下面两个绘制规则：

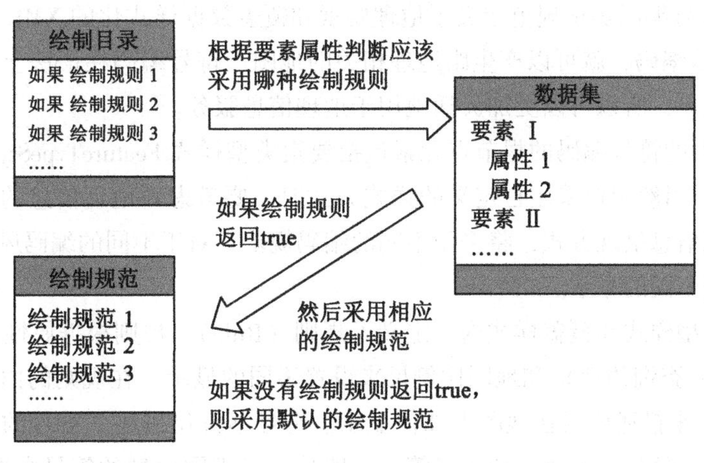

图 6.5　绘制流程图

- IF (Road.classification EQ "country road") THEN drawCurve ("N50_specification.Solid_red_line", Road.segment)
- IF (Road.classification EQ "country road" AND Scale (<=20000)) THEN drawCurve ("N50_specification.Solid_thin_red_line", Road.segment)

第一个规则声明，如果道路的类别是乡村道路，规定曲线用 N50 标准定义的实体红线来绘制；第二个规则声明，如果道路的类别是乡村道路并且比例尺小于或等于 20000，则用细的红色实线来绘制曲线。因此根据要素不同的属性和约束，那么可以采用不同的符号化方案。

一个绘制模式包括三个主要部分。第一个是绘制服务，定义基本的绘制操作。描述服务主要是用来对要素实例进行符号化，这里仅仅只是一个视觉上的呈现，可以采用音频、触屏或其他媒体方式实现。发送服务请求后，对应的要素实例化，到绘制目录中找到对应的规则来进行符号化。

第二个是绘制目录包，定义了一套绘制规则。这些规则通过地物类来关联。规则中的行为定义了绘制服务调用的绘制操作。

第三个是绘制规范包，定义符号化所需要的参数。例如符号化时的需要的参数信息以及属性信息。

在绘制模式中还区分了复杂的符号，这些复杂的符号主要是指绘制的几何对象是计算出来的，例如在线上或者面上计算相应的点位，并在该点位上放一个对应的符号，这个符号就是复杂的符号。还有对于文本信息进行符号化，这主要涉及注记的显示。在符号交换和共享中，可以通过一组参数集来表达符号，这组参数集可以定义在符号库中，通过符号库中的符号名或符号标识符来引用符号。

6.2.3 OGC 符号编码实现规范

OGC 的符号编码实现规范定义了地理要素和覆盖数据样式化的 XML 编码（Müller, 2006）。通过该编码，就可以产生跟地理相关的地图。符号编码在语法上独立于任何地图资源服务接口，所以可以更加灵活地用于地理信息服务。

基于 XML 的符号编码的根节点元素包括要素类型样式 FeatureTypeStyle 和覆盖样式 CoverageStyle。当然用户采用自定义的样式方式时，要考虑到地理信息的数据结构，因为不同的地理信息呈现方式，将采用不同的编码规范。对于不同的编码风格，通过不同的规则来设置不同的显示。

在要素类型样式和覆盖样式内，定义了规则（Rule）。规则根据属性条件约束（例如要素的 Filter 查询约束）和地图比例尺来设置不同的显示。在规则的内部，通过符号（Symbolizers）来描述要素在地图上如何显示。符号不仅仅描述了符号的形状，还要包括图形的属性，例如：颜色、透明度等。一般从一组不同类型的符号中选取一个符号，提供参数来重载它的默认行为。下面定义了 5 种不同类型的符号：

(1) 线状符号：线状符号用于表示线状的几何要素，比如多线、曲线等。线状符号符号化时涉及线型、线宽、偏移量、透明度等属性。

(2) 面状符号：面状符号包括符号的外部轮廓和其内部多边形，分为填充型面状符号与非填充性面状符号两类。其中填充性面状符号又包括纹理填充、单一颜色填充、色彩线性渐变填充等（祝国瑞，2004）。

(3) 点状符号：点状符号是以符号个体表示对象的整体形象，其特征描述一般包括定位点、方向、大小、形状等参数。点状符号的符号化就是在一个定位点上绘制指定的点状符号图形。

(4) 注记符号：地图的注记包括字体、颜色、大小等，使得注记具有符号性的意义。注记配置有水平字列、垂直字列、雁行字列、曲直字列等，可以通过字体的字向朝北，并沿水平线、垂直线、斜线与任意曲线排列来完成注记配置。

(5) 栅格符号：有时还需要对栅格数据或者矩阵覆盖数据进行渲染符号化，例如：卫星影像数据、DEM 数据等。

符号化编码功能（Symbology Encoding Functions）是为了对数据进行转换和编辑以支持符号化。符号化编码功能可以分为两组：

(1) 将原始的值转换为符号化所需的量值。这个过程包含了分类、重编码、插值等操作。分类是将连续值转换为离散值。例如可以根据连续的属性值产生等值区域图，也可以根据属性逐步选择不同的文本高度或线宽。插值指基于定义在一系列节点上的某个功能函数进行连续值的转换。其用于调整某属性的值分布，达到一个连续的符号化控制变量（如大小、宽度、颜色等）所需的分布。重编码是将离散值转换到其他值的一种操作。当整型值必须要转换为文本，或者文本转换为其他格式的文本、数值型以及颜色数据等时，需要进行重编码。

(2) 将编号、字符串、日期等数据项进行格式化。该功能在注记符号化中特别有用。

6.2.4　WMS 的样式化图层描述规范

已有的 WMS 规范通过为数据集发布一组预先定义的可视化绘制方案，支持信息提供者明确基本的样式选项。但是 WMS 只能告诉用户每个样式的名字，并不能让用户知道地图会绘制成什么样。而且，用户没办法定义自己的样式规则。为了让客户端或用户能够自定义自己的样式规则，需要制订一个样式语言，以方便客户端和服务器端的交流和理解。WMS 的样式化图层描述规范（Styled Layer Descriptor profile of the Web Map Service，SLD profile of WMS）定义了符号编码如何与 WMS 关联来定义数据集的绘制（Lupp，2007）。

一般而言，对数据集进行绘制的方法可以分为两种。一种是对所有的要素采用相同的着色方法，这种方法不需要知道数据的属性或要素类型；另一种方法是根据属性对不同的要素采用不同的样式化方案。该方法要求用户能够发现数据集的属性从而制订样式化方案。SLD profile of WMS 提供了 DescribeLayer 操作返回请求中图层的要素或覆盖类型，然后要素或覆盖的属性就可以通过 WFS 接口的 DescribeFeatureType 操作或 WCS 接口的 DescribeCoverageType 获得。

以 WMS 的 GetMap 请求为例：

http://yourfavoritesite.com/WMS? REQUEST = GetMap& BBOX = 0.0, 0.0, 1.0, 1.0& LAYERS = Rivers, Roads, Houses& STYLES = CenterLine, CenterLine, Outline

一个地图由一组样式化的图层按照一定的顺序组成。WMS 采用类似画画的模式，LAYERS 列表中每个后续的图层画在之前的图层之上。STYLES 列表中每个样式对应于 LAYERS 中每个图层。定义了 SLD 后，地图的样式可以通过基于 XML 的 SLD 来表达（图 6.6）。GetMap 操作也将使用 SLD 参数（取值为 SLD 文件的 URL）来替换 LAYERS 和 STYLES 参数。

```
<StyledLayerDescriptor version = "1.1.0" >
  <NamedLayer>
    <Name>Rivers</Name>
    <NamedStyle>
      <Name>CenterLine</Name>
    </NamedStyle>
  </NamedLayer>
  <NamedLayer>
    <Name>Roads</Name>
    <NamedStyle>
      <Name>CenterLine</Name>
    </NamedStyle>
  </NamedLayer>
  <NamedLayer>
    <Name>Houses</Name>
    <NamedStyle>
      <Name>Outline</Name>
    </NamedStyle>
  </NamedLayer>
</StyledLayerDescriptor>
```

图 6.6　基于 XML 的 SLD 样例

图 6.7 显示了开源软件 GeoServer 提供的 SLD 编辑界面，用户可以自定义图 6.8 所示的样式并将其与要素类型关联。

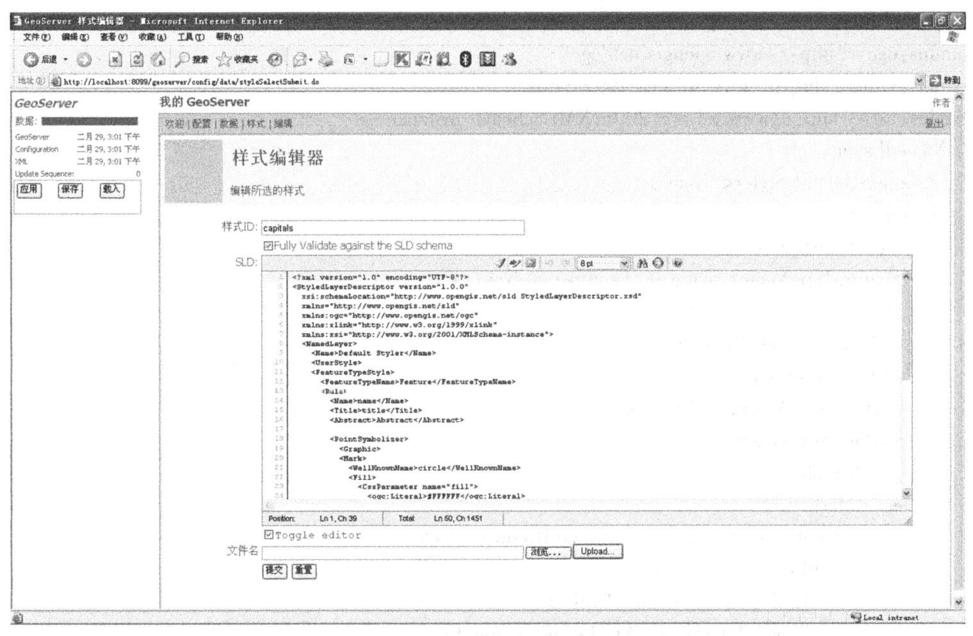

图 6.7　基于 XML 的 SLD 样例

6.2.5　虚拟地球

1998 年，时任美国副总统的艾伯特 · 戈尔提出了数字地球的概念，全球掀起了数字地球热潮。2005 年 Google 公司推出了 Google Earth，虚拟地球（Virtual Globe）技术得到了广泛重视，获得了快速发展。现在，国际上比较流行的虚拟地球软件有 Google Earth，NASA World Wind，Microsoft Virtual Earth，Skyline 等，国内有 GeoGlobe，EV-Globe 等。虚拟地球是一个利用卫星及航空影像和数字高程模型建立起来的三维地球模型，具有漫游、量测、查询、标注等功能，能够利用多源传感器数据。用户可以在虚拟地球上自由地浏览世界各地，方便地获取各种数据。

虚拟地球的关键技术包括虚拟地球的剖分模型、海量空间数据的组织管理和网络环境下海量数据的三维可视化等。以国家地理信息公共服务平台中采用的 GeoGlobe 软件为例（图 6.9），它采用了全球等经纬度剖分模型、多分辨率瓦片金字塔空间数据组织方法和可扩展的四叉树空间索引方法，在有限的带宽条件下实现了空间数据的高效传输与实时可视化（龚健雅等，2009）。

```
<? xml version="1.0" encoding="UTF-8"? >
<StyledLayerDescriptor version="1.0.0"
  xsi:schemaLocation="http://www.opengis.net/sld
StyledLayerDescriptor.xsd"
  xmlns="http://www.opengis.net/sld"
  xmlns:ogc="http://www.opengis.net/ogc"
  xmlns:xlink="http://www.w3.org/1999/xlink"
  xmlns:xsi="http://www.w3.org/2001/XMLSchema-instance">
  <NamedLayer>
    <Name>Default Styler</Name>
    <UserStyle>
    <FeatureTypeStyle>
      <FeatureTypeName>Feature</FeatureTypeName>
      <Rule>
        <Name>name</Name>
        <Title>title</Title>
        <Abstract>Abstract</Abstract>
        <PointSymbolizer>
          <Graphic>
          <Mark>
            <WellKnownName>circle</WellKnownName>
            <Fill>
              <CssParameter name="fill">
                <ogc:Literal>#FFFFFF</ogc:Literal>
              </CssParameter>
            </Fill>
            <Stroke>
              <CssParameter name="stroke">
                <ogc:Literal>#000000</ogc:Literal>
              </CssParameter>
              <CssParameter name="stroke-width">
                <ogc:Literal>2</ogc:Literal>
              </CssParameter>
            </Stroke>
            </Mark>
            <Opacity>
              <ogc:Literal>1.0</ogc:Literal>
            </Opacity>
            <Size>
              <ogc:Literal>6</ogc:Literal>
            </Size>
          </Graphic>
        </PointSymbolizer>
      </Rule>
    </FeatureTypeStyle>
  </UserStyle>
</NamedLayer>
</StyledLayerDescriptor>
```

图 6.8 基于 XML 的 SLD 样例

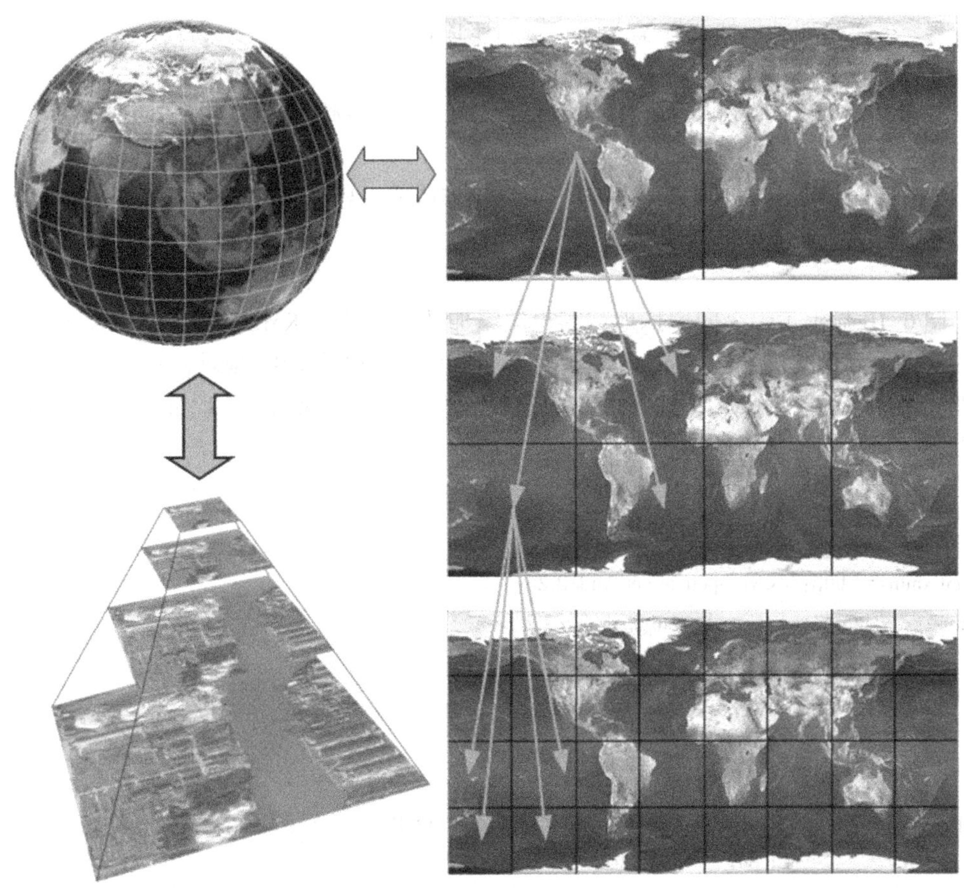

图 6.9　GeoGlobe 空间数据组织方法

6.2.6　Keyhole 标记语言

Keyhole 标记语言（Keyhole Markup Language，KML）是一种基于 XML 的地理可视化语言，用于描述和表现地理信息，包括地图和影像的注释（Wilson，2008）。地理信息的可视化不仅包括地球上图像数据的呈现，而且从某种意义上说，还控制着用户到哪里去，看什么。KML 可以 Google Earth 或 Google Maps 识别并显示，不同的用户之间可以同 KML 分享地理信息。为了方便在网络上传输，KML 可以压缩，发布为 KMZ 文件。

KML 既可以描述简单的地物，又可以描述样式以及可视化信息，再加上其轻量级的优势，所以得到了广泛的应用。但 KML 更多的时候是应用于表达数据的可视化信息，而不是数据的内容。OGC 组织与 Google 已经同意尝试将 GML 与 KML 的标准进行融合，例如采用相同的几何对象表达。KML 提供的功能如下：

- 在数字地球上进行标注；
- 指定图标和标注来区分地球表面的地点；
- 创建不同的特写镜头从而为 KML 的要素定义不同的视角；
- 定义添加到地面或屏幕上的叠置的影像；
- 为 KML 要素的显示定义样式；
- 为 KML 要素提供基于 HTML 语法的描述，支持超级链接和图片的显示；
- 对 KML 要素进行层次管理；
- 定位和更新从本地或远程的网络位置加载的 KML 文件；
- 定义纹理三维目标的定位和定向。

图 6.10 显示了一个向虚拟地球客户端添加地理图片的 KML 文档例子，<href>节点中的信息表示图片的路径，给出了网络服务器上的图片的 URL 地址。如果图片存放在本地，例如 C 盘 example 文件夹内，则路径应写成 C:/example/5312.jpg。<LatLonBox>节点，指出了图片加载的位置。

```
<?xml version="1.0" encoding="UTF-8"?>
<kml xmlns="http://www.opengis.net/kml/2.2"
xmlns:gx="http://www.google.com/kml/ext/2.2">
    <Document>
        <GroundOverlay>
            <Icon>
                <href>
http://geopw.whu.edu.cn:8080/FileLoad/data/5312.jpg</href>
            </Icon>
            <altitudeMode>clampToGround</altitudeMode>
            <LatLonBox>
                <north>30.0165</north>
                <south>28.2563</south>
                <east>115.3701</east>
                <west>117.3650</west>
            </LatLonBox>
        </GroundOverlay>
    </Document>
</kml>
```

图 6.10　KML 实例图

第 7 章　空间信息处理服务

空间数据共享与服务的研究经过多年的发展，已较为成熟，目前已有的网络地理信息系统相关著作也多有介绍，而空间信息处理功能的共享与互操作的介绍较为少见。本章将对空间信息处理服务规范和实现进行较为详细的介绍。

7.1　空间信息处理服务规范

7.1.1　WPS 简介

在网络环境下进行空间信息处理，需要提供各种不同粒度的空间信息处理功能服务，支持地理信息处理的原子操作以及复杂的建模能力。以规范的方式来调用这些功能，对于减少编程量和方便新功能服务的实现和使用十分重要。为此，OGC 组织制定了空间信息处理服务的标准规范（Web Processing Service，WPS），以标准化的方式在网络上共享空间信息处理功能（Schut，2007）。WPS 主要用来处理空间数据，实现通过网络向客户端提供地理数据的处理服务，使客户无需安装桌面软件就能实现相关的处理功能。

WPS 定义一个标准的接口来帮助实现地理进程发布和绑定进程与客户端。“进程”包括任何能够操作空间数据的算法、计算或模型。“发布”意思是提供机器可读的绑定信息和人们可读的元数据信息以便服务的发现和使用。

一个 WPS 可以被配置提供任何功能的 GIS 空间数据处理功能。这些功能既可以是简单的加减运算，也可以是复杂的计算模型，例如全球气候变化模型。WPS 所需的数据可以通过网络传输或放置在 WPS 服务器上，这些数据可以是影像格式数据或者遵循数据交换标准的数据格式，如 GML。WPS 既可以处理矢量数据又可以处理栅格数据。

WPS 规范允许服务提供者公开网络可以访问的空间信息处理进程，例如多边形求交处理进程，支持客户端输入数据，以及在对内部处理进程不了解的情况下执行进程操作。WPS 接口对进程及其输入和输出数据的描述方式，客户端如何请求执行一个进程，以及一个进程执行完后的输出结果如何处理等进行标准化。由于 WPS 提供了一个通用的接口，它可以被用来包装其他现有的和将要提供的空间信息处理功能服务，例如 OGC 网络坐标转换服务（Web Coordinate Transformation Service，WCTS）。

1. WPS 的基本性质

WPS 是一个通用的接口，它不能识别任何具体的进程。每个 WPS 在具体实现时才会定义它所支持的进程以及进程关联的输入和输出。WPS 是一个网络服务的抽象模型，需要发展应用纲要（Profile）来支持应用，并且对纲要进行标准化来支持互操作。这就类似其他 OGC 规范 GML 和目录服务规范 CAT 等，都是通过发展、发布和采用纲要文件来定义抽象规范的具体使用。

WPS 发现和绑定机制遵循 OGC 服务规范模型，定义了一个 GetCapabilities 操作，请求基于 HTTP Get 和 Post。WPS 不仅仅只是描述服务的接口，还指定了请求响应接口如何实现：

- 进程执行请求的编码；
- 进程执行返回的编码；
- 在进程执行的输入/输出中如何嵌入数据和元数据；
- 如何引用网络可以访问的输入/输出数据；
- 支持长时间运行进程；
- 返回进程状态信息；
- 返回进程错误信息；
- 进程输出数据的存储。

2. WPS 的中间件特性

WPS 规定了两种输入数据的方法：数据既可以被嵌在执行的请求中，也可以通过引用链接到网络可以访问的资源。在前者中，WPS 充当一个独立的服务；后者中，WPS 充当数据的中间件服务，从外部资源获得数据以在本地运行进程。

WPS 允许对已经存在的软件接口进行包装并在网络上发布，因此 WPS 的实现可以认为是软件的中间件。

3. WPS 应用纲要

WPS 规范允许服务开发商在进行网络开发时重用代码，便于网络应用程序开发人员的理解。但是，完全自动化的交互还有赖于标准化的 WPS 纲要实现。WPS 应用纲要与实际应用的处理进程相结合，支持互操作客户端行为的优化和发布/寻找/绑定模式。为了实现深层次的互操作性，每个进程应该在应用纲要中规范化。

一个 WPS 应用纲要文件描述了怎样配置 WPS 来服务于 OGC 识别的进程。应用纲要的内容包括：

- 能够唯一识别该进程的一个 OGC 的统一资源名称（Universal Resource Name，URN）（强制性）；
- 对于该进程的 DescribeProcess 请求的一个参考响应（强制性）；
- 一个可读的描述进程和它的执行的文档（可选但推荐使用）；
- 进程的 WSDL 描述（可选）。

网络注册服务可以使用 WPS 应用纲要来维护服务实例的元数据信息以支持搜索。

空间信息基础设施可以通过指定一个语义清晰的进程库来建立空间信息处理网。每个进程通过 URN 来识别，一个 WPS 应用纲要定义了进程库中的每个唯一的进程，并且每个 WPS 实例参照这个 URN。这种方法有助于支持语义驱动的服务发现。

4. WPS 与服务链

一个 WPS 进程通常执行一个特定的地理计算的原子功能，而将 WPS 进程链接在一起有助于生成可以复用的工作流。WPS 进程可以通过几种方法合并成服务链：

（1）可以使用一个 BPEL 引擎来编制包括一个或多个 WPS 进程的服务链。

（2）可以设计一个 WPS 进程去调用一系列的网络服务，包括其他的 WPS 进程。该 WPS 进程担当了服务链引擎的角色。

（3）可以将简单的服务链编码为执行请求的一部分，这种级联式的服务链可以通过 HTTP Get 请求执行。例如图 7.1 所示，PointInPolygonJoinWPS 进程的数据输入 PointFeatures 来自 WFS 请求的返回结果，数据输入 PolygonFeatures 来自一个 WPS 缓冲区分析的执行结果（Stollberg 和 Zipf，2007）。

```
http://localhost:8080/wps?
request=Execute&
service=WPS&
version=0.4.0&
Identifier=PointInPolygonJoin&
DataInputs=
PointFeatures,
http://localhost:1979/geoserver/wfs?
service=wfs&
version=1.0.0&
request=GetFeature&
typename=os:buildings_of_special_interest,
PolygonFeatures,
http://localhost:8080/wps?
request=Execute&
service=WPS&
version=0.4.0&
Identifier=Buffer&
DataInputs=InputGeometry,http://localhost:8080/bombloca
tion.gml,
BufferDistance,1000
```

图 7.1　使用 HTTP Get 的 WPS 服务链请求

5. WPS 与 SOAP/WSDL

WPS 可以实现与 SOAP/WSDL 兼容。SOAP 可以对 WPS 的请求和返回进行封装。SOAP 标准没有定义 Body 元素的内容（即 payload），因为这是具体服务业务逻辑的内容。针对 WPS 而言，payload 的内容就是 WPS 的输入输出定义。由于 Payload 中公有的元素在 WPS 规范中已经定义，这样开发新的空间信息处理服务的工作就得以简化。采用 SOAP 对 WPS 请求进行封装能够增加网络空间信息处理中的安全认证和加密功能。WPS 也可以支持 WSDL 描述。WPS 通过其基本操作能够发布比 WSDL 更多的元数据内容，而 WSDL 则在信息领域得到广泛支持。

7.1.2 WPS 基本操作

在 WPS 中，客户端和服务器采用基于 XML 的通信方式，在 WPS 接口中定义了三个主要操作，用于向客户端提供服务详细信息、查询部署在服务器上的进程描述和执行进程。这三个操作分别是：GetCapabilities、DescribeProcess 和 Execute。

7.1.2.1 GetCapabilities 操作

GetCapabilities 操作允许客户端从服务器中检索元数据，使客户端通过请求获得描述具体信息的元数据文档，该文档包括所有可执行的进程简要的元数据信息描述。WPS 规范中规定了对 GetCapabilities 操作的请求参数包括必选参数和可选参数，必选参数必须在客户端请求时赋值，并且用户在发送请求时要交由服务器端验证，可选参数则可以根据需要确定每个具体的 WPS 是否包含该参数。WPS 规范中规定 GetCapabilities 操作的必选参数有 service 和 Request，可选参数有 AcceptionVersions 和 language。各参数实现的具体原则可见表 7.1。

表 7.1　**WPS 规范中 GetCapabilities 请求参数内容**

参数名称	参数个数	客户端实现	服务器端实现
Service	1 个（强制实现参数）	每个参数都应该被赋予指定值并被所有客户端支持	WPS 服务器实现每个参数，并检测每个参数接收到指定的参数值
Request	1 个（强制实现参数）		
AcceptVersions	0 个或 1 个（可选实现参数）	应该被赋予指定值并被所有的客户端支持	WPS 服务器实现支持该参数，并检测参数是否接收到指定参数值
Language	0 个或 1 个（可选实现参数）	应该被所有的客户端支持	支持多语言的 WPS 服务器应该实现支持

OGCWPS 规范中指定所有的 WPS 服务必须用 KVP 代码实现 GetCapabilities 操作请求，即实现 HTTP Get 请求。可以选择用 XML 编码的方式通过 HTTP Post 方法执行 GetCapabilities 请求。

对于 GetCapabilities 操作，其响应文档为处理服务的元数据。对处理服务的基本信息的描述通常采用 XML 文档的形式，包括服务版本、服务提供者、操作接口的元数据说明、提供的处理服务标识等内容。其中，ServiceIdentification、ServiceProvider、OperationsMetadata、ProcessOfferings 四部分构成了能力描述文档的主要部分，说明见表 7.2。

表 7.2　　**GetCapabilities 响应能力描述文档的主要部分**

节点名称	内容
ServiceIdentification	具体的服务元数据信息，遵循所有 OGC 网络服务的模式
ServiceProvider	提供这些服务的机构元数据信息，遵循所有 OGC 网络服务的模式
OperationsMetadata	服务包含的具体操作元数据信息，包括操作名称，操作请求的 URL；服务中必须实现 GetCapabilities、DescribeProcess、Execute 三个操作
ProcessOfferings	提供的所有处理服务列表，对各处理服务进行简单描述

7.1.2.2　DescribeProcess 操作

DescribeProcess 操作使客户通过请求获得进程的详细信息，包括输入、输出参数和格式等。WPS 规范规定了 DescribeProcess 请求参数中必选参数包括服务的版本号、服务的名称、服务类型等，可选参数有服务的唯一标识、调用服务的语言编码等，各参数的具体数据情况见表 7.3。

表 7.3　　**DescribeProcess 请求参数内容**

参数名称	参数定义	数据类型和值	使用
service	服务类型标识	字符串类型，值为“WPS”	1 个（强制实现参数）
request	操作名称	字符串类型，值为“DescribeProcess”	1 个（强制实现参数）
version	操作的具体版本号	非空字符串类型，具体的值由每个 WPS 实现规范和模式的版本号确定	1 个（强制实现参数）
Language	语言标识	字符串类型	0 个或 1 个（强可选）
Identifier	具体处理进程的标识符	非空字符串类型，值为元数据文档中 ProcessOfferings 模块的某一具体进程的标识符	0 个或多个（强制实现参数），一个处理服务对应一个标识符

OGC WPS 规范中强制要求 WPS 服务提供 KVP 编码的方式实现 DescribeProcess 操作请求，并可选择通过 XML 编码方式执行该请求。

DescribeProcess 接口响应文档是对具体的某个处理进程的详细描述。用户通过 GetCapabilities 响应文档的<Process>列表获取所有服务的元数据信息后，就可以根据处理进程的 Identifier 获取进程具体的描述信息。

OGC WPS 规范规定 DescribeProcess 接口的响应文档同样是以 XML 的形式编码的，

该文档中包含了服务的唯一标识符、标题、输入数据信息、服务的输出等必选参数以及服务的版本号、返回数据的存储状态等可选参数。由于 WPS 的新版本规范尚在更新修改中，表 7.4 列出一些主要参数的介绍。

表 7.4　**DescribeProcess 请求响应文档部分参数介绍**

参数名称	参数含义	参数个数	参数类型和值
Identifier	该处理进程在 WPS 服务器中的唯一标识符	1 个（强制实现参数）	ows：CodeType
Title	处理进程的标题	1 个（强制实现参数）	字符类型
Abstract	对该处理进程的功能的简要说明，便于用户准确地找到自己所需要的处理进程	0 个或 1 个（可选实现参数）	字符类型
Metadata	处理进程涉及的元数据信息	1 个（强制实现参数）	ows：Metadata
Process Version	处理进程的版本号	0 个或 1 个（可选实现参数）	ows：VersionType
DataInputs	请求需要的输入参数列表	0 个或 1 个（可选实现参数）	DataInputs 数据结构
ProcessOutputs	执行该处理进程后输出数据列表	1 个（强制实现参数）	ProcessOutputs 数据结构
storeSupported	表示该处理进程是否支持将处理结果存储在远程服务器中	0 个或 1 个（可选实现参数）	布尔数据类型，默认情况下是 false
statusSupported	表示是否提供处理状态信息的返回	0 个或 1 个（可选实现参数）	布尔数据类型，默认情况下是 false

对于一个 DescribeProcess 操作请求的响应文档遵循进程描述数据结构，包括一个或多个请求的进程描述。每个进程描述包括进程的元数据、输入和输出参数的描述信息。每个进程可以有多个输入和输出参数。

每个参数都通过数据结构来描述，指定可用的格式、编码和计量单位。输入参数的数据格式有下列三种方式：

（1）“ComplexData”数据类型。该数据类型用来表达 XML 文档或图片，或者 mimetype类型、encoding 类型和 schema 类型的混合类型。这种复杂的数据结构既可以嵌入在执行操作请求中，也可以通过网络 URL 在请求中引用。

（2）“LiteralData”数据类型。该类型用于描述数值、默认值及有计量单位的值。

（3）“BoundingBoxData”数据类型。该类型用于描述具有参考系统的矩形数据。

对于输出参数，OGC 标准也规定了三种数据类型：ComplexOutput、LiteralOutput 和 BoundingBoxOutput。

7.1.2.3　Execute 操作

Execute 操作允许 WPS 客户端提供输入参数值，然后在服务器端运行指定的进程，并返回输出结果。输入数据可以直接被包含在执行的请求文件中，也可以是网络可访问的资源。输出结果可以 XML 文档的形式返回，该文档可以嵌入在响应文档中，或者存储为网络可访问的资源。如果输出结果被存储，返回的响应文档中应该包含输出结果的存储地址，客户端可以通过该地址下载结果。对于单一的输出，服务器可以选择直接返回结果，而不需要采用 XML 响应文档的形式对结果进行封装。

通常响应文档仅仅在进程执行完成后返回。但是，客户端可以命令服务器在接受执行请求后马上返回执行的响应文档。在该情况下，执行响应包括一个 URL，这个 URL 能够使客户端在进程执行期间和完成后获取响应文档。进程没有结束时，服务器可以定期地提供进程执行的进度信息。这就允许客户端通过查询这个 URL 来获得进程状态。图 7.2 中的例子说明了其是怎样工作的。

GetCapabilities 接口响应文档和 DescribeProcess 接口的响应文档都是服务的发布者定义的，而 Execute 请求文档则需要服务的请求者利用 DescribeProcess 接口返回的信息来确定参数内容，然后编辑 Execute 请求文档，该请求文档也是以 XML 的形式发送给服务器。

WPS 规范中指定 Execute 请求文档中必选参数包含 service、request、version、Identifier 等参数，可选参数有 DataInputs、store 等，各参数的具体内容可见表 7.5。

表 7.5　**Execute 请求参数内容**

参数名称	参数含义	参数类型和值	参数个数
service	服务类型标识符	非空字符串类型，值为“WPS”	1 个（强制实现参数）
request	操作名称	非空字符串类型，值为“Execute”	1 个（强制实现参数）
version	服务的版本号	非空字符串类型，由每个 WPS 实现规范和模式版本号确定，例如“0.4.0”	1 个（强制实现参数）
Identifier	具体处理进程的标识符	非空字符串类型，GetCapabilities 文档中定义的处理服务唯一标识符	1 个（强制实现参数）
store	输出数据是否远程存储在服务器端	布尔类型，默认情况下值为“false”	0 个或 1 个（可选实现参数）
DataInputs	处理进程的输入数据列表	DataInputs 数据结构	0 个或 1 个（可选实现参数）

对于执行 Execute 请求后返回的 XML 文档内容，WPS 规范也有严格的规定。必须实现的参数有：version、Identifier、Status 等，可选的参数有 DataInputs、OutputDefinitions、ProcessOutputs 等，具体说明见表 7.6。

表 7.6 **Execute 请求返回参数内容**

参数名称	参数含义	参数类型和值	参数个数
version	服务的版本号	非空字符串类型，由每个 WPS 实现规范和模式版本号确定，该处值应该为“0.4.0”	1 个（强制实现参数）
Identifier	具体处理进程的标识符	非空字符串类型，GetCapabilities 文档中定义的处理服务唯一标识符	1 个（强制实现参数）
DataInputs	处理进程的输入数据列表	DataInputs 数据结构	0 个或 1 个（可选实现参数）
OutputDefinitions	该处理进程的输出数据定义	OutputDefinitions 数据结构	0 个或 1 个（可选实现参数）
ProcessOutputs	执行该处理进程得到的输出数据列表	ProcessOutputs 数据结构	0 个或 1 个（可选实现参数）
Status	该处理服务的执行状况	Status 数据结构	1 个（必选实现参数）
status Location	该处理进程执行后返回文档的存储位置	URL 数据结构	0 个或 1 个（可选实现参数）

OGC WPS 规范制定后，得到了众多 GIS 相关机构的支持，目前遵循 OGC 规范的 WPS 产品有 52n WPS、Deegree WPS、Python WPS 以及 WPSint。

7.2 GeoPW 空间信息处理服务系统

7.2.1 GeoPW 简介

武汉大学测绘遥感信息工程国家重点实验室研发的地球空间信息处理服务系统（GeoPW）提供了一个空间信息处理网络服务平台，可以实现不同空间数据类型和格式的空间数据在线分析处理服务。它集成了网络服务技术、国际开放地理信息联盟 OGC 的网络处理服务互操作规范（WPS）和传统的 GIS 分析组件，实现了标准的网络处理服务规范 GetCapabilities，DescribeProcess，Execute 三个操作，可提供两种不同的底层算法分析处理——GeoStar 和 GRASS（Yue 等，2010）。

目前 GeoPW 已经提供了 100 多个在线地理空间分析处理功能，包括矢量空间分析、矢量几何操作、矢量网络分析、矢量数据处理、栅格空间分析、栅格数据处理、栅格计算、水文分析、地学统计等（图7.2）。

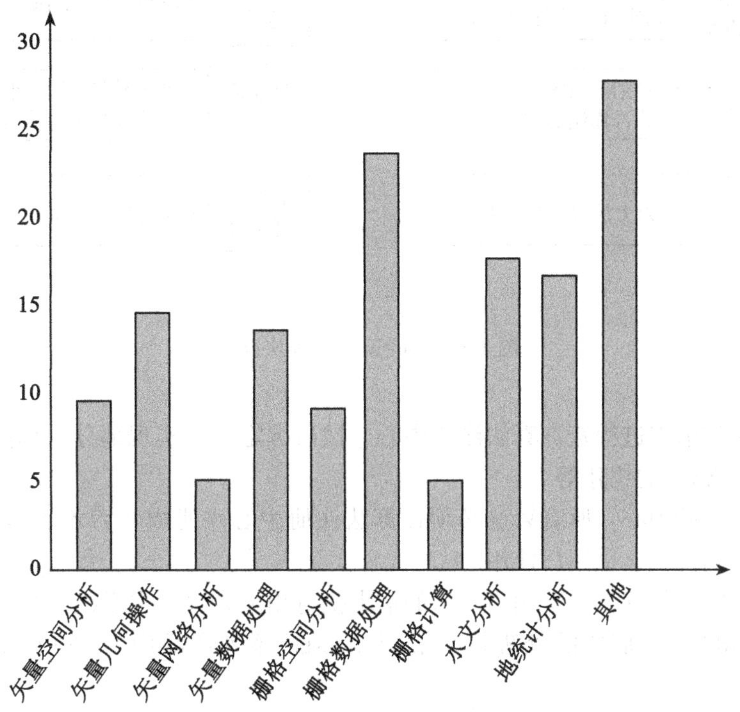

图7.2　GeoPW提供的空间信息处理服务

7.2.2　GeoPW设计与实现

GeoPW能够配置提供网络环境下地球空间信息分析处理功能，按照开放互操作规范以服务的形式发布出来，实现地球空间信息的在线处理、远程计算资源和处理功能的共享和互操作。通过对不同类型的地球空间信息分析处理功能的配置和服务，GeoPW为网络环境下地球空间信息处理功能的共享和集成提供了平台。

7.2.2.1　系统结构

从OGC WPS规范标准以及系统要实现的功能来考虑，可以将GeoPW的体系结构设计为三个层次：客户层、服务层和数据层，其体系结构示意图见图7.3。

最上层为客户层，是用户与服务器端连接的纽带。客户端可以是Web浏览器，也可以是类似于Udig的Web服务客户端。用户通过浏览器直接发送请求，或者通过Web服务的客户端调用服务层提供的服务。在服务处理完成后，用户通过客户端获取处理后的结果。

中间层为服务层，是整个系统的核心部分，控制服务的实现。该层主要包括三大部分：

- 处理引擎：控制整个WPS的服务流程。包括输入XML请求的解析、根据用户

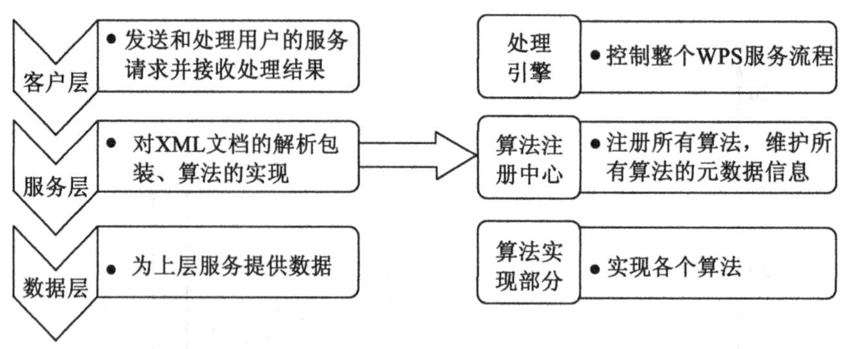

图 7.3　GeoPW 功能模块设计

发送的请求进程查询算法注册中心、然后绑定算法实现部分、算法调用、执行结果 XML 的构建等。

- 算法注册中心：所有算法必须在算法注册中心注册成功后才能作为 WPS 进程发布到网上，供用户使用。
- 算法实现部分：根据用户发送的请求执行相关算法。本系统中绑定的算法包括以 GRASS 为底层的处理算法和以 Geostar 系列产品中 GeoSurf 为底层的处理算法。

7.2.2.2　服务粒度

服务粒度就是指一个服务包含的功能大小，有粗粒度服务和细粒度服务之分。细粒度的服务（fine-grained）提供相对较小的功能单元，或交换较少量的数据。完成某个复杂的功能往往需要编制大量细粒度的服务，通过多次的服务请求交互才能实现。相反，粗粒度的服务（coarse-grained）则是在一个抽象的接口中封装了大块的业务/技术能力，减少服务请求交互的次数，可以提高服务的效率，但不能灵活更改以适应需求的变化。因此，GeoPW 中服务粒度的设计需要从以下三个方面权衡考虑：

（1）重用性。重用性就是指服务能够应用于不同上下文的能力，通过重用可以降低开发维护成本，缩短应用交付周期，提升服务质量等。粒度的大小直接影响到服务的可重用性，细粒度的服务更容易被重用。因为随着粒度的增加，更多的上下文信息和业务规范被嵌入到业务逻辑中，服务变得具有特定的业务意义。

（2）灵活性。灵活性是指能够容易因情形作出改变的能力。细粒度的服务可以更容易地组装，为业务流程的改变提供更大的灵活性。但是，灵活性太大将会导致大量的细粒度服务，从而带来昂贵的开发成本，维护也因此变得更困难。因此，必须要同时考虑到业务流程的灵活性和后台服务的良好组织，选择适中粒度的服务。

（3）性能。性能也就是指服务执行的效率，服务粒度越粗，意味着包含的功能越多，其业务逻辑也会越复杂，网络延迟就会增加，从而影响到和客户端的交互。而服务粒度越细，虽然单个服务的执行效率很高，但是完成某一项业务任务所需要调用的服务次数很多，而且服务都是远程调用的，从而会大大增加性能开销。因此，为了保证服务的性能可控，一方面需要限制服务调用的次数和复杂度，即粒度不能太细；另一方面需要限制服务包含的功能范围和复杂度，即服务粒度不能太粗。需要二者折中妥协。

网络处理服务中各原子服务都是独立的模块，它们可以独立地发布到网上，并被用户动态调用，也可以和其他的原子服务组合，形成服务链，来实现复杂的空间信息处理操作。如果原子服务实现的功能太细，则需要提供很多个原子服务组合成服务链，来实现复杂的模型；如果原子服务实现的功能太多，又会导致各模块不易于组合，服务的灵活性、可重用性和易用性都会大打折扣。

怎样如何做到对服务粒度的合理划分呢？为了解决这一问题，GeoPW 借助了 ArcGIS 及 GRASS 对 GIS 处理功能的划分标准。Arc GIS 作为应用最为广泛的商业 GIS 软件，提供了较常用的 200 多个空间处理功能，这些功能被划分为 20 多个大类。GRASS 是一款比较有影响力的开源 GIS 软件，它提供的矢量分析和栅格分析两类服务包含了 100 多个地理信息处理命令。这两款软件在 GIS 功能粒度的划分上具有一定的代表性，其提供的功能模块基本上能方便地满足用户的各种 GIS 数据处理需求，所以其能够为原子服务的粒度划分提供参考。

7.2.2.3　软件复用

传统的桌面 GIS 软件已经实现了很多的分析功能，并且这些功能是可以重复利用的。如果每个功能在封装服务时，都重新编写服务组件，会造成不必要的冗余。通常，同一个 GIS 软件的处理算法共享相同的运行环境，例如相同的数据管理、数据操作方式、环境变量的设置等。进行服务的封装时，如果对一个 GIS 软件的某个分析算法实现了封装，封装流程实际上同时为该软件的其他空间信息处理功能算法提供了一个服务封装框架。为了提高编程的效率，便于程序的维护，从软件设计的角度考虑，可以对同一 GIS 软件提供的众多分析算法功能使用同一套框架，而将与单个算法相关的细节通过配置文件或继承子类来实现，体现了软件设计模式里模板方法（Template Method）的理念。

以 GRASS 为例，GRASS 通过命令行来实现各种 GIS 分析处理操作。本系统中采用配置文件的方式来实现以 GRASS 为底层的服务。每个算法通过 XML 脚本写到一个单独的配置文件中，然后提供一个统一的框架类来读取配置文件，自动生成进程调用对应的命令行脚本，实现算法的调用。这种通过读取配置文件来实现算法的方法，可以大大提高开发效率，避免了代码的冗余，并且降低了二次开发的难度。服务提供者不需要再修改代码，只要知道某个算法在 GRASS 中是如何操作的，通过建立相应的配置文件，就能提供新的空间信息处理进程。

7.2.3　GeoPW 示例

7.2.3.1　GetCapabilities

根据表 7.2 中对 GetCapabilities 请求的响应文档内容的规定，GetCapabilities 响应文档的根元素为<Capabilities>，其下的子元素<ows：ServiceIdentification>中包含了服务的基本元数据信息：如服务的名称、服务的类型、服务类型的版本号等内容。接着<ows：ServiceProvider>提供了服务提供者的基本信息，包括服务提供者的名称、地址等内容。

<ProcessOfferings>提供该 WPS 的所有处理服务的元数据信息，即<Process>列表。<Process>元素是 GetCapabilities 响应文档的重要组成部分，用户可以通过它了解到该 WPS 中提供了哪些处理服务。<Process>元素里的<ows：Identifier>表示的是各个处理服务的 Identifier。<ows：OperationMetadata>则对操作接口的信息进行了描述，分别指出了三个接口的名称、发送请求的方式以及请求地址。<ows：Operation name>说明接口的名称，<ows：Get xlink：href >说明发送 Get 请求的地址，<ows：Post xlink：href>说明发送 Post 请求的地址，其数据结构如图 7.4 所示。

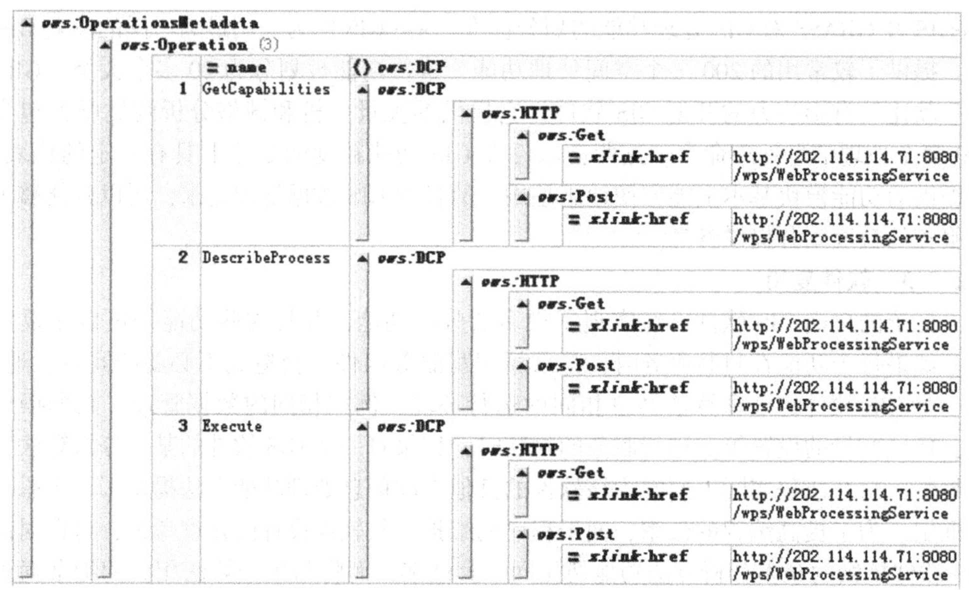

图 7.4 OperationMetadata 数据结构图

具体的 GetCapabilities 响应文档可以如下：

```
<? xml version="1.0" encoding="UTF-8"? > //XML 版本和编码方式
<Capabilities version="0.4.0"
xsi:schemaLocation="http://www.opengeospatial.net/wps ..\wpsGetCapabilities.xsd"
xmlns = " http://www. opengeospatial. net/wps" xmlns: xlink = " http://www. w3. org/1999/
xlink"
xmlns:ows="http://www.opengeospatial.net/ows"
xmlns:xsi="http://www.w3.org/2001/XMLSchema-instance">
    <ows:ServiceIdentification> //服务元数据信息
        <ows:Title> WPS </ows:Title> //服务标题
        <ows:Abstract> WPS </ows:Abstract> //服务概要
        <ows:Keywords>
            <ows:Keyword> LIESMARS , WHU , Processes </ows:Keyword> //关键字
```

```
    </ows:Keywords>
    <ows:OnlineResource>http://www.lmars.whu.edu.cn</ows:OnlineResource>//服务资源的网络地址
    <ows:ServiceType>WPS</ows:ServiceType> //服务类型
    <ows:ServiceTypeVersion> 0.4.0 </ows:ServiceTypeVersion> //服务类型的版本号
</ows:ServiceIdentification>
<ows:ServiceProvider> //服务提供者
    <ows:ProviderName> LIESMARS , WHU </ows:ProviderName> //服务提供者名称
    <ows:ServiceContact>
        <ows:IndividualName/>
        <ows:PositionName/>
        <ows:ContactInfo>
            <ows:Address> //服务提供者地址
                <ows:City> Wuhan </ows:City>
                <ows:Country> China </ows:Country>
                <ows:ElectronicMailAddress/>
          </ows:Address>
      </ows:ContactInfo>
  </ows:ServiceContact>
</ows:ServiceProvider>
<ows:OperationsMetadata> //服务提供的操作元数据信息
    <ows:Operation name="GetCapabilities"> //操作名
      <ows:DCP>
        <ows:HTTP>
          <ows:Get
xlink:href="http://202.114.114.71:8080/wps/WebProcessingService"/> //Get 请求地址
                        <ows:Post
xlink:href="http://202.114.114.71:8080/wps/WebProcessingService"/> //Post 请求地址
                <ows:HTTP>
            </ows:DCP>
        </ows:Operation>
        <ows:Operation name="DescribeProcess">
            <ows:DCP>
              <ows:HTTP>
                <ows:Get
xlink:href="http://202.114.114.71:8080/wps/WebProcessingService"/>
                <ows:Post
xlink:href="http://202.114.114.71:8080/wps/WebProcessingService"/>
```

```
                </ows:HTTP>
            </ows:DCP>
        </ows:Operation>
        <ows:Operation name="Execute">
            <ows:DCP>
                <ows:HTTP>
                    <ows:Get
xlink:href="http://202.114.114.71:8080/wps/WebProcessingService"/>
                    <ows:Post
xlink:href="http://202.114.114.71:8080/wps/WebProcessingService"/>
                </ows:HTTP>
            </ows:DCP>
        </ows:Operation>
    </ows:OperationsMetadata>
    <ProcessOfferings> //实现的处理服务列表
        <Process>
            <ows:Identifier> GeoBufferProcess </ows:Identifier> //处理服务标识符
        </Process>
        <Process>
            <ows:Identifier> GeoOverlayProcess </ows:Identifier> //处理服务标识符
        </Process>
    </ProcessOfferings>
</Capabilities>
```

7.2.3.2 DescribeProcess

根据表 7.4 中给出的 DescribeProcess 请求响应文档的参数内容，该文档的根元素可以设定为<wps:ProcessDescriptions>，<wps:ProcessDescriptions>根元素可以包含若干个<wps:ProcessDescription>子元素，通常指定每个<Process>的元数据信息对应一个<wps:ProcessDescription>元素。<wps:ProcessDescription>元素包含了一个处理服务完整的元数据信息及输出输出参数情况，其数据结构图如图 7.5 所示。

其中，<wps:DataInputs>元素是对该处理服务输入参数信息的描述。用户可以不指定输入参数，也可以指定一个或多个输入参数，根据处理服务的具体情况来确定。输入参数的详细信息可以通过<wps:Input>列表来表示，其数据结构如图 7.6 所示。其中<ows:Identifier>表示输入参数的唯一标识符。<ows:Title>表示输入参数的名称。<ows:Abstract>简要说明输入参数在处理服务中的作用。<wps:ComplexData>表示该输入数据的数据类型是 ComplexData，defalutFormat 属性表示输入的数据可以是 text、XML 等格式，defaultSchema 属性指定了该类型的定义文档。<wps:MinimumOccurs>值为“1”表示这个参数是一个必选参数。

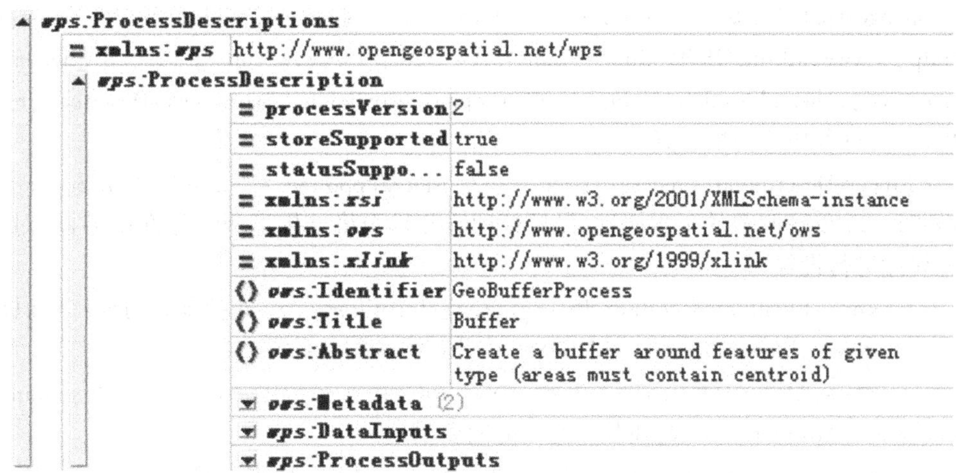

图 7.5　ProcessDescription 元素数据结构图

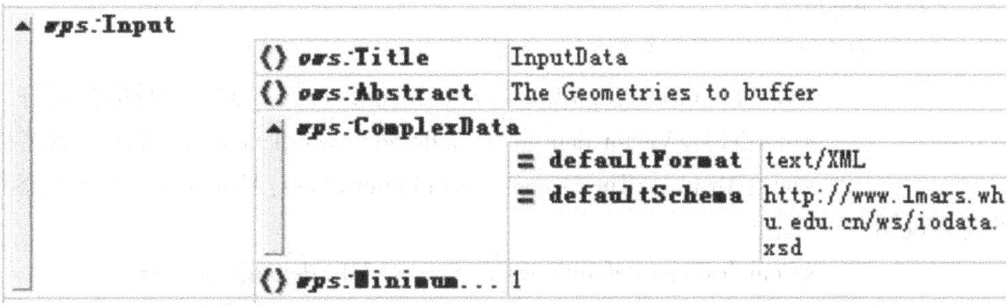

wps:Input
ows:Title InputData
ows:Abstract The Geometries to buffer
wps:ComplexData
defaultFormat text/XML
defaultSchema http://www.lmars.whu.edu.cn/ws/iodata.xsd
wps:Minimum... 1

图 7.6　输入数据结构图

<wps:Input>元素的输入参数有三种类型可供选择：ComplexData、LiteralData、BoundingBoxData。ComplexData 类型表示输入数据为 XML 文档或者图像，也可以为 mimetype类型、encoding 类型以及 schema 类型之一或者三者的混合类型。这种复杂的数据结构既可以在执行操作请求时直接编码，也可以通过网络 URL 来获取数据。LiteralData 用于描述默认值、有计量单位的值或者其他数值型数据。BoundingBoxData 用于描述具有坐标参考系统的矩形数据。

<wps:ProcessOutputs>元素定义了处理服务所能提供的输出数据的信息，输出数据可以是一个或者多个，根据具体情况而定。输出数据的详细信息通过<wps:Output>列表来表示，包括输出数据的标识符、输出数据标题以及输出数据类型等内容。与输入数据的三种数据类型相似，WPS 规范也指定了三种输出数据类型，分别为：ComplexOutput、LiteralOutput、BoudingBoxOutput。

下面以缓冲区处理服务为例，具体分析 DescribeProcess 接口响应文档的结构：

```
<? xml version="1.0"? >
```

```
<ProcessDescriptions xmlns=" http://www.opengeospatial.net/wps" xmlns:wps=" http://www.opengeospatial.net/wps" xmlns:ows=" http://www.opengeospatial.net/ows" xmlns:xlink=" http://www.w3.org/1999/xlink" xmlns:xsi=" http://www.w3.org/2001/XML Schema-instance" xsi:schemaLocation=" http://www.opengeospatial.net/wps..\wpsDescribe Process.xsd"> //进程描述的根元素
    <ProcessDescription processVersion=" 2" storeSupported=" true" statusSupported="false"> //处理服务的版本属性、设置处理服务是否将结果远程存储在服务器、对状态信息属性进行设置
        <ows:Identifier>GeoBufferProcess</ows:Identifier> //处理服务的唯一标识符
        <ows:Title>Buffer</ows:Title> //处理服务的名称
        <ows:Abstract>Create a buffer around features of given type(areas must contain centroid)</ows:Abstract> //处理服务的功能简要描述
        <ows:Metadata xlink:title="spatial" /> //相关元数据信息
        <ows:Metadata xlink:title="buffer" /> //相关元数据信息
<! —输入参数信息-->
        <DataInputs>
            <Input> //输入参数
                <ows:Identifier>InputData</ows:Identifier> //输入参数的标识符
                <ows:Title>Vector data to be buffered</ows:Title> //输入参数名称
                <ows:Abstract>The Geometries to buffer</ows:Abstract> //输入参数用途的简要说明
                <ComplexData defaultFormat="text/XML" defaultSchema=
"http://www.lmars.whu.edu.cn/ws/iodata.xsd"/> //输入参数类型为ComplexData,用户必须按照规定输入指定类型的参数值
                <MinimumOccurs>1</MinimumOccurs> //MinimumOccurs 值为 1 时,表示用户必须输入该参数值
            </Input>
            <Input>
                <ows:Identifier>Width</ows:Identifier> //输入参数的标识符
                <ows:Title>Buffer Distance</ows:Title> //输入参数的名称
                <LiteralData> //输入参数的类型为 LiteraData
                <ows:DataType ows:reference="xs:double"></ows:DataType> //输入参数的值必须是 double 型的数值
                    <ows:AllowedValues>
                        <ows:Value></ows:Value> //参数值不是默认值,用户可以根据需要来确定
                    </ows:AllowedValues>
                </LiteralData>
```

```
          <MinimumOccurs>1</MinimumOccurs>  //表示该参数为必选参数
      </Input>
      <Input>
          <ows:Identifier>OutputFormat</ows:Identifier>  //输入参数
          <ows:Title>Output File Format</ows:Title>  //指定输出数据的格式
          <ows:Abstract>File format for output data</ows:Abstract>
          <LiteralData>
              <ows:DataType ows:reference="xs:string"></ows:DataType>  //输入参数值是 string 类型的
          </LiteralData>
          <MinimumOccurs>0</MinimumOccurs>  //用户可以不设置该参数值,当用户没有设置该参数值时,采用系统默认值
          <MaximumOccurs>1</MaximumOccurs>
      </Input>
   </DataInputs>
<! —输入参数-->
   <ProcessOutputs>
      <Output>
          <ows:Identifier>OutputData</ows:Identifier>  //输出参数标识符
          <ows:Title>Buffered Polygon</ows:Title>  //输出参数名称
          <ComplexOutput defaultFormat="text/XML" defaultSchema=
"http://www.lmars.whu.edu.cn/ws/iodata.xsd">  //输出参数数据类型为 ComplexOutput,并指定了输出参数形式和该类型的定义文档
          </ComplexOutput>
      </Output>
    </ProcessOutputs>
  </ProcessDescription>
</ProcessDescriptions>
```

用户根据处理服务的详细描述文档就可以确定服务的详细信息，编辑处理操作的 XML 文档，向 Execute 接口发送请求，调用该处理服务。

7.2.3.3 Execute

根据表 7.5 中给出 Execute 请求参数的内容，本书指定 Execute 请求文档的根元素为<Execute>，根元素下共包括三个子元素，其数据结构如图 7.7 所示。<ows:Identifier>是处理服务的唯一标识符，指定要执行哪个处理服务。<DataInputs>元素指定执行该处理服务所需的所有参数值，输入参数值可能是一个也可能是多个，根据服务的详细描述信息来确定，可以通过<Input>列表为各参数赋值。<OutputDefinitions>元素指定处理服务的输出，根据服务的详细信息描述文档来确定输出参数的个数，并通过<Output>列表指定各输出参数。

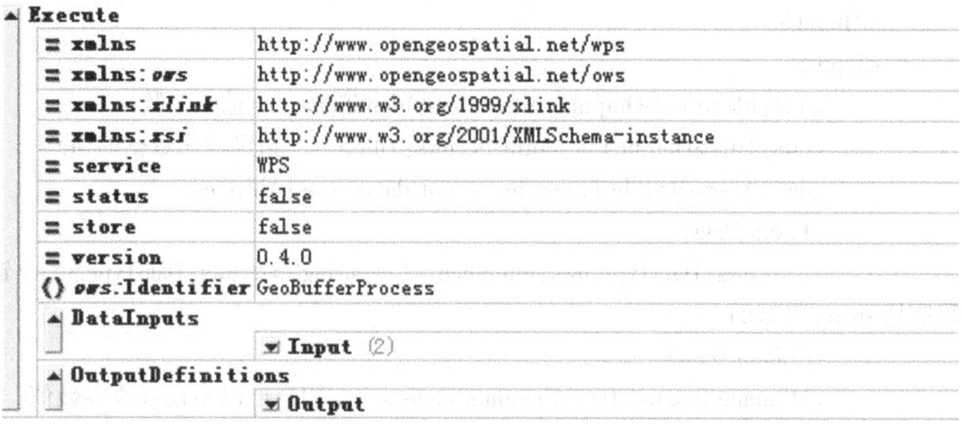

Execute	
= xmlns	http://www.opengeospatial.net/wps
= xmlns:ows	http://www.opengeospatial.net/ows
= xmlns:xlink	http://www.w3.org/1999/xlink
= xmlns:xsi	http://www.w3.org/2001/XMLSchema-instance
= service	WPS
= status	false
= store	false
= version	0.4.0
() ows:Identifier	GeoBufferProcess
DataInputs	
	Input (2)
OutputDefinitions	
	Output

图 7.7　Execute 请求数据结构图

用户可以根据 DescribeProcess 接口响应文档的具体描述信息以及 WPS 规范中对 Execute请求参数内容的规定，编辑 XML 文档，发送请求到 Execute 接口，就可以调用指定的处理服务，对空间信息进行处理。

根据表 7.6 给定的 Execute 请求返回参数的内容，本文将该返回的 XML 文档根元素定义为<wps：ExecuteResponse>，该根元素下包含 5 个子元素：<ows：Identifier>表示该处理服务的标识符；<wps：Status>指出该处理服务的执行状况；<wps：DataInputs>是对该处理服务的输入参数描述；<wps：OutputDefinitions>定义该处理服务的输出；<wps：ProcessOutputs>给出处理结果。具体的返回文档如下：

```
<? xml version="1.0" encoding="UTF-8"? >
<wps:ExecuteResponse xmlns:wps="http://www.opengeospatial.net/wps">
    <ows:Identifier xmlns:xsi="http://www.w3.org/2001/XMLSchema-instance" xmlns:ows=
"http://www.opengeospatial.net/ows" xmlns:xlink="http://www.w3.org/1999/xlink">
GeoBufferProcess</ows:Identifier> //处理服务唯一标识符
    <wps:Status>
        <wps:ProcessAccepted>This process was executed at: 2011-4-12
</wps:ProcessAccepted>   //服务的执行状态,如此处指出这个处理服务是在 2011 年 4
月 12 日执行,并在执行完成后返回该文档
    </wps:Status>
    <wps:DataInputs xmlns:xsi="http://www.w3.org/2001/XMLSchema-instance" xmlns:ows=
"http://www.opengeospatial.net/ows" xmlns:xlink="http://www.w3.org/1999/xlink">
        <wps:Input>
            <ows:Identifier>InputData</ows:Identifier>  //输入数据
            <ows:Title>Vector data to be buffered</ows:Title>
```

```
            <wps:ComplexValue schema=
"http://www.lmars.whu.edu.cn/ws/iodata.xsd">
                <ComplexDataValue xmlns="http://www.lmars.whu.edu.cn/ws"xmlns:gml=
"http://www.opengis.net/gml"  xmlns:ows=
"http://www.opengis.net/ows">
                    <Reference xlink:href=
"http://202.114.114.71:8080/wps/samples/longrive.zip">  //输入数据地址
                        <ows:Format>ESRI Shapefile</ows:Format>//输入数据格式
                    </Reference>
                </ComplexDataValue>
            </wps:ComplexValue>
        </wps:Input>
        <wps:Input>
            <ows:Identifier>Width</ows:Identifier>  //输入参数:Width
            <ows:Title>Buffer Distance</ows:Title>
            <wps:LiteralValue dataType="xs:double">150000</wps:LiteralValue>//设
定的缓冲半径
        </wps:Input>
    </wps:DataInputs>
    <wps:OutputDefinitions xmlns:xsi="http://www.w3.org/2001/XMLSchema-instance"
xmlns:ows="http://www.opengeospatial.net/ows"  xmlns:xlink=
"http://www.w3.org/1999/xlink">
        <wps:Output>
            <ows:Identifier>OutputData</ows:Identifier>  //设定的输出数据
        </wps:Output>
    </wps:OutputDefinitions>
    <wps:ProcessOutputs>
        <wps:Output>
            <ows:Identifier xmlns:ows=
"http://www.opengeospatial.net/ows">OutputData</ows:Identifier>
            <wps:ComplexValue>
                <ComplexDataValue xmlns="http://www.lmars.whu.edu.cn/ws"  xmlns:gml=
"http://www.opengis.net/gml"  xmlns:ows="http://www.opengis.net/ows"  xmlns:xlink=
"http://www.w3.org/1999/xlink"  xmlns:xsi="http://www.w3.org/2001/XMLSchema-instance">
```

```
                    <Reference
xlink:href="http://202.114.114.71:8080/temp/wps1302607518039.zip">//处理后的结果
                        <ows:Format>ESRI Shapefile</ows:Format>//处理后的结果
数据格式
                    </Reference>
                </ComplexDataValue>
            </wps:ComplexValue>
        </wps:Output>
    </wps:ProcessOutputs>
</wps:ExecuteResponse>
```

第 8 章　空间信息组合服务和分发服务

网络地理信息系统和服务集成可以分为两种：一种是以数据为中心的集成，例如地理信息的分发服务，整合电子商务、门户、元数据目录服务、数据服务等，提供地理信息数据产品或数据集的在线服务或离线分发；另一种是以处理为中心的集成，基于服务组合技术，将不同功能的空间信息处理服务发现和链接，支持地球空间信息处理流程服务模型的设计和实现。需要指出的是，这两种类型只是侧重点不同，随着空间信息服务应用的深入，在网络地理信息系统和服务集成中这两种方式基本上都有所涵盖。

8.1　服务组合

面向服务的体系结构里有四个基本操作：发布、发现、绑定及服务链的构建操作。在进行服务链的构建时，引进了一个信息领域的概念：服务组合。单个的原子服务提供的空间信息处理功能往往有限，无法满足用户的需求，在进行复杂的空间信息处理功能时往往会涉及多个不同功能的服务，这就需要进行服务的组合。

8.1.1　描述 Web 服务组合的方式

描述 Web 服务组合的方式有多种，最常用的是编制和编排（Peltz，2003）。

1. Web 服务编制

Web 服务编制（Web Service Orchestration，WSO）是为业务流程而进行 Web 服务合成的一种方法。Web 服务编制强调中心流程的概念，通过中心流程来控制总体的目标、涉及操作、服务执行顺序（如并行活动、条件分支逻辑等）等。这种方法是基于过程的服务组合方法，其主要以工作流的方式为主。目前有关 Web 服务编制的主要规范最常用的是 OASIS 提出的网络服务业务流程执行语言（Web Services Business Process Execution Language，BPEL）。

2. Web 服务编排

Web 服务编排（Web Service Choreography，WSC）是为业务协作而进行的 Web 服务合成。Web 服务编排通过各方描述自己如何与其他 Web 服务进行公共消息交换，各部分的资源都是对等的，不存在集中控制。每个服务都是单独的实体，有自己的行为方式，而不是通过中心机构，如工作流引擎来描述服务与服务之间的交换。资源间的交互都是通过消息的交互序列控制。这种方式的流程虽然避免了集中控制，但难以把握整个工作流程状态以及分析流程错误的原因。在 Web 服务编排中用得比较多的是 P2P 协同组合技术。

8.1.2 组合服务方法

在工业界中，组合服务方法主要是从工作流的角度来考虑的。现已成立了多个组织来制定相关的标准化规范。

- 工作流管理联盟（Workflow Management Coalition，WfMC）制定了 XPDL 和 Wf-XML标准。
- 国际结构化信息标准促进组织 OASIS 推出了 BPEL 以及 ebXML 规范。
- 对象管理组织（Object Management Group，简称 OMG）可以通过建模来描述自己的工作流，已经制定了 UML、BPML 以及 BPMN 规范。
- 国际万维网联盟 W3C 主要是在网络环境下提供分布式工作流所需要的基础标准，如 SOAP、WSDL 以及 XML 等。

工作流管理联盟 WfMC 是一个从事业务流程管理（Business Process Management，BPM）的全球使用者、开发者、咨询家、分析员和大学研究组织参与的非盈利性组织。WfMC 致力于建立工作流的参考模型和定义一套标准的工作流词汇。WfMC 术语表对工作流的定义为（WfMC，1999）：业务流程的全部或部分自动化，在此过程中，文档、信息或任务按照一定的过程规则流转，实现组织成员间的协调工作以达到业务的整体目标。工作流关注对业务流程的定义、实施、管理和监控。

一个业务流程（Business Process）是由通过控制流和数据流关联的过程和活动集组成。过程（Process）是对业务流程的形式化描述，过程又可以分解为一系列子过程和活动。活动（Activity）是过程执行中的工作单元，例如执行一个程序、实施某人工活动或机器运行、或者对另一过程的调用。控制流（Control Flow）在 GIS 领域可以理解为空间信息算法的组合控制等，这些算法可以是粗粒度也可以是细粒度的，粗粒度的算法可以分解为细粒度的算法组合。控制流定义了过程如何按照控制进行，它主要关注活动执行的顺序。数据流（Data Flow）关注的是数据在活动之间的交换，它定义了数据在过程中的传输。在空间信息领域，工作流可以理解为空间信息处理的流程，或归为科学工作流（Scientific Workflow）。

根据 WfMC 参考模型，所有的工作流管理系统一般都以提供以下三个主要功能为特征（图 8.1）（WfMC，1995）：

（1）构建阶段的功能：对工作流过程以及组成它的活动进行定义和建模；

（2）运行阶段的控制功能：对工作流运行进行管理，以及对每个工作流过程中的活动进行排序；

（3）运行阶段与用户和 IT 应用工具之间的交互作用。

工作流在 Web 应用程序开发中具有较大的优势，主要表现在：可以聚集分散的资源，生成动态的应用程序，促进组织之间的协作。还可以利用特定域的资源以提高吞吐量或减少执行代价。能够跨多个管理域执行以获取特定的处理能力，涉及管理工作流不同部分的多个组的集成。基于 Web 服务的工作流具有分布性、动态性、服务交互性、可视化设计及执行过程可监控等特性。

在学术界研究服务组合时，不少工作探讨服务的自动/半自动组合方法，这些方法

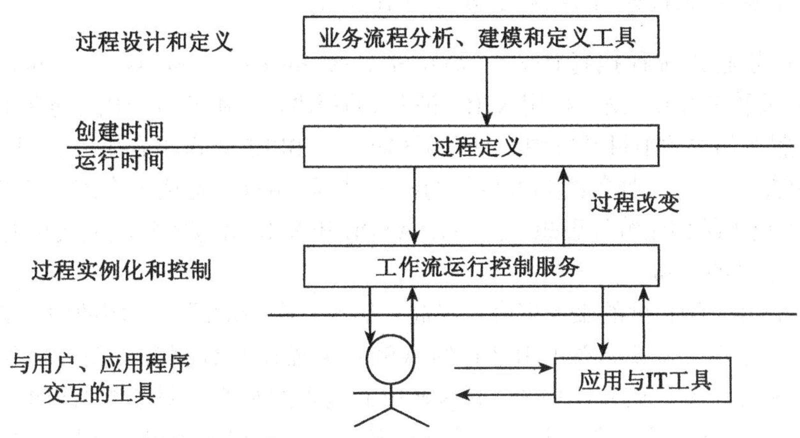

图 8.1　工作流管理系统功能图

一般涉及服务语义信息要明确、服务本体模型等。在组合模型的构建上可能采用专家系统、逻辑推理、人工智能等领域的方法。一些自动服务组合的典型方法见表 8.1。

表 8.1　　自动服务组合的典型例子

例子	服务描述	组合模型构建	规划模式	实现
SWORD（Ponnekanti 和 Fox，2002）	实体关系（Entity-Relation）模型	基于规则的专家系统	逻辑程序设计	Jess
Adapting Golog（McIlraith 等，2002）	DAML-S	Golog 情景演算（situation calculus）	逻辑程序设计	ConGolog 解释器
Petri Net（Narayanan and McIlraith，2002）	DAML-S	Petri 网	Petri 网可达性判定问题	N/A
Using SHOP2（Wu 等，2003）	DAML-S	层次任务网络规划方法 HTN	HTN	SHOP2
UMBC Planner（Sheshagiri 等，2003）	OWL-S	基于逻辑的定理证明	逻辑程序设计	Jess
Linear Logic-based（Rao 等，2004）	OWL-S	线性逻辑定理证明	逻辑程序设计	Jena
OWLS-Xplan（Klusch 等，2005）	OWL-S	Xplan	规划图	Xplan

8.1.3 网络服务业务流程执行语言（BPEL）

网络服务业务流程执行语言（Web Services Business Process Execution Language, WSBPEL）简称BPEL，是一种用XML编写的编程语言，用于自动化业务流程。广泛使用在Web服务相关的项目开发中，具有可移植性。BPEL可以组合服务进程，实现进程之间的交换，它定义了抽象的和可执行的两种进程。BPEL是从工作流的传统模型演变过来的，引用了结构化编程思想，然后在WSDL和XML规范的基础上实现的，是WSFL和XLANG融合的产物。

BPEL将几个细粒度的服务聚合在一起，形成一个新的服务，新的服务必然也需要服务的描述信息，这就定义了BPEL的WSDL来描述组合服务。图8.2显示了一个BPEL的WSDL服务描述文件片断。Import里面包含的是原子服务的WSDL文件，partnerLinkType表示该组合服务引用到了哪些服务，比如说该例子里面就用到了WCS服务和WPS服务的WSDL。其他部分就是一个完整WSDL本身需要的消息定义、操作定义、接口定义等。

```
<definitions targetNamespace="XXX"
xmlns="http://schemas.xmlsoap.org/wsdl/"
xmlns:plnk="http://schemas.xmlsoap.org/ws/2003/05/partner-link/"
xmlns:XXX="XXX">

<import namespace="XXX" location="XXX.wsdl"/>

<plnk:partnerLinkType name="WCS_HTTP_GET_PortType_PL">
<plnk:role name="WCS_HTTP_GET_PortType_Role">
<plnk:portType name="wcs:WCS_HTTP_GET_PortType"/>
</plnk:role>
</plnk:partnerLinkType>
<plnk:partnerLinkType name="WPS_HTTP_POST_PortType_PL">
<plnk:role name="WPS_HTTP_POST_PortType_Role">
<plnk:portType name="wps:WPS_HTTP_POST_PortType"/>
</plnk:role>
</plnk:partnerLinkType>

</definitions>
```

图8.2 BPEL的WSDL描述文件示例

图8.3是BPEL文件的片断。BPEL中首要的是声明变量和定义参与者的角色，该例子中WCS、WPS就是参与组合服务的角色。然后还要定义服务的执行请求和执行响应，指定各服务之间是串行还是并行，然后按结构顺序执行服务，获取相应的数据。

BPEL 一般通过调用 partnerLink 里面的函数拿到相关的输出数据赋值给指定的变量。

```
<process...>
  <partnerLinks>
    <partnerLink    name="client"        partnerLinkType="client:FireCaseProcessLinkType"
myRole="FireCaseProcessProvider"/>
    <partnerLink    name="PL_WCS"      partnerRole="WCS_HTTP_GET_PortTypeProvider"
partnerLinkType="lns:GMU-NGA-WCSLinkType"/>
    <partnerLink    name="PL_WPS"      partnerRole="WPS_HTTP_POST_PortTypeProvider"
partnerLinkType="lns:GMU-NGA-WPSLinkType"/>
  </partnerLinks>
  <variables>
    <variable messageType="wcs:GetCoverage_GET"  name="GetCoverage_GET_request_0"/>
    <variable messageType="wcs:GetCoverageResponse"  name="GetCoverageResponse_request_0"/>
...
</variables>
<sequence>
    <receive ...>
    <flow ...>
      <sequence ...><assign ...><copy ...>...<invoke ...>...
           <sequence ...>
          ...
       </flow>
    <assign ...>
    <reply ...>
  </sequence>
</process>
```

图 8.3　BPEL 的主要部分

BPEL 包括基本行为和结构行为。基本行为例如 invoke 可以执行一个服务；receive 从外界获取组合服务运行所需输入；assign 进行变量赋值；reply 返回组合服务运行结果；throw 抛出异常等。结构行为可以实现顺序、选择、并行、循环等操作。

目前比较成熟的商业界 BPEL 软件有 Oracle。Oracle 是最早推出 BPEL 编辑器和引擎的产商，功能全面而且非常的稳定。Oracle BPEL 流程管理器（Oracle BPEL Process Manager）提供了一个图形化和用户友好的流程设计器（图 8.4）、可简化常见任务的用户友好向导、用于管理和调试部署流程的基于 Web 的用户友好控制台等。Oracle BPEL 引擎是现有的最成熟、可伸缩性最强和最强健的 BPEL 服务器。开源的 BPEL 软件有 Apache的 ODE 以及 ActiveBPEL 等，其中 ActiveBPEL 对它的 BPEL 执行引擎是开源的，但 BPEL 设计界面是不开源的。

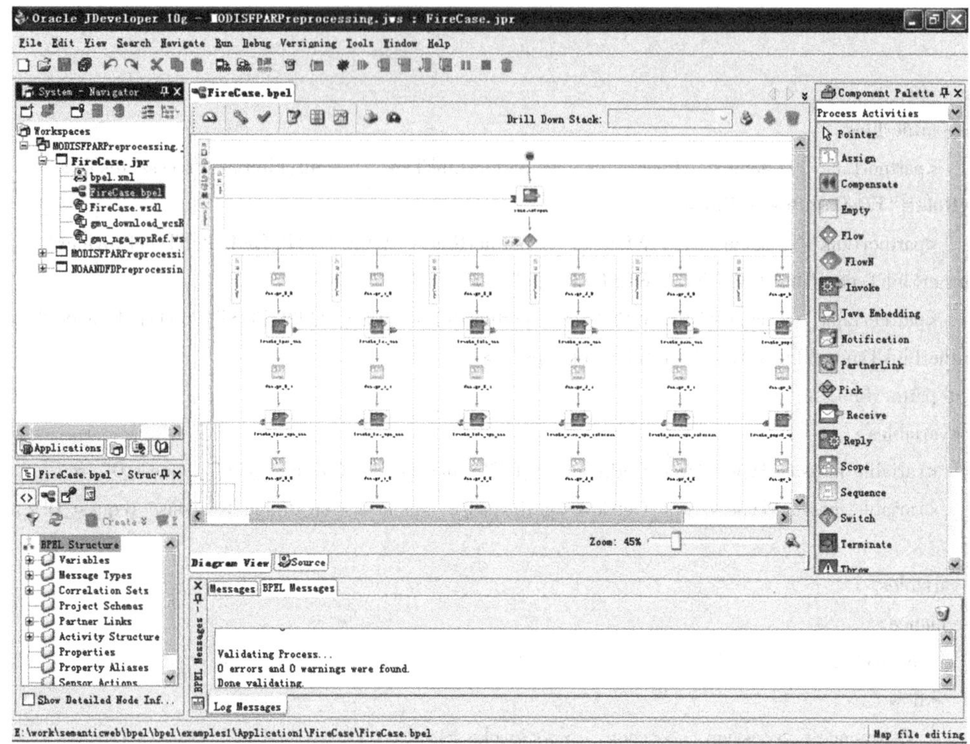

图 8.4　Oracle JDeveloper BPEL Designer 界面

8.2　地球空间信息处理流程服务模型设计

地球空间信息处理流程服务模型设计建立在组合服务的基础之上。这里除了服务组合之外，还要考虑与目录服务的交互。服务模型的设计主要从以下几个方面考虑：空间信息处理流程模型、虚拟数据产品、空间数据类型和空间服务类型、抽象空间信息处理流程模型实例化以及空间信息目录服务元数据信息模型的扩展。

8.2.1　空间信息处理流程模型

在 GIS 领域中，地球空间信息处理流程可以看做是 GIS 领域的科学工作流。就科学工作流而言，NASA 的 kepler 工作流系统、可视化科学工作流管理系统 VIEW、ESRI 的 ArcGIS Model Builder 等都可以称为科学工作流系统。空间信息处理流程模型跟 ArcGIS 空间信息处理框架（Geoprocessing Framework）类似。图 8.5 显示了 ArcGIS Geoprocessing 建模工具（Model Builder）界面，界面上的处理流程模型包括两个处理方法：缓冲区分析和格式转换（将缓冲区分析结果转换为 KML 文件），从而实现了两个简单处理功能的组合。

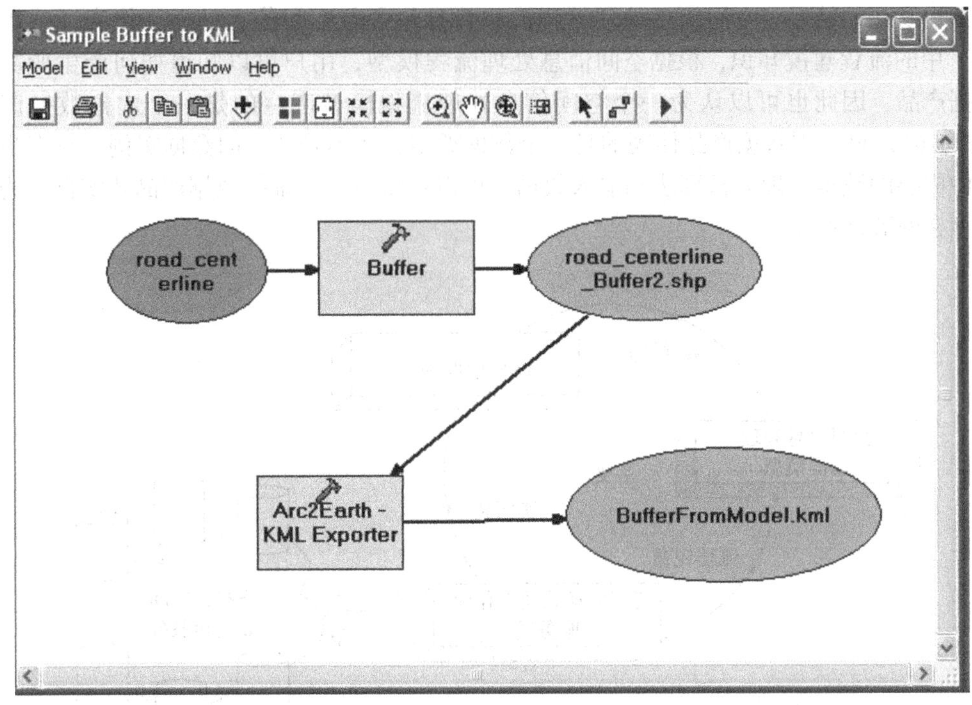

图 8.5　ArcGIS Geoprocessing 建模工具界面

空间信息处理流程模型体现了地学应用领域的流程建模知识。例如：做一个洪水淹没的分析，一般先做一个缓冲区分析，然后再将缓冲区分析的结果与基础地理底图进行叠置，就能确定何处发生了洪水，然后对洪水区域周围进行评估。该流程实现后，可以固化下来，形成一个建模知识。如果其他用户再想实现同样的功能，则无需重复工作，可以直接使用该流程。对于复杂的流程，可以用脚本或形式化表达的机制共享和发布。这有点类似于代码的共享，只是这种共享的抽象级别比代码共享的级别更高，体现了知识共享的概念。

虽然 ArcGIS 建模工具可以实现空间信息处理功能的拖拉式组合和运行，但它依赖于 ArcGIS 的私有运行环境，所能够组合的只是 ArcGIS 中提供的有限的空间信息处理操作，局限性太大，不适应开放的网络环境。在面向服务的体系架构下，构建空间信息处理流程模型可以理解为服务组合模型的构建，即构建一个包括数据流和控制流的由抽象服务节点构成的服务组合模型。数据流体现了服务间的数据交换，而控制流定义了服务执行的顺序，抽象服务代表一类具有相同功能和输入、输出的具体服务。

8.2.2　虚拟数据产品

从知识发现的角度来看，原始的数据能够通过空间信息处理流程转换为体现了知识的产品，例如一个通过对数字高程模型（Digital Elevation Model，DEM）数据、Landsat

Enhanced Thematic Mapper（ETM）影像等数据进行一系列处理分析后产生的滑坡预测图为知识发现的结果。空间信息处理流程模型自身包含着空间信息处理工作流（或服务链）中的流程建模知识，根据空间信息处理流程模型，用户可以知道如何产生所需的数据产品，因此也可以认为一个空间信息处理流程模型产生的是一个虚拟数据产品（图 8.6）。该虚拟数据产品体现的是一个数据类型，而不是特定的数据实例。只有当模型中需要的数据处理分析算法和输入数据都可以获得时，该虚拟数据产品才实例化为物理存在的数据产品。

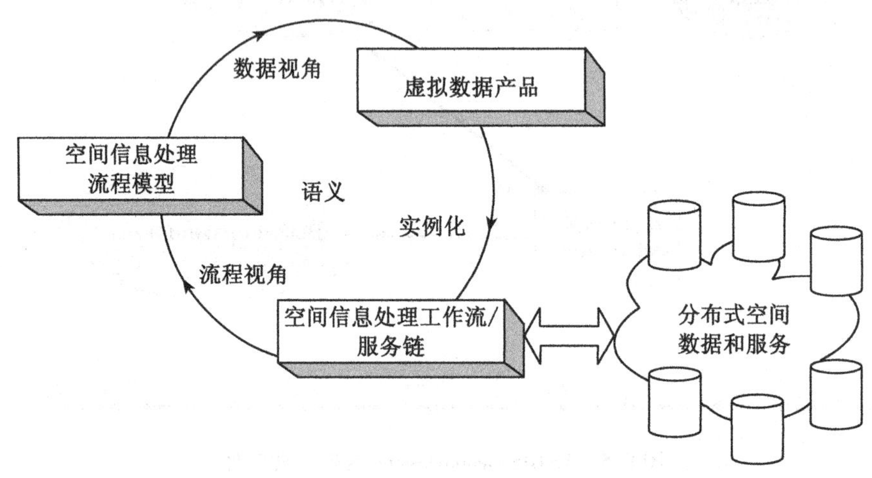

图 8.6　空间信息处理工作流、模型和虚拟数据产品的关系（Yue 等，2011）

虚拟数据产品在实际应用中具有重要的意义。比如说，有一批存档高程数据，而用户需要坡度数据。在该情形下，可以建立坡度虚拟数字产品，将高程数据导入到虚拟数据产品系统，由系统按需提供坡度数据。这个坡度数据实际上不是物理存在的，是将存档数据产品和空间信息处理步骤结合起来，按需生成的数据产品或者增值产品。

8.2.3　空间数据类型和空间服务类型

空间数据类型指在对数据进行描述时，制定的规范化的类别定义。比如说地形坡度数据类型、地形坡向数据类型等，都具有一定的科学意义，并且这种意义也能被行业所认可。采用规范化的数据类型表示具有相同科学意义的地理空间数据，并在此基础上引入行业认可的分类词汇，建立一批空间数据类型。例如美国 NASA 全球变化总目录（National Aeronautics and Space Administration Global Change Master Directory，NASA GCMD）的科学关键字列表定义了地学里面的常用科学词汇，基于这套公共词汇可以定义层次化的空间数据类型，例如高程数据类型、坡度数据类型、水文数据类型等。在具有科学意义的空间数据类型的基础上，可以进一步补充空间数据类型的属性，属性可以基于规范化的元数据标准定义。在元数据标准里，明确定义了诸如时空范围、时空分辨率等词汇的表达方式。

一个空间服务类型是对一类能够完成相同功能的地理空间服务的抽象表达，可以采用已有的空间信息服务分类系统，例如 ISO19119 中的服务分类、NASA GCMD 中的服务关键字集合。

定义了空间数据类型和空间服务类型后，可以进行空间信息处理流程的建模。以滑坡预测分析模型为例，如图 8.6 所示。当分析滑坡发生的可能性时，需要输入地形坡度（Terrain Slope）、坡向（Slope Aspect）、土地覆盖类型（Class）、植被指数（Normalized Difference Vegetation Index，NDVI）数据。其中坡度数据需要从数字高程模型（Digital Elevation Model，DEM）计算得来，而土地覆盖类型数据需要应用影像数据分类（Classification）算法来产生。图 8.7 中矩形部分为服务部分，对应的前后为输入数据类型和输出数据类型。通过数据类型和服务类型的组合，构成了一个空间信息处理的分析模型。

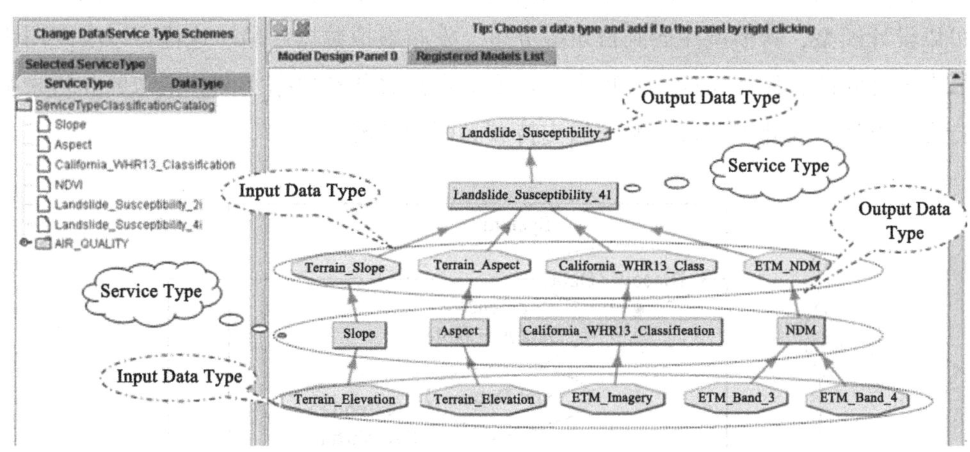

图 8.7　滑坡预测分析模型

8.2.4　抽象空间信息处理流程模型实例化

在空间信息处理流程模型建立之后，接下来要考虑的就是将模型实例化分布式网络环境下的服务链进行执行。在选择空间数据集和服务实例的过程中涉及对元数据约束的检查。例如在寻找一个空间信息处理服务时，需要考虑该服务适用于哪种投影坐标系，服务内部实现的处理算法适用的时空范围。对于不同的空间参考坐标系，不同的空间区域，空间信息处理算法的实现往往需要区别对待。

当地学用户提出对某空间数据产品的需求时，用户关心的是特定地理位置和时间的数据，而且用户往往还会明确所需要数据的格式、空间参考等额外的元数据信息。这些元数据信息作为约束用来进行对虚拟数据产品的实例化，包括空间数据集和服务实例的选择。例如选择适宜处理的数据，数据的精度和分辨率是否满足要求、数据是否与专题的要求相关等。此外，服务实例的选择中还可以根据服务质量信息 QoS 选择具体的服务地址。

通过对元数据在空间信息处理流程模型中进行传播，绑定空间数据集和空间信息处理服务实例，空间信息处理流程模型可以实例化成一个具体的空间信息处理工作流或服务链，执行生成虚拟数据产品的一个实例。

8.2.5 空间信息目录服务扩展

空间信息处理流程服务模型参见图 8.8。对顶层的普通用户而言，在系统中发送查找数据的请求，系统通过目录服务确定数据存在后，就可以获取数据。然后判断该数据是否为虚拟数据，若为物理存在的数据则直接请求数据。否则找到该虚拟数据对应的模型，将模型实例化，并绑定到具体的空间信息处理服务链，执行得到所需数据。领域专家可以设计模型，将模型注册到目录服务里，发布虚拟数据产品。这样可以实现用户与领域专家之间的合作。在这个过程中，模型绑定到服务和数据实例，则需要和目录服务进行交互查询，因此涉及目录服务的支持和必要的扩展。

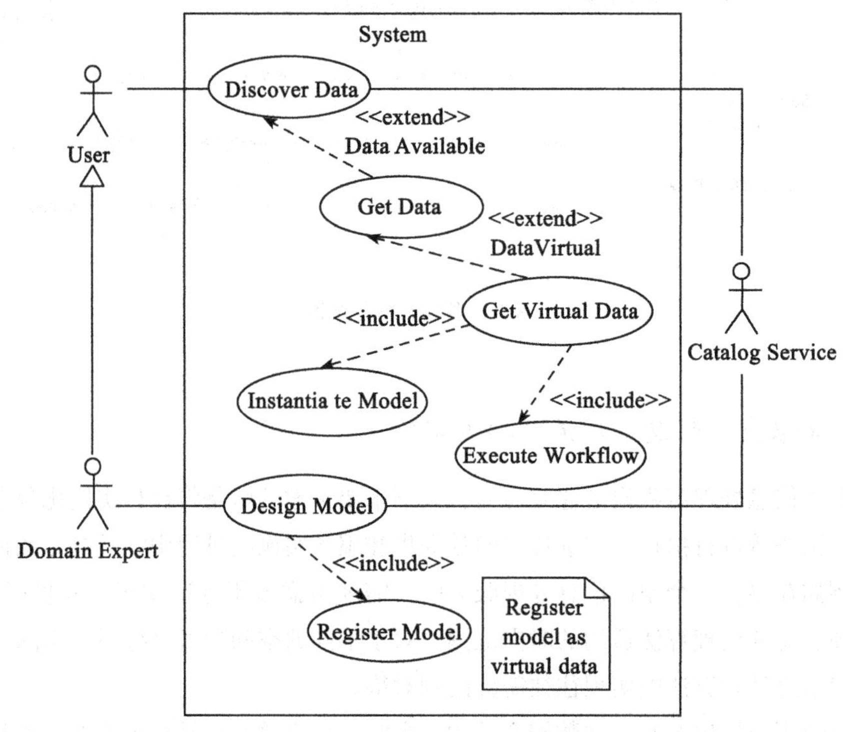

图 8.8　地球空间信息处理流程服务模型（Zhao 等，2009）

在根据服务类型查找相应的服务实例时，需要在目录服务里建立支持空间信息服务分类的信息模型扩展，例如：利用目录服务 ebRIM 模型的扩展机制，生成空间数据类型和空间服务类型的 ClassificationScheme 分类体系实例，对空间服务类型 Classification-Scheme 中的每个分类节点 ClassificationNode 扩展 Slot 记录服务类型关联的输入输出空间数据类型；利用 ebRIM 的关联扩展机制，将空间数据类型和空间服务类型分类节点关联到服务实例和数据实例。

8.2.6　空间信息处理流程建模工具 GeoPWDesigner

空间信息处理流程建模工具 GeoPWDesigner 是对地球空间信息处理服务的高效组合和功能聚合。通过在基于网络浏览器的图形交互界面下对空间信息处理网络服务的功能性描述和可视化部件表达，可以在线进行处理功能部件的拖拉组合实现地球空间信息处理流程的可视化建模；然后将处理模型映射为遵循 BPEL 标准的科学工作流，在工作流执行引擎中执行实现复杂的地球空间信息处理。

8.2.6.1　工具设计

空间信息处理流程建模工具（GeoPW Model Designer，GeoPWDesigner）设计如图 8.9 所示。工具总体包括三部分：地球空间信息处理流程建模子系统、模型转换子系统和基于 BPEL 的科学工作流子系统。地球空间信息处理流程建模子系统包括的功能模块有可视化建模、提取地球空间信息处理流程和编辑地球空间信息处理流程；模型转换子系统包括选择工作流引擎、生成基于 BPEL 的科学工作流和生成工作流引擎配置文件；基于 BPEL 的科学工作流子系统包括配置工作流到引擎和传统工作流操作。

- 可视化建模：图形交互界面，使用户可以在浏览器中从左边栏列表中任意拖拽空间信息服务到右边视窗中，并进行随意组合；
- 提取地球空间信息处理流程：从用户建立的服务链中提取地球空间信息处理流

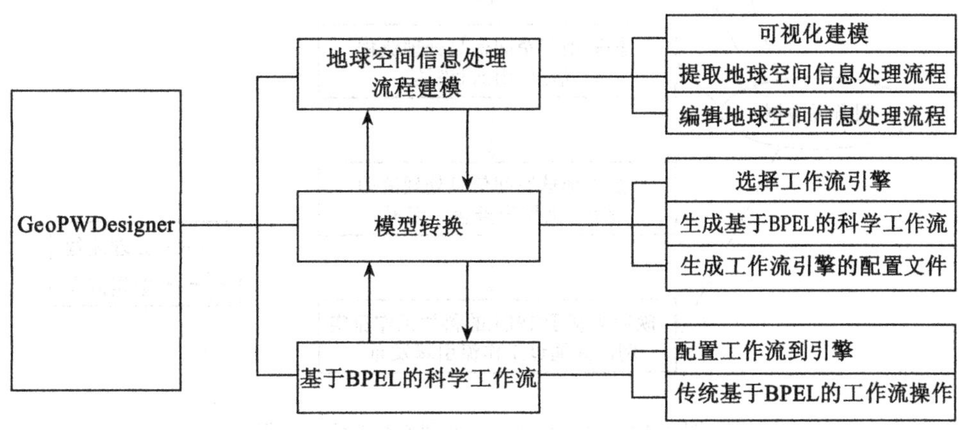

图 8.9　GeoPWDesigner 的总体结构图

程，并建模；

- 编辑地球空间信息处理流程：对提取出来的地球空间信息处理流程进行编辑；
- 选择工作流引擎：选择地球空间信息处理流程要运行的工作流平台；
- 生成基于 BPEL 的科学工作流：在地球空间信息处理流程与基于 BPEL 的科学工作流之间进行映射，将地球空间信息处理流程中的知识进行实例化，形成可以运行的工作流文件；
- 生成工作流引擎配置文件：针对所选择的工作流引擎，生成它所需要的工作流配置文件，使得工作流可配置；
- 配置工作流到引擎：将已经生成的基于 BPEL 的科学工作流主文件和配置文件一起，配置到所选的工作流引擎上；
- 传统工作流操作：对于已经配置到工作流引擎上的工作流，用户可以对其进行传统的操作，如发送、返回请求，查看工作流细节等。

8.2.6.2 建模流程

GeoPWDesigner 将用户建立地球空间信息处理流程的过程分为以下几个步骤，如图 8.10 所示：

(1) 用户通过可视化图形界面建立地球空间信息处理流程的可视化结构（图 8.10）。

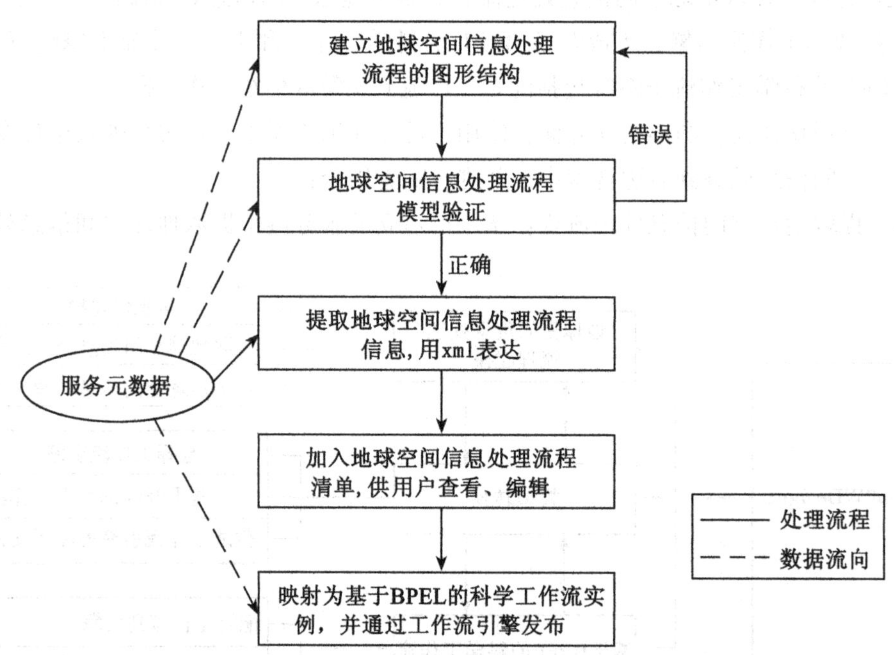

图 8.10 地球空间信息处理流程的建立过程

（2）验证用户建立的可视化结构是否正确，若不正确，提示用户做出相应修改；若正确，则进行下一步。

（3）从已经验证通过的地球空间信息处理流程图形结构中，提取地球空间信息处理流程信息，并用自定义的 xml 格式予以表达。

（4）将建立好的地球空间信息处理流程加入清单，以供用户查看和编辑。

（5）结合服务元数据和已经构建好的地球空间信息处理流程模型，映射为基于 BPEL 的科学工作流实例，并部署到选定的工作流引擎上供用户调用。

图 8.11 显示了一个空间信息处理流程模型。例如长江地区在历史上都是水涝灾害频发地带。政府部门在预测长江水患会造成的严重后果时，会时常用到河流缓冲等服务。将长江河道向两岸进行拓宽缓冲，并与周围的地形图进行叠置，就可以在得到的结果图层上观察长江水可能淹没的范围，并根据现实情况对可能发生的情况进行预测和防备。

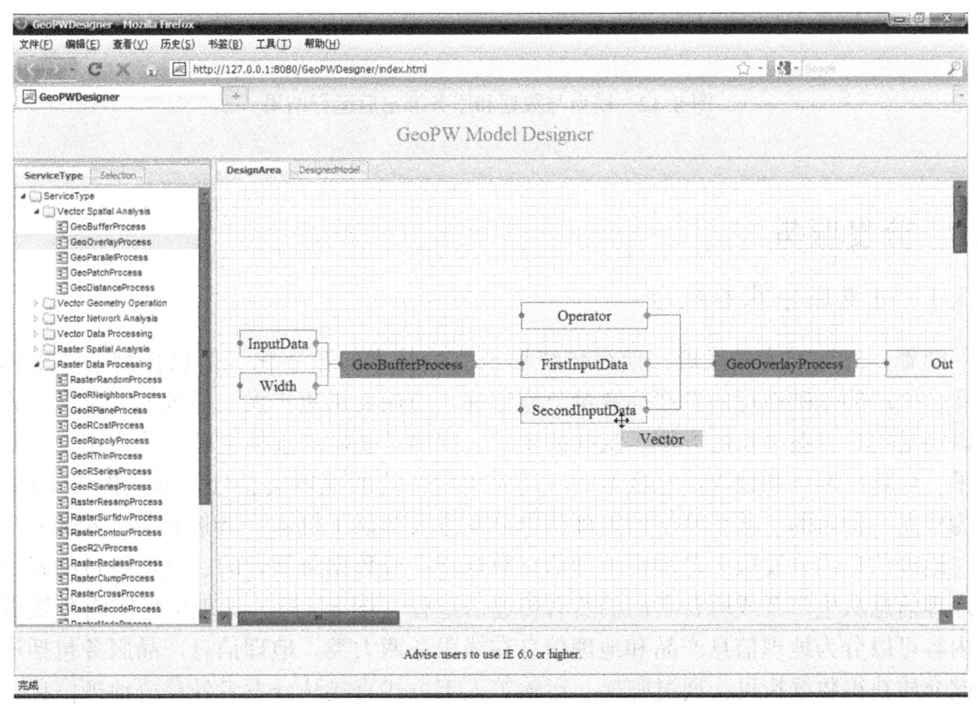

图 8.11　GeoPWDesigner 用户界面

在 GeoPWDesigner 中，从左边树状类别中拖拉出一个 GeoBufferProcess 服务和一个 GeoOverlayProcess 服务到右边视图中，并用线连接，然后按照建模步骤依次操作，建立一个缓冲叠置模型。图 8.12 显示长江进行缓冲后与三峡地区的叠置。

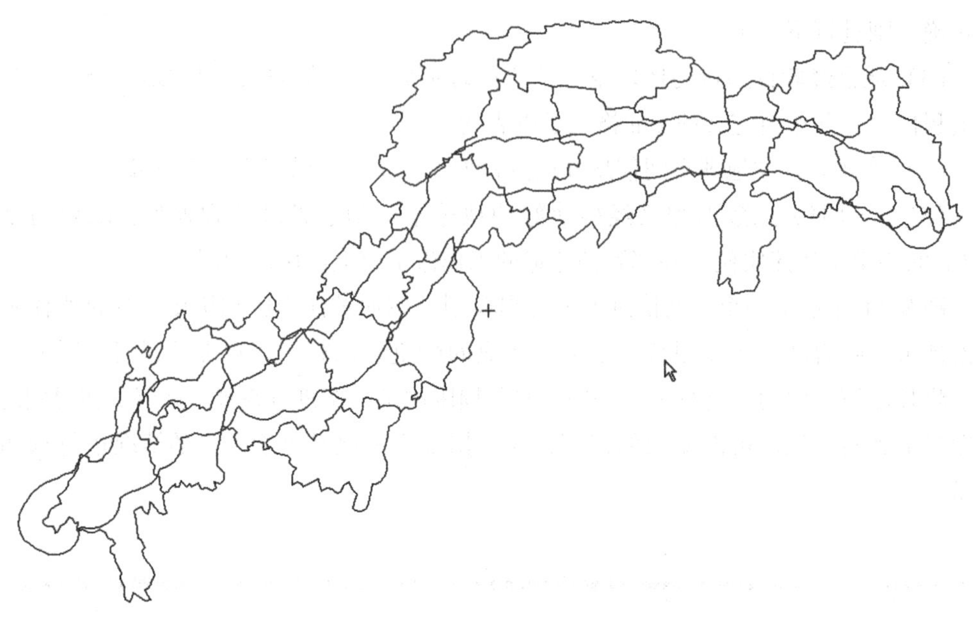

图 8.12　模型与数据和服务绑定后运行结果

8.3　分发服务

8.3.1　分发服务基本概念

随着“3S”技术的发展，使得传统模拟测绘技术向数字化、信息化测绘技术体系转变，生产的基础地理信息产品数量急剧增加、应用面迅速扩大。传统的分发服务方式难以满足用户日益增长的方便、快捷的要求，限制了基础地理信息社会化应用分发服务水平。计算机网络和地理信息技术的广泛应用对传统的地理信息分发方式提出了挑战，也为建立一种新的、基于网络的地理信息分发方式提供了机遇（龚健雅等，2009）。

地理信息的分发服务是围绕地理信息数据产品或数据集展开的，其最终目的就是实现地理信息从生产者或所有者向消费者传递的过程（图 8.13）。地理信息网络分发服务的内容可以分为地理信息产品和地理信息在线服务两大类。地理信息产品服务包括通过存储介质获得数据拷贝，通过邮递、运输等人工方式直接从分发者处获得地理信息；通过 FTP、HTTP、SMTP 等网络信息传输协议，利用计算机网络，以文件的形式传输地理信息。地理信息在线服务包括利用 Web GIS 技术通过因特网提供地理信息在线浏览和在线分析的方式为这些用户提供包括数据访问在内的增值服务；基于 OGC 制定的地理信息互操作网络服务规范的服务器，通过互联网根据用户的请求传输需要的信息或对指定的地理信息进行在线处理。

分发服务涉及地理信息的查找、评价、获取、利用等功能，因此分发服务系统的建设也可以理解为与地理数据集分发相关的不同功能服务的集成。中国国家高新技术研究

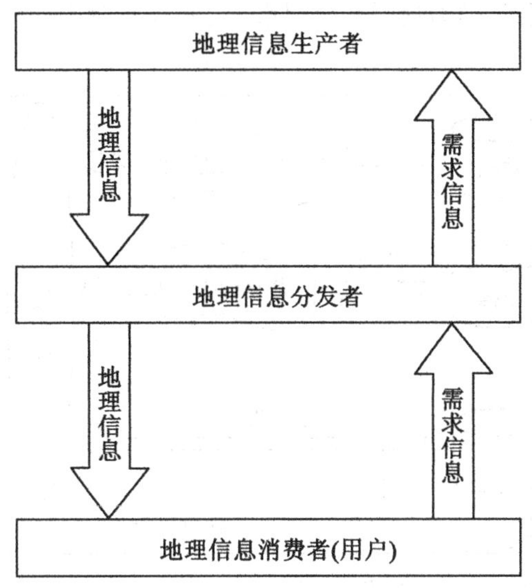

图 8.13　地理信息分发服务角色

发展计划（863）信息获取与处理技术主题中“网络地理信息共享标准规范与关键技术”课题（编号 2002 AA131030）研究制订了地理信息分发服务规范。该规范中，分发服务的内容包括：数据发布、数据发现、数据评价、数据获取、信息安全、电子商务和质量。其中，数据发布、数据发现、数据评价和数据获取是分发服务的核心内容，信息安全、电子商务和质量是进行分发的基础和保证。地理信息分发服务基本流程包括三个阶段：数据发布、数据发现、数据获取。其详细流程图见图 8.14。

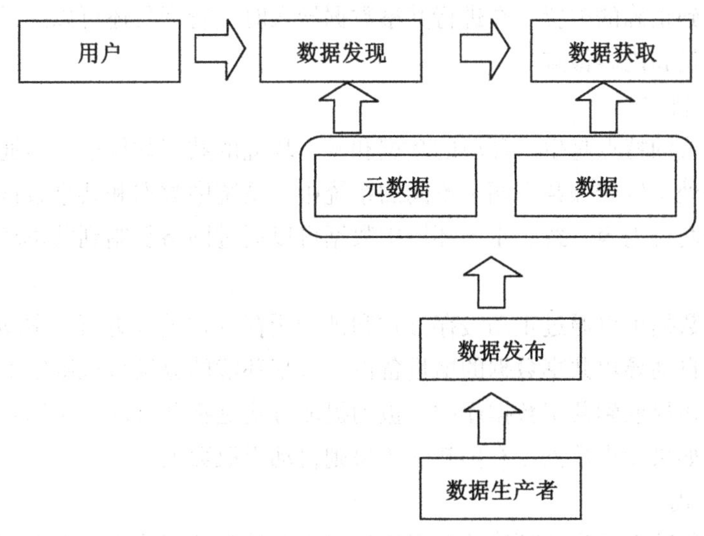

图 8.14　地理信息分发服务基本流程（龚健雅等，2009）

8.3.1.1 数据发布

数据发布有三种模式：物理拷贝式、网络复制式以及中间件式，如图 8.15 所示。

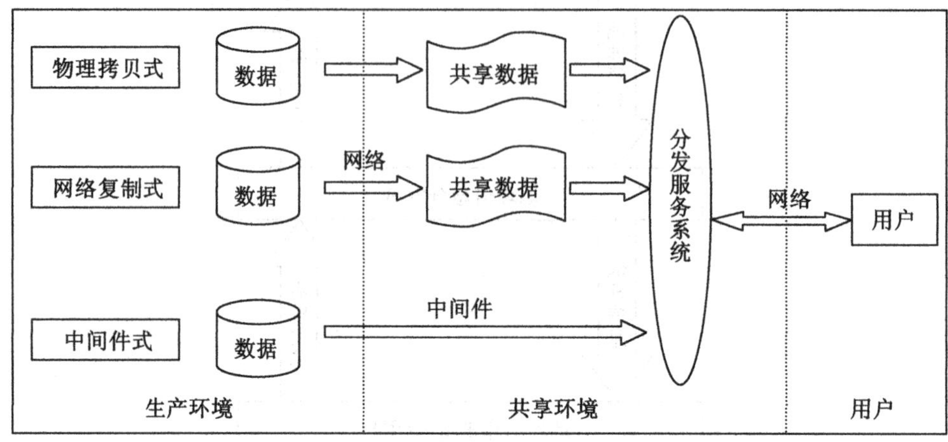

图 8.15　数据发布流程示意图（龚健雅等，2009）

1. 物理拷贝式

物理拷贝模式可以使生产环境的数据和共享环境的共享数据物理隔离，但数据内容一致，其一致性通过物理拷贝手段来保证。

该模式要求生产环境中，技术系统必须能够将共享的数据、元数据等信息按照预定的数据内容标准、元数据内容标准以及数据质量标准等从数据库中提取出来。对于共享发布环境，技术系统必须能够导入这些数据，并提供各种技术配置方式，保证导入的各种数据能够得到正确的配置。在进行共享数据导入时，管理员还可以通过技术系统对各种数据进行质量和内容检查。

2. 网络复制式

网络复制式的特点是生产环境的数据和共享环境的共享数据值虽然通过网络进行物理连接，但是处于生产和共享两个不同的系统中。系统中数据和共享数据存储在不同的数据库中，但两者内容一致。生产环境中数据可以通过网络复制到共享环境的共享数据库中。

该模式中数据可以通过主动缓存方式和被动缓存方式进行更新。主动缓存方式是指生产环境定期自动导出共享数据的增量备份，共享环境的分发系统则定期查询，如果有共享数据则直接提取到共享数据库中。被动提取方式是指共享环境定期自动检测生产环境的数据库，如果发现数据库有更新的迹象则自动提取数据。

3. 中间件式

中间件式的特点是生产环境的数据通过网络和共享环境连接，但在共享环境中不存在共享数据库，所有分发活动中对数据的访问都是通过中间件进行的。中间件必须实现数据信息查询、检索协议的转换工作。因为一般分发环境下的数据和生产环境的数据的访问语言是有差别的，这就要求中间件必须完成不同数据查询检索标准的转换工作，转换不仅涉及标准协议的转换，还涉及对数据内容的映射管理。中间件还必须提供对元数据信息及其他相关信息的查询检索和协议转换的功能。

8.3.1.2　数据发现

数据发现是用户发现自己所需要的数据的描述信息的过程，它是数据发布服务的一个重要环节，其基本过程如下：

（1）用户通过分发服务门户向数据网关发出元数据查询请求。

（2）元数据网关接收到用户的查询请求后，将请求转发到各节点的元数据发布服务器。

（3）节点的元数据发布服务器负责将元数据查询请求转换为本地元数据库查询语言，并进行元数据检索。

（4）节点元数据库将查询结果提交给元数据发布服务器。

（5）元数据发布服务器将数据库查询结果进行协议封装后，提交到元数据网关。

（6）元数据网关对各节点的查询结果进行综合后，将结果通过门户服务提交给用户。

地理信息分发服务系统的数据发现查询与一般的 Web 信息查询不同。一般的 Web 信息查询是针对特定节点的信息查询，而地理信息分发服务系统的数据查询是在元数据分布式网络存储条件下，通过分布式的元数据查询检索系统完成对元数据的查询和检索。

8.3.1.3　数据获取

数据获取包括两种方式：在线数据获取方式和离线数据获取方式。数据获取的基本流程见图 8.16。在线获取时间模式下，用户可以直接下载数据，对某些有密级的数据，

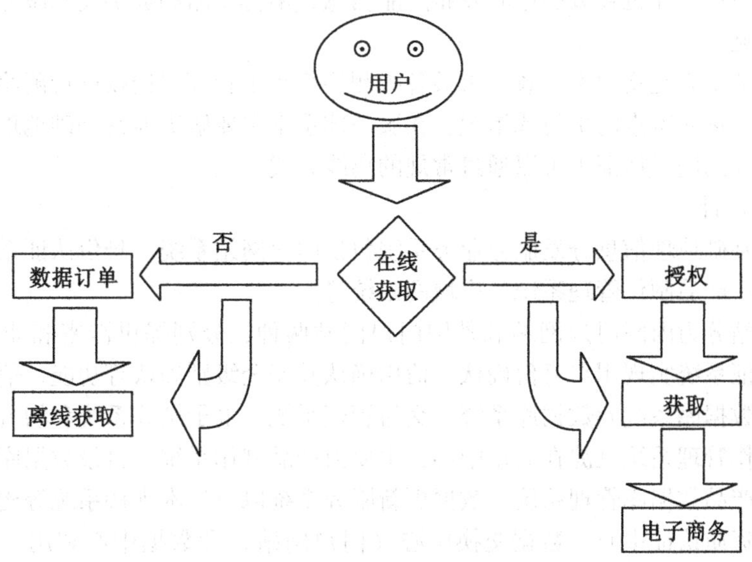

图 8.16　数据获取流程图

需要在数据下载前对用户进行适当的授权，对于需要付费获取的数据，可以结合电子商务系统进行网络电子交易。离线获取又可以分为两种情况：一种是用户直接在线提交订单，然后通过快递等方式获得数据；另一种情况是用户通过数据联系信息，直接到数据提供单位获取数据。

8.3.2 中国网络化基础地理信息分发服务体系

中国网络化基础地理信息分发服务体系是全国性、跨部门、跨地区、服务标准和业务流程统一的，由提供基础地理信息查询、分发、交换、共享和相关技术服务的组织机构及其相应业务系统和基础设施等构成的综合体系；是基础地理信息持有者与用户之间的连接体，也是国家基础地理信息系统的门户。分发服务体系在机构形式上由协调机构、数据中心、数据交换中心以及资质认证中心等组成，在功能体构成上则由门户网站系统、身份认证系统、信息分发服务系统、产品制作管理系统和广域联网系统等组成（周星等，2006）。

1. 机构形式

网络化基础地理信息分发服务机构由协调机构、数据中心和数据交换中心以及资质认证中心组成。

协调机构包括行业管理部门、中介机构、数据生产和服务机构等。

数据中心在服务体系中扮演产品加工和提供者的角色，由负责国家基础地理信息系统数据库的建设和维护、基础地理信息公共产品的开发和产品数据库建设与维护的国家、省、市县各级基础地理信息存储管理机构构成。

数据交换中心是用户获取服务的地方，是国家基础地理信息系统对外服务的窗口，扮演着用户与各个数据中心之间的代理，一方面替用户查找、定制和订购所需的产品与技术服务，另一方面也替数据中心发布产品信息、销售产品和提供技术服务并反馈收集到的用户意见。

资质认证中心是指国家、省、市县各级测绘行政主管部门授权进行测绘资质和保密测绘资料使用资质审查的单位或组织，在服务体系中主要解决涉密基础地理信息产品使用资质的认证问题。认证中可以通过常规的离线方式。

2. 系统设计

网络化基础地理信息分发服务业务系统包括门户网站系统、身份认证系统、信息分发服务系统、产品制作管理系统、广域网系统等。

门户网站分为内网门户网站和外网门户网站两种，分别提供涉密和非涉密信息服务；身份认证系统实现用户身份确认、信用确认及安全级别确认等功能；信息分发服务系统由目录数据库系统元数据库系统、交易管理系统、电子结算系统和物流配送系统组成；产品制作管理系统沉淀在数据中心，主要由产品制作系统、目录数据库与元数据库制作系统、产品数据库管理系统、数据更新服务系统以及技术支持系统等构成；广域网系统是连通资质认证中心、数据交换中心（门户网站）和数据中心和用户的桥梁，是分发基础地理信息产品和提供地理信息技术服务的通道。广域网系统包括依托国家电子政务内网和因特网分别建成的基础地理信息分发服务内网和外网。

3. 功能设计

网络化基础地理信息分发服务主要实现的功能有以下几点：

（1）基础地理信息成果和产品信息发布。

（2）元数据和产品信息。

（3）基础地理信息产品交易。

（4）数据更新与系统维护。

（5）在线数据库支持。

（6）数据库互操作。

（7）在线计算、转换与分析。

（8）可视化表现。

（9）用户管理。

（10）统计分析与评价。

（11）为公众用户提供政策、标准以及技术咨询等服务。

8.3.3　从分发服务到在线地理信息公共服务

随着网络技术的发展和信息化服务体系的建设，国家基础地理信息分发服务开始由原来以地理数据产品分发为主的服务走向地理数据产品分发和地理信息在线服务并重的服务，并通过建设地理信息公共服务平台来满足政府、公众、行业对地理信息的需求。

原有的基础地理信息分发服务网站主要提供成果目录查询和少量的小比例尺公开数据。用户不仅要到专门的地理信息服务机构索取（或领取）所需的基础地理数据，往往还要添置专用的软硬件，对所获得的地理信息数据进行加工处理，以满足应用要求。对于广大用户来说，这种离线服务方式环节多、周期长，应用系统构建的技术复杂、成本较高，往往不能满足突发事件处置和快速应急响应以及大规模业务化应用的需要。随着网络化地理信息应用的深入，在线地理信息公共服务，以一体化的地理信息资源为基础，以网络化地理信息服务为手段，以协同式运行维护与更新为保障，建设地理信息公共服务平台，将实现从离线数据提供到在线地理信息服务的根本性转变（陈军等，2009a）。

1. 地理信息公共服务平台的服务对象

地理信息公共服务平台可以应用于各行各业，服务对象主要可以分为三类：面向政府、面向行业以及面向社会公众。

（1）面向政府的公共服务平台可以放在政府的政务专网上，用于资源管理、区域规划、国土监测等，为政府的科学决策提供参考的、可视化的空间复制决策支持平台。

（2）面向行业的地理信息公共服务平台可以在政务专网或者行业专网上，如测绘局专网，房地产行业专网，提供各种专题服务及商业增值服务。如：不少酒店、宾馆等都使用了这些地图服务，在相应的网站上嵌套地图，实现商业地理信息服务。

（3）还有部分地理信息公共服务平台是面向社会公众的。比如说智能手机、电子地图等都支持地理信息公共服务平台应用。

2. 地理信息公共服务平台的服务模式

地理信息公共服务平台的服务模式主要有三种：信息集中存放和维护的模式、信息集中存放分布维护的模式、信息分布存放和维护的模式（王延亮和储晓雷，2007）。

（1）信息集中存放和维护模式中，信息集中存放和维护，所有的信息都是由信息提供商来提供，这种服务模式便于信息管理，维护方便，适用于中小用户，是目前的主流方式。但这种模式也有缺点：维护成本较高，并且周期长。

（2）信息集中存放分布维护模式，这种模式下信息是集中存放，但维护是分布式的。通常一个机构下属有多个子机构，这种情况下采用信息集中存放分布维护的模式，就可以将所有的信息都放在总机构里，但具体的信息维护工作由下层的子部门承担。比如：属性分布维护中如何建立自己的图层、更改属性表的结构等。

（3）信息分布存放和维护模式，是信息的存放和维护都是分布式的，目前还处于研究阶段。该模式研究时要考虑几个问题：用户看到的是不是最新信息？信息无法集中更新维护，或者更新维护时发生冲突会怎样？

3. 省市地理信息公共服务平台的开发

对于省市地理信息公共服务平台的开发，相关的示范系统建设取得以下经验（徐开明，2006；徐开明等，2008）。

（1）统一标准，资源整合。作为一个公共的服务平台，要实现资源的共享和互操作，则必须遵循统一的标准，将各功能集成到公共的服务平台，实现资源的整合。

（2）纵向多级，横向多库。国家级、省级、市级等采用不同比例尺的数据，这就为纵向多级；当涉及不同的行业，不同的机构时，各单位使用各自的数据库，并各自维护，这就为横向多库。

（3）系统分建共享，信息各自维护。各系统遵循相同的标准单独开发，通过网络实现地理信息的共享，并各自维护。

（4）“计划型基础测绘”转变为“面向应用型测绘”。以往都是根据国家指定的计划来完成测绘工作，称为“计划型基础测绘”。地理信息公共服务平台建设以应用为前提，使测绘直接面向最终用户，由单一的提供专业性测绘成果，转变为提供信息服务，这就是“面向应用型测绘”。

第 9 章　网络地理信息系统和服务应用

日臻成熟的空间信息共享服务平台的建设成为网络地理信息系统和服务应用的典型代表。本章选取国家地理信息公共服务平台和面向行业用户的国家电网 GIS 空间信息服务平台为例进行介绍。

9.1　国家地理信息公共服务平台

2008 年 7 月，国家测绘局做出了建设国家地理信息公共服务平台的战略性决策，并出台了《国家地理信息公共服务平台建设专项规划（2009—2015）》，建设一体化地理信息资源体系，建成基于电子政务内、外网的网络化运行环境，实现国家、省、市（县）三级平台的互联互通、信息共享和协同服务，全面提升信息化条件下地理信息服务能力和水平。

国家地理信息公共服务平台的建设目标包括（李志刚，2010）：

（1）解决跨地区多尺度地理信息数据资源集成应用问题：建成全国互联互通的一体化地理信息资源，用信息化技术消除分级管理、部门利益造成的信息孤岛、数字鸿沟；

（2）改变地理信息服务方式，提升服务能力：从提供数据变为提供“一站式”7×24 小时在线地理信息综合服务，解决地理信息资源开发利用技术难度大、建设成本高、开发周期长、动态更新难等问题；

（3）提高测绘公共服务水平、推动地理信息产业发展：建设公众版平台，向普通公众提供权威公益性地理信息服务，向企业提供增值开发环境，消除因数据涉密造成的地理信息公共应用瓶颈；

（4）促进地理信息资源共享：通过分建共享、协同服务，推动测绘部门、专业部门、企业及社会团体地理信息资源共享。

9.1.1　总体设计

国家地理信息公共服务平台的总体设计思路为：面向政府管理决策科学化、国民经济与社会发展信息化、经济增长方式转变等对网络化地理信息在线服务的迫切需求，发挥国家各级测绘部门长期积累形成的基础地理数据资源、服务架构及更新优势，建设一体化的在线地理信息服务资源，构建分布式地理信息共享与应用开发环境，建设国家、省、市三级连通的地理信息网络化服务体系，向政府、企业和公众提供一站式地理信息服务（陈军等，2009b）：

（1）建设一体化的在线地理信息服务资源：针对电子政务、电子商务等对网络化地理信息服务的专门化需求，对已有基础地理数据成果进行必要的整合处理，制作形成适合在线服务，逻辑上规范一致，物理上分布管理的国家、省、市三级基础地理信息服务资源，提供与相关专业信息的标准化接口，通过网络实现互联互通，形成一体化的地理信息服务资源。

（2）构建分布式地理信息共享与应用开发环境：采用 Web Service 等开放式标准协议，开发形成地理信息服务描述、发布、发现和调用的技术结构与接口，对国家，省、市多尺度、多类型地理信息资源进行封装改造，形成技术结构一致、对外服务接口相同的多级服务节点，提供跨地区、跨部门的地理信息资源的松耦集成与动态装配，为广大用户浏览使用地理信息和搭建业务系统提供分布式地理信息共享与应用开发环境。

（3）建设统一的地理信息网络化服务体系：地理信息服务提供方、使用方和管理方是公共服务平台建设与运行需考虑的三类角色。按照面向服务架构（SOA）的理念，公共服务平台应将各类地理信息服务提供方、使用方和管理方集成为一体，设计基于统一注册和分级授权的服务组织模式，通过专门网络实现从中央到地方的地理信息服务资源的互联互通、动态装配及管理调度，建立协同服务、更新与运行管理机制。

根据上述思路，国家地理信息公共服务平台的总体架构由服务层、数据层和运行支持层等三层技术结构组成，如图 9.1 所示（陈军等，2009b）。

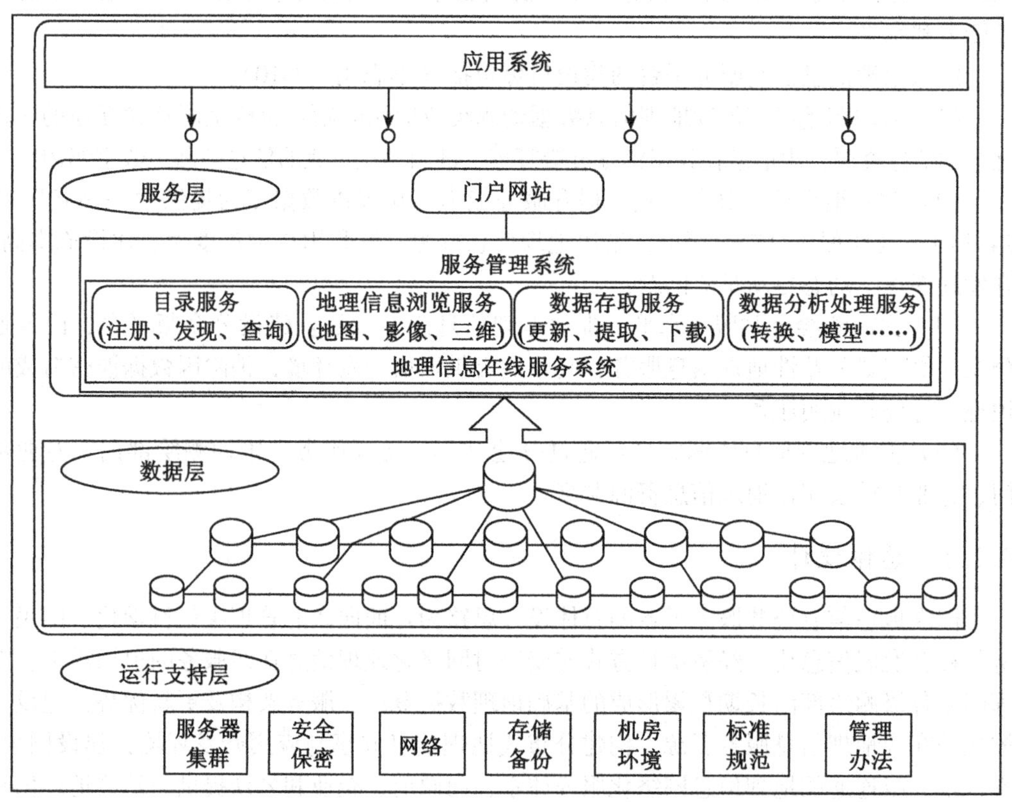

图 9.1　国家地理信息公共服务平台总体架构（李志刚，2010）

(1) 服务层包括门户网站系统、在线服务系统和服务管理系统以及相应系列标准服务接口，向用户提供标准化的地图与地理信息服务；根据 Web Service 等开放式标准协议，提供统一的地理信息服务描述、发布、发现和调用的技术结构与接口，实现地理信息数据的组织管理、符号化处理、地理信息查询分析、数据提取等功能，通过标准的网络接口实现在线服务的发布。

(2) 数据层由国家、省、市（县）三级地理信息服务资源组成，在逻辑上规范一致，物理上分布，彼此互联互通；在现有基础地理信息 4D 数据产品的基础上，设计和制作加工由地理实体、地名地址、地图、影像、高程等五类数据组成的公共地理框架数据集（如表 9.1 所示）。它是通过对基础地理信息数据的内容提取与分层细化、模型对象化重构、统计分析、符号化表现等处理加工而形成的（图 9.2）。

表 9.1　　**面向在线服务的公共地理框架数据类型（陈军等，2009b）**

序号	类型	主要数据内容	主要用途
1	地理实体数据	以地理要素为空间数据表达与分类分层组织的基本单元，赋予唯一性的实体标识。境界与政区、道路、铁路、河流、房屋院落、重要地理实体等为基本地理实体	挂接或关联相关社会经济、自然资源信息
2	电子地图数据	对矢量要素、影像进行内容选取组合、符号化处理、图面整饰协调等形成的地理底图，包括线划地图、影像地图数据	用于在线阅览和专题标图
3	地名地址数据	以坐标点位描述某一特定空间位置上自然或人文地理实体的专有名称和属性，包含标准地址、地址代码、地址位置、地址时态等信息，以及该地理实体的标准名称、标志码等	用于实现地理编码、挂接专业或社会经济信息
4	影像数据	指面向网络地图服务需求而处理形成的地表影像、建筑物纹理、立面街景数据等	用于生成影像地图、三维地形景观等
5	高程数据	指描述地形及构筑物高程或高度信息，包括数字高程模型和三维构筑物模型	用于生成三维地形景观、城市景观和空间分析等

(3) 运行支持层是基于电子政务内外网的网络接入环境，以及数据库集群服务、存储备份、安全保密控制和管理的软硬件环境。另一方面，国家公共服务平台包含主节点、分节点和子节点等三级服务节点，它们有相同的技术结构以及一致的对外服务接口，分别依托国家、省、市（县）的三级地理信息服务机构，通过电子政务内、外网实现纵横向互联互通。

9.1.2　天地图

2009 年，国家测绘局启动“国家地理信息公共服务平台”建设工程，定位于地理

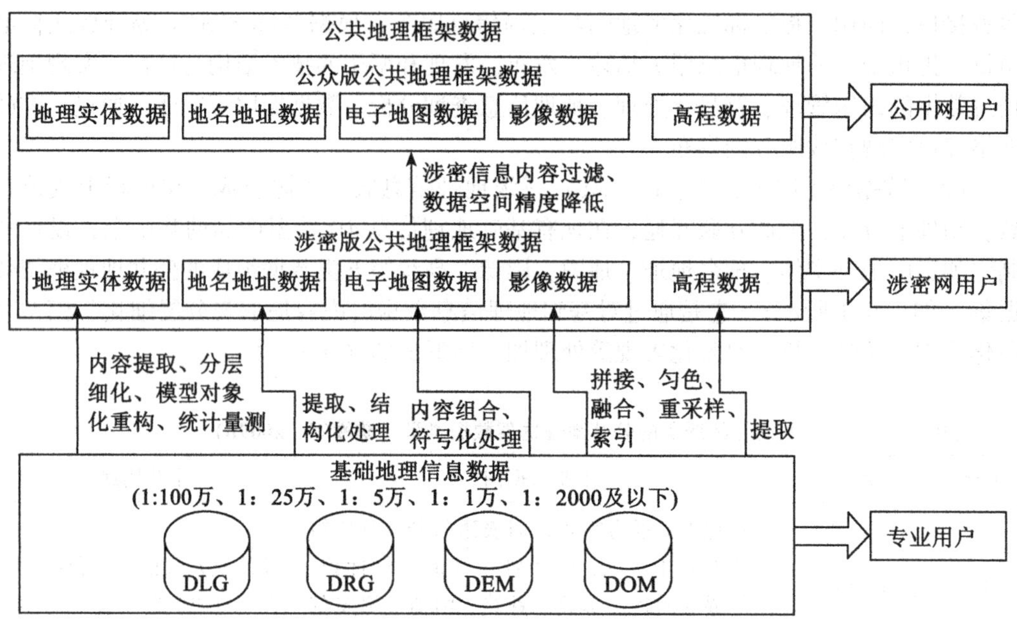

图 9.2　国家地理信息公共服务平台总体架构（李志刚，2010）

信息共享服务，将政务网与公众网分开建设。2010 年，国家测绘局宣布，中国公众版国家地理信息公共服务平台“天地图”网站正式开通（图 9.3）。作为中国区域内数据资源最全的地理信息服务网站，“天地图”为公众提供权威、可信、统一的地理信息服

图 9.3　国家地理信息公共服务平台“天地图”

务，打造互联网地理信息服务的中国品牌（新华社，2010）。

“天地图”网站装载了覆盖全球的地理信息数据，这些数据以矢量、影像、三维3种模式全方位、多角度展现，可漫游、能缩放。其中中国的数据覆盖了从宏观的中国全境到微观的乡镇、村庄。普通公众登录“天地图”网站，即可看到覆盖全球范围的1∶100万矢量数据和500m分辨率卫星遥感影像，覆盖全国范围的1∶25万公众版地图数据、导航电子地图数据、15m和2.5m分辨率卫星遥感影像，覆盖全国300多个地级以上城市的0.6m分辨率卫星遥感影像。由于“天地图”的技术实现依托自主知识产权的国产软件，例如GeoGlobe，安全性也得以保证。

区别于普通地图网站，“天地图”是以门户网站和服务接口两种形式提供服务。普通公众接入互联网就可以方便地实现各种地理信息数据的二维、三维浏览，进行地名搜索定位、距离和面积量算、兴趣点标注、屏幕截图打印等操作。而导航、餐饮、宾馆酒店等商业地图网站经过授权后，可以自由调用相关地理信息服务资源，进行专题信息加载、增值服务功能开发，从而大大节省地理信息采集更新维护所需的成本。

同时，该地理信息公共服务平台基于不同网络环境和用户群体，分为公众版、政务版、涉密版三个版本，其中基于互联网的公众版平台就是“天地图”。它的开通满足了社会公众对地理信息日益增长的需求，改变了传统的地理信息服务方式。

9.2　国家电网GIS空间信息服务平台

电网资源是国民经济的重要部分，在电力系统的迅速发展下，提高电网现代化管理水平是电网公司迫切的要求。“十一五”期间，国家电网（State Grid，SG）公司启动了信息化建设项目“SG186工程”，建设：

（1）“纵向贯通、横向集成”的一体化企业级信息集成平台；

（2）适应公司管理需求的财务（资金）管理、营销管理、安全生产管理、协同办公管理、人力资源管理、物资管理、项目管理、综合管理等八大业务应用；

（3）信息化安全防护、标准规范、管理调控、评价考核、技术研究、人才队伍等六个信息化保障体系。

其中，重点建设“一个系统、二级中心、三层应用”。一个系统就是构筑由数据交换、数据中心、应用集成、企业门户等部分组成的一体化企业级信息系统，实现信息纵向贯通、横向集成，支撑集团化运作；二级中心就是建设总部、网省公司两级数据中心，共享数据资源，促进集约化发展；三层应用就是部署总部、网省公司、地市县公司三层业务应用，优化业务流程，实现精细化管理。

GIS在电网信息化管理中发挥着重要作用，在配电管理和输电管理中都有较为成熟的应用（张德进等，2007）。电网资源包括电网公司管理的各类电网设备、设施及具有空间位置的营业网点、车辆和用户等资源信息（国家电网，2009），这些资源类型多、空间分布复杂，同时各省市、国家之间的电网资源拥有权不同。一些设备省市公用，另外一些设备是省专有的，对这些电网资源的发布、管理和共享变得十分困难。

已有的电网地理信息系统“各自为政”，电网资源数据和电网处理功能不能共享。

作为电网空间信息应用支撑基础，传统架构 GIS 技术难以满足异构业务系统间的电网空间信息应用需要，共享和集成困难。国家电网 GIS 空间信息服务平台的建设是国家电网信息建设中的子项目，是构建在“SG186”工程一体化平台之内，实现电网资源的结构化管理和图形化展现，以面向服务的架构为各类业务应用提供电网图形和分析服务的企业级电网空间信息服务平台（图 9.4）。

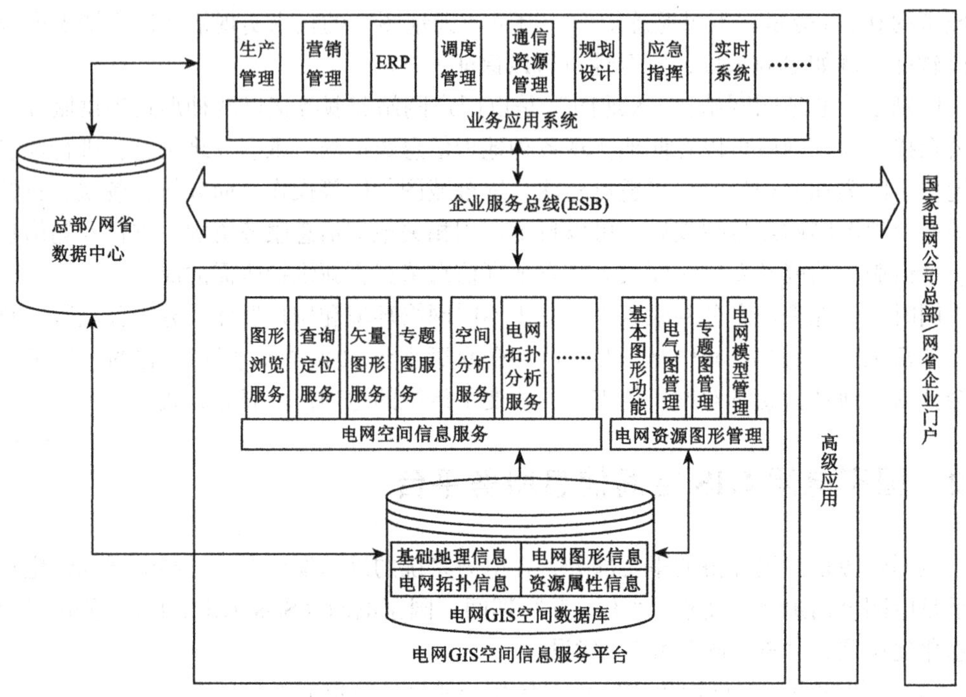

图 9.4　电网 GIS 空间信息服务平台在“SG186”工程一体化平台之内的总体架构

电网 GIS 空间信息服务平台通过一体化平台的数据中心、数据交换、应用集成实现与各类业务应用系统的横向集成及总部与网省的纵向贯通。通过应用集成平台，电网 GIS 平台发布各类电网空间信息服务，为生产、营销、企业资源规划（Enterprise Resourse Planning，ERP）、调度、通信、规划设计、应急和实时系统等业务应用提供服务支撑，实现电网 GIS 空间信息服务平台与业务应用系统的横向集成；通过数据中心、数据交换平台完成电网空间数据的共享与交换，实现总部和网省的纵向贯通；通过企业门户发布各类空间图形信息。

9.2.1　系统设计

电网资源作为地理信息系统空间数据中的一种，除具有一般空间数据的空间特征和属性特征外，还有其自身的一些特性如数据类型繁多、数据关联度高、表示符号特殊化和网络拓扑性等。电网 GIS 空间信息服务平台作为 GIS 在电网中的重要应用，涉及电网资源的获取、符号化、管理、显示、支持决策服务等。

电网 GIS 空间信息服务平台的开发，利用电力设备地理空间的唯一性作为关键索引，对电网的各属性数据和空间数据进行管理，采用面向服务的架构 SOA，设计标准的服务接口，底层可以通过电网资源数据管理和处理功能组件接入不同的 GIS 平台软件（例如 GeoStar/GeoSurf 和 ArcGIS），在组件基础上进行服务封装，以网络服务的方式发布和共享，供其他一些业务平台集成和调用（图 9.5）。

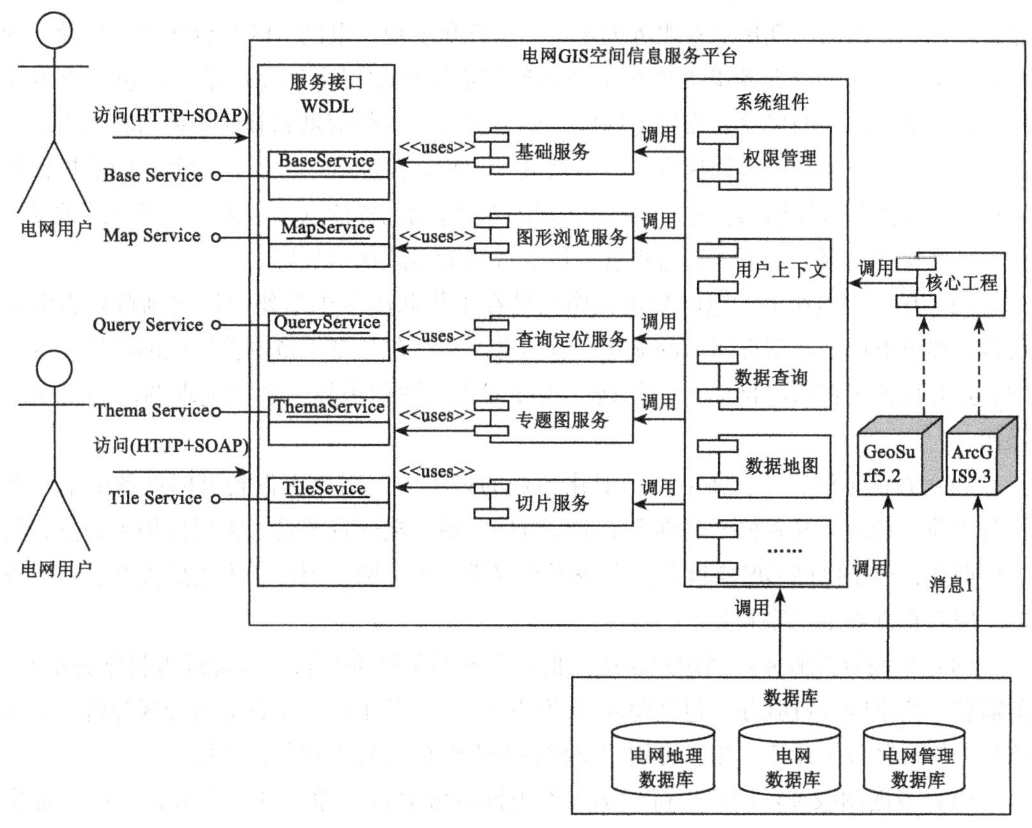

图 9.5　电网 GIS 空间信息服务平台总体框架

（1）电网 GIS 空间信息服务平台使用地理信息数据库、电网图形数据库、拓扑信息数据库和资源属性数据库，既将发电、输电、变电、配电、用电、通信、公共设施和其他一些主要设施以统一的数据格式收录进来，又把这些数据与地理信息数据库结合起来，保证电网资源内容的全面和表达的丰富。

（2）电网 GIS 空间信息服务平台以面向服务的框架设计。将电网资源和电网处理功能以数据服务和处理功能服务的形式提供给外界。外界通过访问服务的方式请求这些服务，达到数据和功能服务的共享。

（3）电网 GIS 空间信息服务平台通过标准的接口向外部提供服务。这些标准的接口遵守 OGC 国际定义的标准规范，只要是遵守这些规范的其他业务系统都可以与电网

GIS 空间信息服务进行集成。这种集成是服务级别上的集成和使用。

根据电网系统的服务需求，电网服务主要包括基础服务、图形浏览服务、查询定位服务、空间分析服务、专题图服务、切片服务等。

（1）基本服务：当用户需要进入系统时，进行一些基本的操作，主要包括其他服务需要使用到的基础操作，包括与电网 GIS 空间信息服务平台建立连接、断开连接、获取图层信息等。同时，作为企业级的空间信息服务平台，电网 GIS 平台对用户配置的信息进行保存，从而实现用户对服务的定制和个性化展现。电网 GIS 平台提供一套默认的配置方案。并在基础服务里提供一系列的操作给用户配置个性化的信息，包括设置图层、设置返回图片的尺寸、设置返回图片的格式等。这些信息和其他相关信息作为服务的上下文以用户名为关键词保存在服务器端，用户只需配置一次，后续的访问的操作都会按配置过的参数来返回，并且当用户重新登录时此配置信息不会丢失。可使用重置服务上下文操作对服务上下文进行重置，恢复成服务器默认的配置。

（2）图形浏览服务：电网公司工作人员在工作和决策中需要图形化浏览查看电网设备，提供电网地理图等图形的显示浏览服务调用，包括基于范围获取电网图形、基于中心点和比例尺获取电网图形、新建、删除和查询图形书签、取消地理图高亮显示等操作。

（3）查询定位服务：在电网图形化浏览的过程中，用户想得到电网设备的信息和设备当前的状态。或者根据名称等来定位电网资源。电网资源管理需要使用到的查询与定位服务，包括电网 GIS 空间信息服务平台提供的点、圆、矩形、多边形查询，SQL 查询，路名查询和定位等服务。

（4）空间分析服务：当用户希望能根据当前的条件进行科学选址或者科学分析时，就需要一些空间分析服务。包括距离、面积的测量、基于点和设备的缓冲区分析、最短路径分析、区域统计等功能，可用于支撑各个专业的基础空间分析应用。

（5）专题图服务：用户想得到某一类电网资源时进行单独的分析和浏览时，提供电网单线图、系统图等专题图的图形获取、查询等功能。

（6）切片服务：切片地图服务是数据服务的一种，是用于在客户端快速访问服务器端缓存的地图切片，实现高效的地图浏览和获取。地图切片也称地图金字塔、地图层次细节模型。是根据用户的不同层次现实不同级别的地图影像。电网 GIS 空间信息服务平台给客户端提供标准 SOAP 方式的获取切片缓存信息操作和 HTTP GET 请求方式的切片图片获取服务。

图 9.6 显示了根据指定的范围返回电网地理图形服务的执行流程图。首先用户向服务器 getMap 服务发送请求，请求参数是遵循服务规范的基于 XML 的消息文档。服务器接收发送过来的请求，将其中的 XML 解析成相应的电网资源对象，然后进行权限认证，认证通过后，就调用绘图程序进行相应范围的层次绘制，然后将绘制好的图层以 URL 的形式返回，最后将结果包装成一个符合规范的 XML 文档作为服务的返回参数。

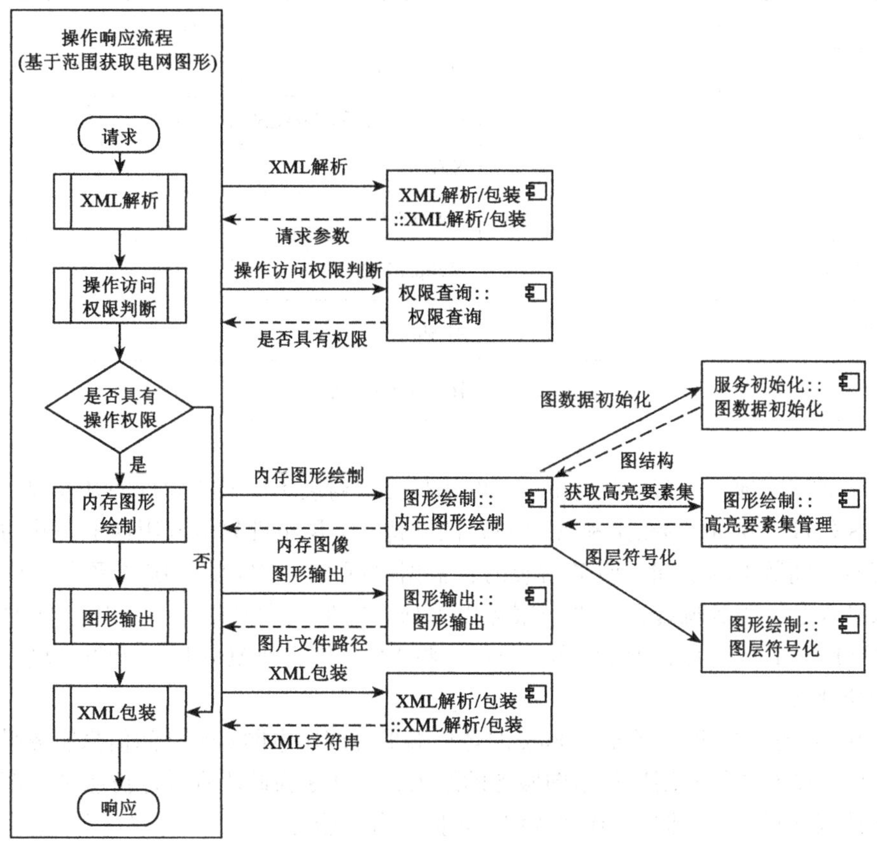

图9.6 获取地理图形服务执行流程

9.2.2 实现

电网GIS空间信息服务平台于2010年10月初步完成，系统的实现环境如表9.2所示。系统采用Flex开发富客户端应用程序，通过SOAP访问服务器端的服务。服务器选用Windows XP/Linux操作系统，Weblogic 9.3网络服务器，Oracle10g Release1数据库，通过JAVA和GeoStar/ArcGIS实现GIS空间算法，并使用XFire软件向外部发布服务。

表9.2 **系统平台工具**

项目	产品
操作系统	Linux
数据库	Oracle Database 10g Release1
Web服务器	Weblogic9.3

续表

项目	产品
软件开发工具包	JDK1. 6. 0
	GeoSurf5. 2 和 ArcGIS9. 2
	XFire
	Spring2. 0
Java 开发环境	Mylipse7. 0
客户端	Flash
浏览器	IE7. 0/FireFox3. 0

系统底层实现了一套公共的电网 GIS 组件接口封装不同 GIS 软件的开发包，实现对异构 GIS 软件（例如 GeoStar 和 ArcGIS）的支持。上层组件只需调用这个公共的接口便可实现对空间数据的访问。服务封装时，根据电网 GIS 空间信息服务平台设计的服务名、服务参数、服务流程，将平台服务以 WDSL 的形式发布出来。采用成熟的服务工具例如 XFire 作为系统 WSDL 发布的支持，将 XFire 集成到 Myeclipse 开发环境中，实现服务的快速实现。

图 9. 7～图 9. 10 展示了基于 Flex 的客户端平台调用电网 GIS 空间信息服务平台后生成的界面。图 9. 7 是调用切片地图服务的结果，图 9. 8 为调用查询定位服务，图 9. 9 为调用缓冲区分析服务，图 9. 10 为调用最短路径分析服务。

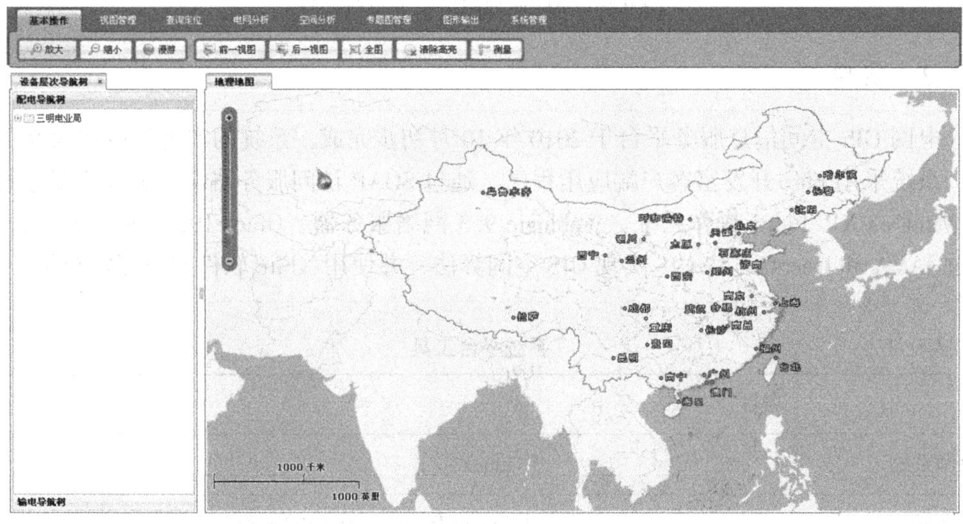

图 9. 7　切片地图服务

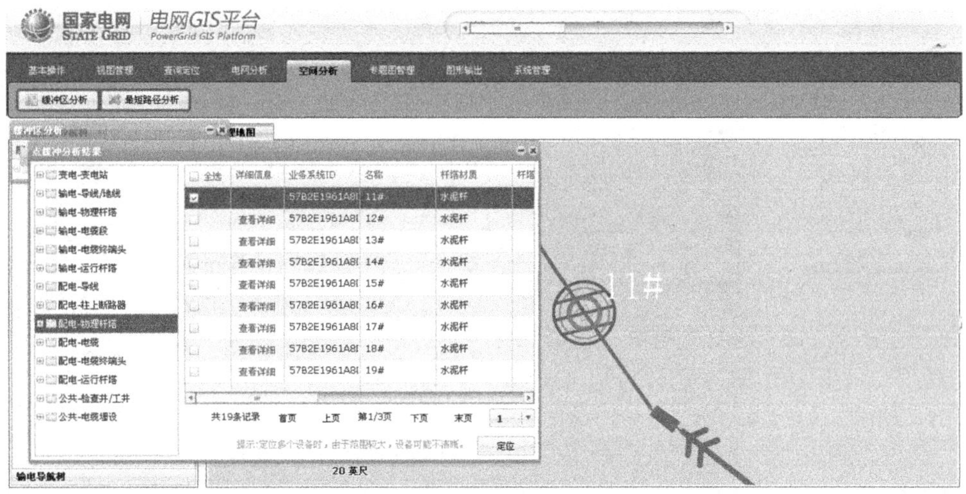

图 9.8　查询定位服务

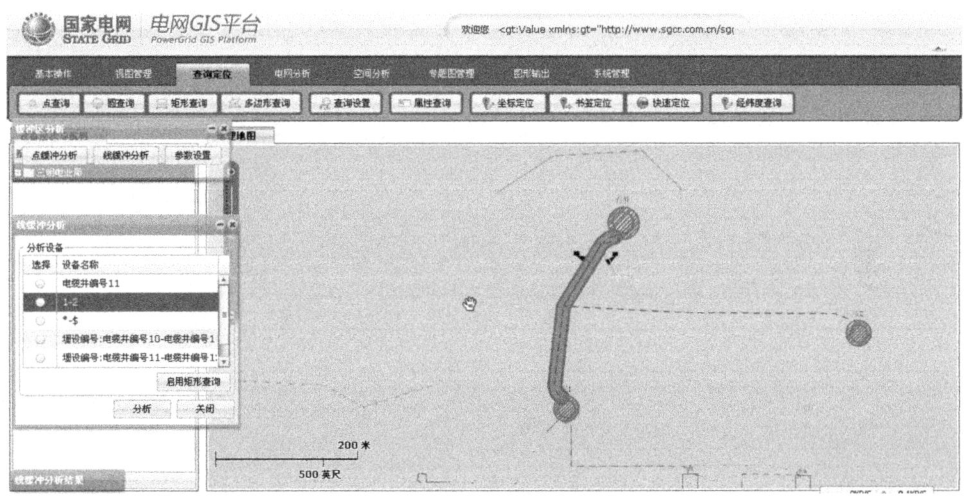

图 9.9　缓冲区分析服务

图 9.10　最短路径分析服务

第 10 章　传感器服务

传感器是一种能把物理量或化学量转变成便于利用的电信号的器件。国际电工委员会（International Electrotechnical Committee，IEC）的定义是：“传感器是测量系统中的一种前置部件，它将输入变量转换成可供测量的信号”。我国国家标准（GB7665-87）中将传感器（Transducer/Sensor）定义为：“能够感受规定的被测量并按照一定规律转换成可用输出信号的器件或装置”。

传感器网络（Sensor Network）是由大量覆盖在作用区域内的、以有线或者无线网络的通信方式，利用传感器节点通过自组织方式构成的，能根据环境自主完成指定任务的分布式智能化网络系统。其目的在于以协作的方式实时监测、感知、采集和处理网络覆盖区域中各种环境或者监测对象的信息。

传感网（Sensor Web）是一项将具有感知、计算和无线网络通信能力的传感器以及由这些传感器构成的传感器网络技术与 Web 技术相结合产生的新技术。葛罗斯（Neil Gross）在 1999 年 8 月 30 日发行的《商业周刊》（*Business Week*）杂志上描述 21 世纪的 21 项新概念时，就对未来的地球观测系统作出了预测，他将传感网技术形容为“地球的电子皮肤”（Gross，1999），并描述为：

“在下一个世纪，地球将披上一层电子皮肤。这层电子皮肤会以网际网络为骨架，并使用它来传达感知。这层皮肤也正被缝合在一起，它是由上百万个电子传感器组成，包括温度计、压力计、空气污染探测器、照相机、麦克风、葡萄糖感测器、心电图感测器、脑波感测器等。这些感测器无时无刻地观察并监控城市、濒临绝种的动物、大气层、船舶、高速公路上的交通、载货卡车队、人类的日常对话、身体状况，甚至是我们的梦。”

传感网这一概念最早源于美国航空航天局（NASA）下属的喷气推进实验室（JPL）Delin 等人开始的传感网原型系统研究，用于传感网从无线传感器网络的单纯监控扩展到对周围环境作出反应并进行控制（Delin 等，1999）。传感网区别于传感器网络的独特性在于一个传感器节点获取的信息可以被其他节点共享和使用，并且还会根据网络中其他传感器的各种测量行为来进行自我调整以适应整个感测环境（Delin 等，2001）。美国宇航局戈达德航天飞行中心 GSFC 的 Talabac 认为，传感网就是一个感知节点的分布式系统，这些节点由通信网络连接并整合为一个独立的、高度协作的虚拟系统。它可以自主进行监测，并通过修改观测状态优化返回的科学信息的方式来对各种事件、观测以及其他源于各种感知节点的信息作出动态反应（Talabac，2003）。

2006 年 OGC 的传感网实现（Sensor Web Enablement，SWE）规范中对传感网定义为“通过标准协议和应用程序接口来发现和获取的万维网可访问的传感器网络和传感器数据”。该定义还指出，传感网中所有的传感器都应能报告其位置信息；所有的传感器都与网络相连；所有的传感器都包含注册的元数据；传感网内所有资源都具有远程可读性并可以进行远程控制和操作（Botts 等，2006a）。

2007 年 2 月 NASA ESTO/AIST 定义为（NASA，2007）：“传感网是由许多分布的资源组成的协同的观测组织结构，那些分散的资源整合起来作为一个独立的、自主的、可定制任务的、动态适应并可重新配置的观测系统，该系统通过一系列基于标准的服务导向的接口来提供原始观测数据以及经处理后的数据和与这些数据相关的元数据。”同年 NASA AIST 传感网会议上，美国乔治梅森大学狄黎平教授从计算角度出发，根据面向服务的构架和 Web 服务环境，对 Sensor Web 定义为“一组遵循特定传感器行为和接口规范的互操作的 Web 服务”。从这个意义上，任何包含算法或仿真模型的 Web 服务都可以成为传感网里的一个传感器，只要这个 Web 服务遵循了标准规范接口和操作。这样的传感器可以称为虚拟传感器。

传感网的定义随着人们认识的深入以及应用范围的扩展而不断进化。根据目前已有的传感网的定义，其内涵包含了以下方面（闵敏，2008）：

（1）与 Web 连接的传感器类型多样。随着传感器技术的发展，目前出现的传感器类型多种多样，无论是空中的远程传感器（例如卫星、太空船等）还是位于地面的各种原位传感器（例如摄像头等）；无论是真实存在的各种传感器还是各种遵循传感器行为和接口规范的计算机仿真系统等虚拟传感器等，都可以通过 Web 进行访问。

（2）传感网具有共享性和互操作性。它是一个分布式的开放式系统，支持各种服务和资源共享。通过各种标准化行为和接口可以对 Web 上各种传感器资源（数据、模型、分析）和服务进行共享访问。数据和信息的无缝传输，应用的相互调用，有助于完成逻辑上统一的任务。传感网的一个节点可以与其他传感网节点交换信息并进行交互。这包括：在传感网内整合地面和空间装置并实现这些装置之间的实时交互。此外，传感网也是 Internet 的一部分，支持实时信息查询。这要求传感网支持以数据为中心的路由和内部网络处理。

（3）传感网具有动态实时性。传感网可以通过动态的任务定制来请求访问目标观测，能够实时获取数据和信息服务。这改变了过去空间观测数据的静态性特点，尤其适合一些与时间紧密相关的事件观测。例如对于森林火灾、海啸地震等具有时间连续性的灾害性事件跟踪观测。

（4）传感网具有自治性，具有通过自治性操作和动态的重配置进行自适应性反馈的能力。传感网不仅可以接受外部人类用户的命令和配置，而且自身具有自治性特点。当传感器节点失效、增加、或链接可靠性发生变化时，可以根据情况不断动态调整操作行为和传感器节点配置从而促使观测满足需求。

（5）传感网具有可扩展性。每个传感器节点都是一个相对独立的小系统，但又可以通过各种标准接口进行整合为一个更大的系统发挥更大的功能以共同实现特定的观测需求，并且能够容纳以后新出现的具有一致标准接口的传感器节点，进一步扩大传感网。

（6）传感网具有灵活性。首先，每个传感器的空间部署位置十分灵活。各种真实或虚拟的传感器可以根据观测的需求灵活的部署于任意空间，这使得观测覆盖范围较之以前大大增加，极大拓展了人类的空间访问能力，尤其是一些以前人类难以到达的地点。其次，每个传感器节点都具有即插即用性，整个 Sensor Web 中可以根据用户需求调整传感器节点间的不同组合以完成不同的任务。

（7）传感网系统具有智能性。它可以根据当前网络状况、环境状况以及科学目标等任务需要不断的优化网络拓扑、网络带宽、电能消耗、数据优先性等资源的使用。这是传感网与一般的数据采集系统最重要的区别：传感网不仅仅具有采集数据的功能，其返回的采集的数据是应基于用户需求的，甚至是根据需求进行过处理后的数据。因此，其智能性体现为：①基于对各种现状（网络状况、环境状况等）的充分了解，优化资源配置；②根据预先定义的任务需要和科学目标优化数据流；③通过网络内部的处理产生满足用户需要的答案而不是简单的返回原始采集数据。

OGC 制订的一系列传感器服务规范为传感器信息描述和服务功能的互操作奠定了基础，本章重点对 OGC 传感网实现架构（Sensor Web Enablement Architecture，SWE Architecture）和 SWE 标准进行阐述。

10.1 OGC 传感器网实现架构

10.1.1 总体介绍

OGC 传感网实现（Sensor Web Enablement，SWE）规范通过制订标准，支持传感器观测的发现、交换和处理，以及传感器系统的任务分配。SWE 架构所提供的模型、编码和服务可以实现面向服务的异构传感器系统和客户端应用的互操作和扩展性。OGC 中针对传感器网所定义的功能包括（Botts，2006b）：

（1）发现满足用户即时需求的传感器系统、传感器观测数据和观测过程。

（2）判断传感器的能力和量测质量。

（3）访问传感器参数，从而允许软件自动对观测数据进行处理和地理定位。

（4）获取基于标准编码的实时或者时间序列的观测和覆盖数据。

（5）分配传感器任务以获取感兴趣的观测。

（6）基于一定的准则订阅和发布传感器或传感器服务的预警。

OGC 传感网实现架构将 SOA 思想与传感器和传感器网络结合，通过公共接口和编码实现网络访问传感器设施的体系结构。SWE 中的传感器设施可以包括传感器、观测历史、模拟仿真以及观测处理算法等。如图 10.1 所示，SWE 不仅可以实现分布式传感器网络之间以及分布式的模型和仿真之间的互操作，还可以增强传感器和模型之间以及异构传感器网络与决策支持工具之间的互操作，有利于将不同组织、国家、地区分布的传感器资源进行关联，建立强大的传感网系统。

简而言之，SWE 框架的角色是为了在分散的传感器和模型之间提供互操作，并成为传感器、模型和仿真、决策支持工具之间互操作的桥梁。

在 SWE 中，要实现传感网，需要建立对传感器和传感器观测进行编码，并对网络服务进行标准化接口定义。目前 OGC 已经建立和原型化的标准包括：

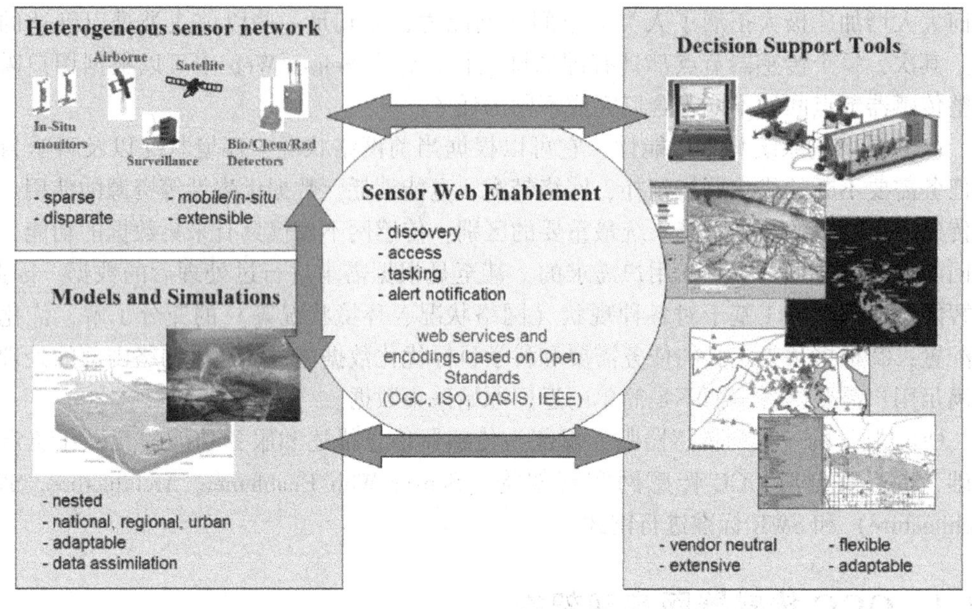

图 10.1　SWE 的角色（Botts，2006b）

（1）观察和量测（Observations & Measurements Schema，O&M）：提供标准模型和 XML 模式，用于对来自于传感器的观测数据和量测数据进行编码，不论这些数据是已经归档的还是实时获取的。

（2）传感器建模语言（Sensor Model Language，SensorML）：提供标准模型和 XML 模式，用于描述传感器系统和处理过程；提供发现传感器、定位传感器观测数据以及处理原始级传感器观测数据和列出可定制任务的属性。

（3）变换器标记语言（Transducer Markup Language，TransducerML 或 TML）：提供概念模型和 XML 模式，用于描述变换器和支持来自或者进入到传感器系统的实时数据流。

（4）传感器观测服务（Sensor Observations Service，SOS）：提供标准服务接口，用于用户获取来自于一个或者多个传感器的观测数据、传感器系统描述。

（5）传感器规划服务（Sensor Planning Service，SPS）：提供标准服务接口，用于用户确定收集来自于一个或多个传感器的数据的可行性，以及向这些传感器提交收集请求。

（6）传感器预警服务（Sensor Alert Service，SAS）：提供标准服务接口，用于订阅和发布来自于传感器的预警。

（7）网络通知服务（Web Notification Service，WNS）：提供标准服务接口，可用于 SAS 或 SPS 等服务的异步消息或预警传送。

10.1.2　概念与实例

SWE 建立标准和规范的目标在于使得网络中各种类型的传感器、工具、成像设备以及观测数据集能够被发现和访问，并可以通过网络对它们中的部分进行控制。如图 10.2 所示，在 SWE 网络中有两个关键的概念：多层次集成和传感器观测增值链。

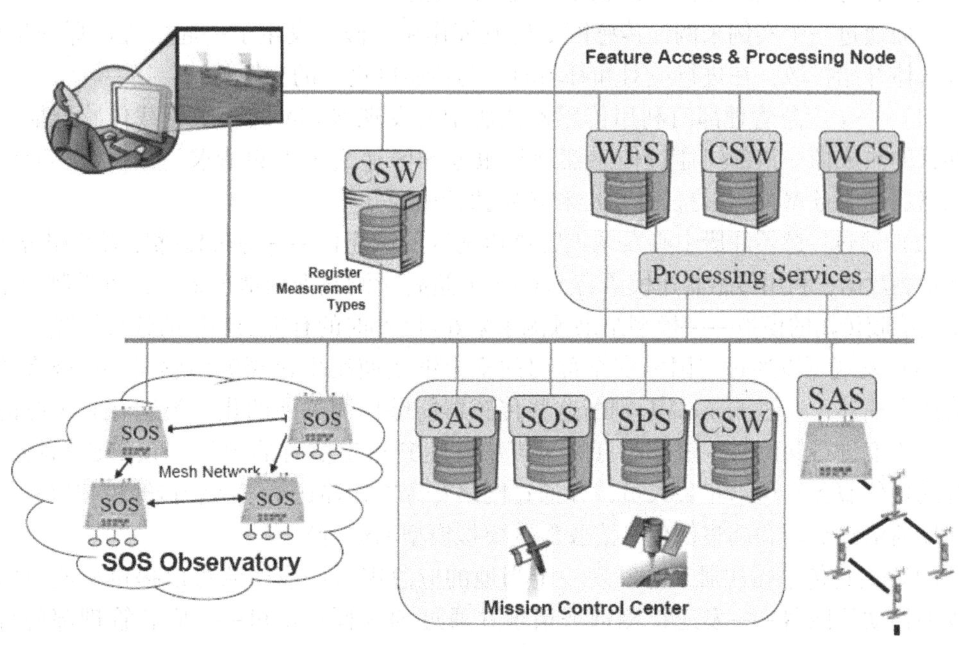

图 10.2　SWE 概念图（Botts，2006b）

1. 多层次集成

多层次集成体现的是多个信息社区、组织、系统和传感器在互联网络上访问和共享资源（数据、设备、过程、系统、服务等）的能力。在由设备、多模式网络、数据库、处理器、应用等组成的不同"生态系统"中，联通和数据共享总会在不同的时间间隔、量级、频率动态发生。单个的传感网"生态系统"可以由下列部分组成：一个成千上万个传感器设备构成的无线传感器网络，一个链接到网络节点上的由固定的原位传感器组成的传感器星座，以及可以管理移动传感器（远程或原位传感器）的规划和部署的任务控制中心（Mission Control Center）和收集和存储传感器产生的原始数据的地面站。其中的传感器系统和处理节点又可以由不同的组织所有和负责运行，并服务于不同的目的，例如生化检测、环境检测、科学研究等。SWE 强调的多层次集成有助于对资源进行可伸缩性、可维护性和可扩展性的访问。

2. 传感器观测增值链

传感器观测增值链关注的是传感器观测的生命周期，即从原始未处理的数据颗粒转换为信息产品并为应用和消费者提供服务的流程。在增值链中，通过对互联的服务进行编制将原始数据处理为满足不同组织和不同需求的表达形式。根据需求不同，传感器数据可以以较原始的形式提供，或处理为观测对象、与其元数据和处理过程一起估计描述现实世界现象的值，或进一步处理成地理要素或覆盖数据表达。图 10.2 中，增值处理过程可以在不同的地方执行，例如传感器、传感器代理节点、地面站、任务控制中心、网络中的存储和处理节点、或用户的桌面机。SWE 中定义的标准服务接口和数据编码是大规模和可扩展式部署传感器观测增值链的关键。

下面通过一个实例来例证传感网如何发挥作用。假设发生了一起大规模爆炸事件，有害气体开始扩散，在进行应对和补救时，与传感网进行的交互包括：

(1) 一个应急管理部门利用传感器注册中心发现 NASA 的一个机载传感器能够提供烟云的热成像。该部门通过传感器规划服务 SPS 递交了观测请求，并在数小时内通过网络通知服务 WNS 获得任务批准和预定执行的通知。

(2) 通过传感器注册中心发现灾害周边地区的风速仪——通过传感器观测服务 SOS 获得量测数据，利用传感器建模语言 SensorML 进行量测数据的地理定位，将观测结果应用于气溶胶传输的模拟——模型结果预测未来 6~12 小时的有害云顺风的分布位置。

(3) 发现可以通过与国家安全部门的安全链接使用生化探测传感器——查询传感器的能力描述，通过 SensorML 判断这些传感器能够探测关注的化学类别并有足够的灵敏度对浓度进行探测——该部门订阅了当浓度达到特定值时的预警（预警通知将通过邮件或短信服务发送给相关人员，并通过网络资源链接输送给气溶胶传输模拟服务，通过该反馈信息更新和调整优化气溶胶传输模拟模型的运行)

(4) 通过传感器注册中心发现一个当地的应急灾害反应团队可以提供检测有害气溶胶的移动传感器——发送检测部署请求并通过 SPS 授权认可——应急管理部门订阅这些传感器提供的特定浓度超标的预警——预警从野外传感器通过无线网络和位置、量测数据一起发送——生化控制和医疗分队被派遣到合适的地方进行处理。

(5) 与此同时，热成像观测完成——WNS 发送通知给火灾和灾害分队——通过 SOS 获得原始观测图形（TML 数据流），和处理过程描述（SensorML）一起进行按需的地理定位和数据处理——通过处理结果定位了主要的热点地区和主要毒源——对相应的地区进行火灾控制。

(6) 应急反应车载传感器不仅一直检测这些车辆的位置，而且提供空中有害物质聚集的移动量测数据。无人机或其他机载平台上的传感器提供的实时视频流（TML）通过 SOS 提供，与能够对视频进行地理定位的 SensorML 描述一起，支持实时的灾害评估和救援检测。

上面所提到的所有数据和服务可以通过支持 SWE 标准的决策支持工具进行访问、处理和信息融合。

10.2 SWE 标准

SWE 标准可以分为两个部分：信息模型和服务接口。前者由概念模型和编码组成，后者定义了服务的接口操作和协议（图 10.3）。

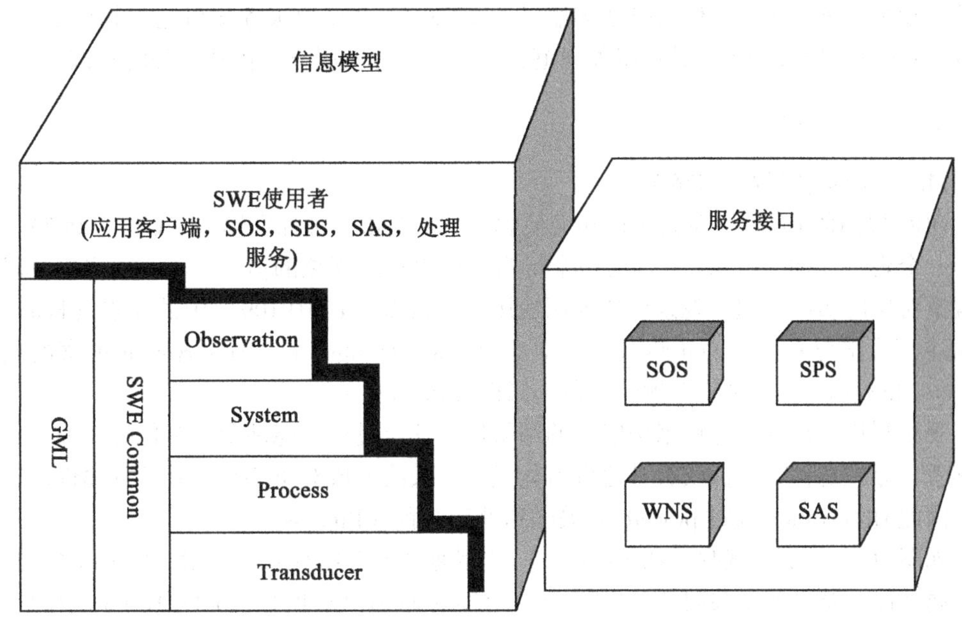

图 10.3　SWE 标准模块图

信息模型是由 SWE 系统中的概念部分构成，按照从最原始到被处理的顺序，可以划分为变换器（Transducer），过程（Process），系统（System）以及观测（Observation）。

（1）Transducer：是真实世界和数字世界之间的接口，因此，它是传感器网络的基本要素。把现象变为数据的变换器通常所指的是传感器，而把数据转化为现象的变换器通常被称为信号传送器（transmitters）和制动器（actuators）。

（2）Process：基于预先定义的方法和参数，一个过程（process）摄入一或多个输入并产生一个或多个输出。

（3）System：一个系统（system）根据给定的方法把一个或多个输入转化为一个或多个输出。系统由一组变换器构成。通过把内部协同系统与地理参考系统相关联，系统、系统组件以及量测可以被地理参考。

（4）Observation：一个对现象进行观测并产生值的行为称为观测（observation）。它包括量测方法、观测值、量测时间、观测现象等信息。

从原始数据（变换器）到被处理的数据（观测），以上元素包含的信息量逐渐增加。信息模型的每个逻辑层构成了上一层的基础。例如，变换器获取的信息形成了过程的输入。SWE 使用者可以访问各个层次的信息。SWE Common 是 SWE 定义的通用元素，它是基于地理标记语言（Geography Markup Language，GML）的，每个信息层中使用的元素都源于 SWE Common。

在以上信息模型的基础上，SWE 制订了信息模型标准和服务接口标准，信息模型标准包括观察和量测（O&M）、传感器建模语言（SensorML）和变换器标记语言

(TransducerML);服务接口标准包括传感器观测服务(SOS)、传感器规划服务(SPS)、传感器预警服务(SAS)和网络通知服务(WNS)。SWE 的服务接口还包括注册服务,可以通过采用已有的 OGC 目录服务规范,实现对传感网服务、传感器等的查询。

10.2.1 信息模型

10.2.1.1 观察和量测(O&M)

OGC 提出的 O&M 旨在为表达和交换观测结果提供一种标准模型(Cox,2007)。

一个观测(Observation)作为一个行为,产生描述现象的值(result)。现象可以通过观察对象的属性标识。观察对象采用通用要素模型(ISO19109)中的要素(Feature)来描述,并作为 Observation 感兴趣的对象(featureOfInterest)。Observation 观察的属性(observedProperty)即是感兴趣的对象的属性(Property)。

观察利用一种处理过程来确定它的结果值,这个过程可能涉及一个传感器或者一个观察者、分析过程、模拟或者其他数值化过程,最终形成对所感兴趣对象的属性的评估值。因此 Observation 通过 procedure 关联到处理过程(Process)。

如图 10.4 所示,观测(Observation)类型通过感兴趣对象的要素、所应用的过程、观察属性以及结果值来共同描述,该类型也作为通用要素模型(ISO19109)中的一类 Feature,但与特指矢量数据模型的要素不同。

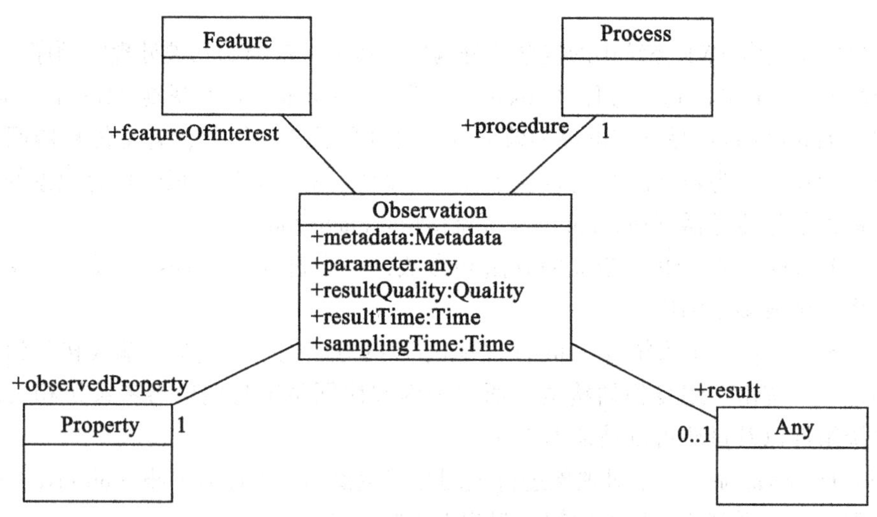

图 10.4 O&M 观测的结构

观测(Observation)侧重于一般性的概念,量测(Measurement)这个词在 O&M 中反映出一种事实,即大多数传感器过程都是估算物理量,也就是说测量可能专指其结果是用数值来表示的案例。因此量测(Measurement)是一种特殊的 Observation。

观测(Observation)与矢量要素(Feature)、覆盖(Coverage)构成了空间信息的三种不同表达(图 10.5),采用表格式来区分这三种信息表达,如图 10.6 所示。

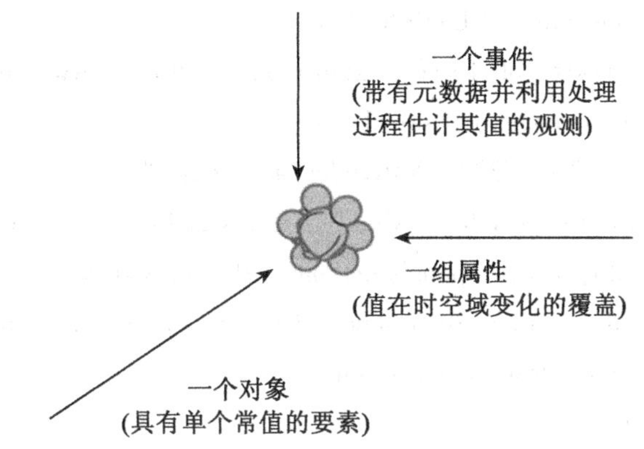

图 10.5　要素、覆盖、观测信息表达

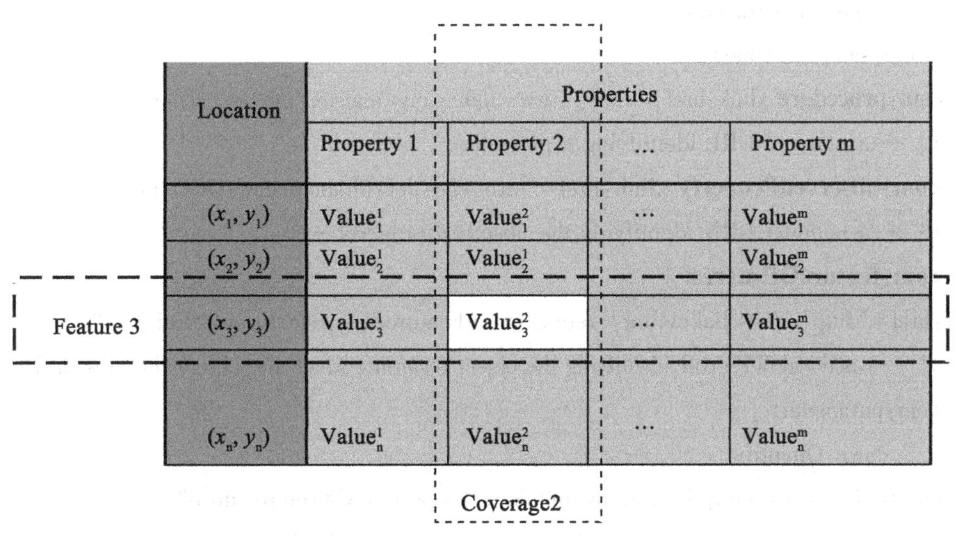

Location	Properties			
	Property 1	Property 2	…	Property m
(x_1, y_1)	$Value_1^1$	$Value_1^2$	…	$Value_1^m$
(x_2, y_2)	$Value_2^1$	$Value_2^1$		$Value_2^m$
(x_3, y_3)	$Value_3^1$	$Value_3^2$	…	$Value_3^m$
(x_n, y_n)	$Value_n^1$	$Value_n^2$	…	$Value_n^m$

图 10.6　位置有关的信息的表格表示（Botts，2006b）

（1）观测视角与数据采集关联，例如观测事件确定了某要素属性值（例如图 10.6 中的观测结果 Value32），也与数据输入关联，例如通过向数据库中某字段插入值而引起的数据库更新行为。

（2）从覆盖的角度来说，当目标是查找一个域上某属性的变化信号时，信息可由某一特定属性的观测结果汇集起来，并用于表达服务于分析的数据集合。例如图 10.6 中属性 2（Property 2）在空间域上的观测结果（Coverage 2）。

（3）离散的要素描述法是从“总结”的视角来表达，信息由建立在相同目标上的观测结果汇集起来；也是从“推理”的角度来表达，从覆盖数据提取信号。例如图 10.6 中的要素 3（Feature 3）。

下面是遵循 O&M 规范的 XML 实现示例：

```
<? xml version="1.0" encoding="UTF-8" ? >
<om:Observation gml:id="obsTest1" xmlns:om="http://www.opengis.net/om/1.0"
xmlns:swe="http://www.opengis.net/swe/1.0.1"
xmlns:xsi="http://www.w3.org/2001/XMLSchema-instance"
xmlns:xlink="http://www.w3.org/1999/ xlink" xmlns:gml="http://www.opengis.net/gml"
xsi:schemaLocation="http://www.opengis.net/om/1.0../om.xsd">
    <gml:description>Observation test instance: fruit mass</gml:description>
    <gml:name>Observation test 1</gml:name>
    <om:samplingTime>
        <gml:TimeInstant gml:id="ot1t">
            <gml:timePosition>2005-01-11T16:22:25.00</gml:timePosition>
        </gml:TimeInstant>
    </om:samplingTime>
    <om:procedure xlink:href="http://www.flakey.org/register/process/scales34.xml"/>
    <! --a notional URL identifying a procedure ...-->
    <om:observedProperty xlink:href="urn:ogc:def:phenomenon:OGC:mass"/>
    <! --a notional URN identifying the observed property -->
    <om:featureOfInterest
xlink:href="http://wfs.flakey.org? request=getFeature&amp;featureid=fruit37f "/>
    <! --a notional WFS call identifying the object regarding which the observation was made-->
    <om:parameter>
        <swe:Quantity
definition="http://sweet.jpl.nasa.gov/ontology/property.owl#Temperature">
            <swe:uom xlink:href="urn:ogc:def:uom:UCUM:Cel"/>
            <swe:value>22.3</swe:value>
        </swe:Quantity>
        <! --example of optional soft-typed parameter-->
    </om:parameter>
    <om:result xsi:type="gml:MeasureType" uom="urn:ogc:def:uom:OGC:kg">0.28</
om:result>
    <! --The XML Schema type of the result is indicated using the value of the xsi:type at-
tribute-->
</om:Observation>
```

10.2.1.2 传感器建模语言（SensorML）

在对现象进行量测产生观测结果的过程中包含一系列的过程，由抽样和检测开始，紧接可能的数据操作过程。随着更复杂和更智能的传感器的引入，以及越来越多的机载或在轨观测处理的应用，量测与后处理之间的界限开始模糊。例如全球定位系统传感器除了包含基本的探测器外，还具备了获得位置、航向和速度观测的一系列复杂处理过程。

SensorML 定量了模型和 XML 模式描述任何过程，包括传感器系统的量测以及量测后的处理等。

OGC 提出 SensorML 的目的包括以下几方面（Botts 和 Robin，2007）：

（1）提供传感器和传感器系统的描述以便于目录管理。

（2）提供传感器和过程信息以支持资源和观测的发现。

（3）支持传感器观测的处理和分析。

（4）支持观测值（量测数据）的地理定位。

（5）提供性能特征，比如精确性、临界值等。

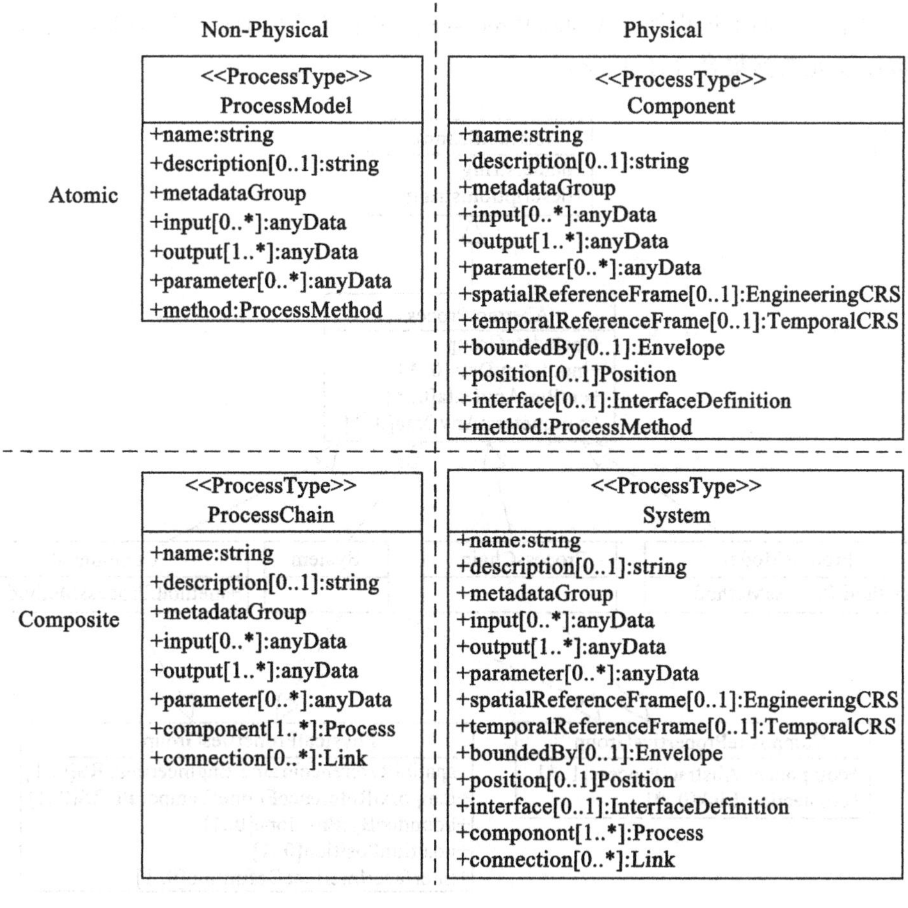

图 10.7 物理和非物理过程（Botts 和 Robin，2007）

(6) 提供获取某观测的过程的明确描述(即观测的起源)。

(7) 提供能够按需派生新数据产品的可执行过程链(即可以派生的观测)。

(8) 归档有关传感器的基本属性和假设条件。

1. 过程

在SensorML中,包括探测器、信号传送器、制动器和滤波器在内的传感器和变换器在模型中都称为过程,这些过程作为实体,它们带有一个或多个输入,并通过使用带有特定参数的明确定义的方法来产生一个或多个输出。

SensorML可被视作一种专门的过程描述语言,它强调在传感器数据中的应用,但并不试图替换其他已存在的技术,比如BPEL或MATLAB仿真软件。

2. 过程的概念模型

在SensorML中,过程既可以是非物理的也可以是物理的,前者称为过程模型(ProcessModel),后者称为组件(Component)(图10.7)。物理过程定义的是一些硬件资源,在这些硬件资源中,信息与位置和接口有关。非物理过程重在定义处理方法(ProcessMethod),例如一些数学操作等。混合模式是指允许复杂的物理过程和非物理过程合成,这种模式被称为过程链(ProcessChains)和系统(Systems)。所有的过程类型都衍生于一个抽象过程类(AbstractProcess),它定义了每个过程所需要的输入、输出和参数以及元数据集合(图10.8)。

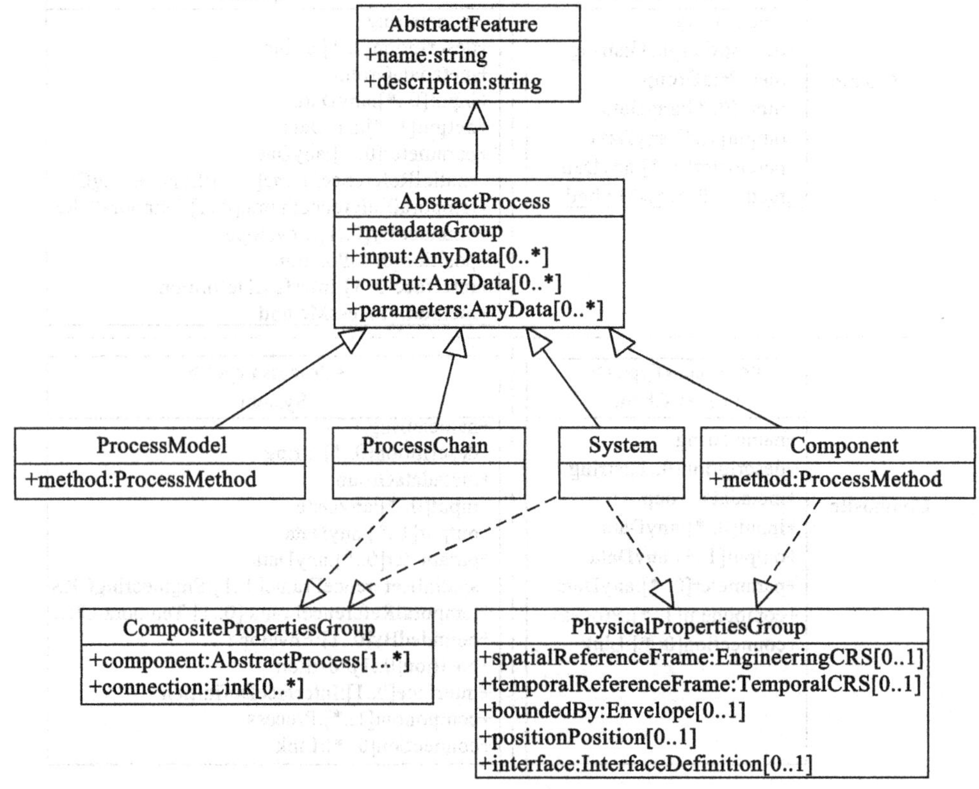

图10.8 过程的概念模型(Botts和Robin,2007)

SensorML 所描述的物理过程与时间和空间相关。物理过程包括变换器（探测器和制动器）、传感器系统、采样器、传感器平台等。在大多数情况下，处理传感器数据时，首先需要描述这些物理过程中的时间和空间参考框架，以及不同参考框架之间的关系。所有的物理过程都有空间参考框架（spatialReferenceFrame）和时间参考框架（temporalReferenceFrame）属性，定义了空间或时间坐标参考系统，来关联过程内部不同的部件（Component）以及部件与其他过程链或系统的部件。

抽象过程类中的输入、输出和参数使用 SWE 中的一般数据类型定义，过程的元数据包括标识符、分类符、约束条件（比如时间，合法性和安全性），功能、特征和引用等。而且，过程元数据还允许通过事件列表的形式定义自己的历史事件，从而构建一个特定过程的生命期（图 10.9）。

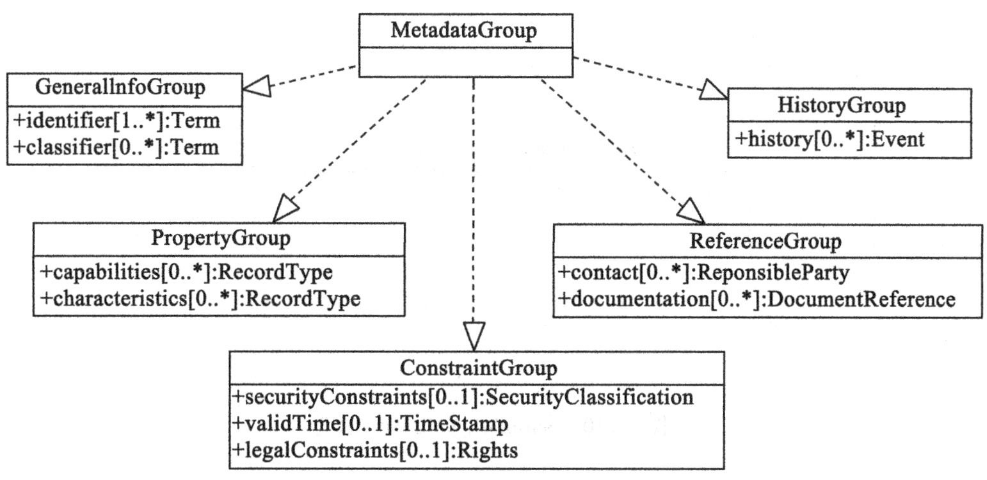

图 10.9　SensorML 中元数据集合的概念模型（Botts 和 Robin，2007）

图 10.10 展示了在实际应用中，使用 SensorML 编码的 XML 例子。它描述了一种传感器，这个传感器根据不同的风速信息和实时的大气温度，观察刮风时所带来的寒冷程度，并将其作为一个计算过程来构建过程模型。它接收大气条件，比如实时的周围温度信息、风速信息，作为输入，经过处理后，输出风寒程度。

10.2.1.3　变换器标记语言（TransducerML）

Transducer 实现物理现象与实际的传感器数值之间的相互转换。将物理现象转换为数据的 Transducer 一般称为接收器（receivers）或者传感器（sensors）；反之则称为传送器（transmitters）或者制动器（actuators）。

TML 提供了一种机制，它可以有效和高效地以公共的格式来捕获、传输和归档传感器数据，而不论数据的原始来源。从原产品到不完全加工产品，再到最终数据

```xml
<?xml version="1.0" encoding="UTF-8"?>
<sml:SensorML xmlns:sml="http://www.opengis.net/sensorML/1.0" xmlns:swe="http://www.opengis.net/swe/1.0" xmlns:gml="
http://www.opengis.net/gml" xmlns:xlink="http://www.w3.org/1999/xlink" xmlns:xsi="
http://www.w3.org/2001/XMLSchema-instance" xsi:schemaLocation="http://www.opengis.net/sensorML/1.0
http://schemas.opengis.net/sensorML/1.0.0/sensorML.xsd" version="1.0">
    <sml:member xlink:arcrole="urn:ogc:def:role:process">
        <sml:ProcessModel gml:id="WINDCHILL_PROCESS">
            <!-- METADATA SECTION -->
            <gml:description>Wind chill temperature computation process</gml:description>
            <!-- INPUTS DEFINITION -->
            <sml:inputs>
                <sml:InputList>
                    <sml:input name="atmosphericConditions">
                        <swe:DataRecord>
                            <swe:field name="ambient_temperature">
                                <swe:Quantity definition="urn:ogc:def:property:OGC:temperature">
                                    <swe:uom code="degF"/>
                                </swe:Quantity>
                            </swe:field>
                            <swe:field name="wind_speed">
                                <swe:Quantity definition="urn:ogc:def:property:OGC:windSpeed">
                                    <swe:uom code="mph"/>
                                </swe:Quantity>
                            </swe:field>
                        </swe:DataRecord>
                    </sml:input>
                </sml:InputList>
            </sml:inputs>
            <!-- OUTPUTS DEFINITION -->
            <sml:outputs>
                <sml:OutputList>
                    <sml:output name="windchill_temperature">
                        <swe:Quantity definition="urn:ogc:def:property:OGC:temperature">
                            <swe:uom code="degF"/>
                        </swe:Quantity>
                    </sml:output>
                </sml:OutputList>
            </sml:outputs>
            <!-- METHOD DEFINITION -->
            <sml:method xlink:href="urn:ogc:def:process:WindChill:1.0"/>
        </sml:ProcessModel>
    </sml:member>
</sml:SensorML>
```

图 10.10　SensorML XML 编码示例

格式，TML 都为这些阶段提供了获取数据的工具。具体来说，TML 定义了如下方面（Botts，2006b）：

（1）定义了一系列模型用于描述一个传感器的反应特征；

（2）定义了一种有效的方法，有助于实时传送传感器数据和通过时空关系对数据进行融合。

传感器数据通常是根据传感器内部处理过程所得出的一个结果，而不是对现象状态的真实记录。这种处理过程对感知现象的影响是基于硬件的并称之为传感器的功能。TML 响应模型是对已知硬件行为的形式化的 XML 描述。这些模型能被用来扭转扭曲效果和返回现象领域的数值。传统的 XML 将一个具有语义意义的标签中的每一个数据元素打包。一般来说，XML 丰富的语义表达能力更适合数据交换而不适合于要考虑带宽因素的实时传输。TML 通过使用一种简洁的 XML 封装，即 TML cluster，来处理实时传输的情况，这种 XML 封装的设计是为了有效传输多路实时传感器数据。

1. 传感器数据的互操作和融合

正如人类的大脑依赖于多种感知系统（眼、耳、鼻等）来获取对周围环境的理解一样，我们可以利用传感器的多重模式来获取对这个世界更好的理解。为了管理复杂的处理任务以及联合成千上万传感器的输入，必须设计出一种无缝而又清晰的交流语言以将异构环境下的传感器和计算机集成起来，如同一个同构的系统进行工作。

2. 实时的和历史的流数据

世界的千变万化是通过实时的流数据来体现的，TML 能够获取这种实时流数据，将其描绘成与现实世界中多重现象相对应的传感器事件，并且维持这些数据相对和绝对的时空关系。TML 数据能够表示来自于或进入到大量不同传感器的连续数据流，它们基本按照时间序列随机地交织在一起。

3. TML 数据流

TML 数据流是由 TML 系统产生的，它携带着表示各种内外部现象的随时间变化的数据。因此，TML 是一种具有时间标签的 XML 实现。

图 10. 11 显示了一个 TML 系统，其包括了五类变换器（Camera，Image Size，GPS，IMU，和 Compass）和两个处理过程（JPEG Compress 和 Base64 encode）。TML 可直接接收来自这些传感器的数据流，也可以接收经过处理后形成的新的传感器数据流。TML 对这些传感器数据流按照系统时钟的不同间隔进行处理，形成新的 TML 数据，并且经过融合和分解后，又可形成不同的集群簇（clusters）。图 10. 12 中具体描绘了以上不同类型传感器在不同时间点的数据流。TML 中的数据流都是以 XML 格式并与不同的传感器和不同的系统时间相关联的。

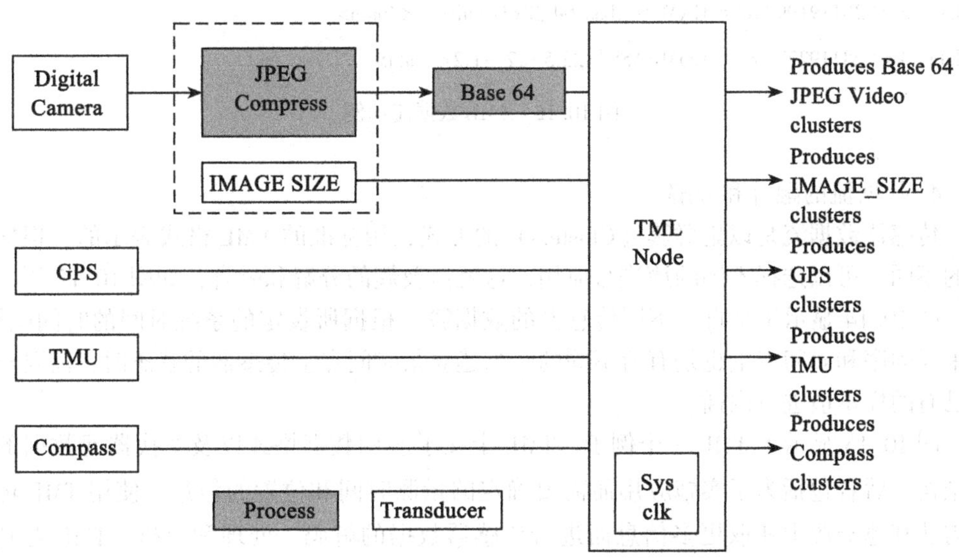

图 10. 11　TML 系统示例（Havens，2007）

```
<data clk='28118774'ref=.IMU'>22.8,1.1,3.4</data>
<! —IMU:true heading,pitch roll-->
<data clk='28118792'ref='COMPASS">21.1</data>
<! —COMPASS:mag heading-->
<data clk='28118795'ref='GPS'>516866,-4702126,4264297.2005-08-26T16:31:49Z</data>
<! --GPS:X,Y,Z,Time-->
<data clk='28118800'ref='IMAGE_SIZE'>49094</data>
<data clk='28118800'ref='CAM'>...base64 JPEG video...</data>
<data clk='28118874'ref='IMU'>23.9,2.7,-1.1</data>
<data clk='28118888'ref='Weather,>0,15.3,35,18.8,18,0.0,22.5,82.3</data>
<! --WX:rain,dewPt,humid,temp,wndchl,wndSpd,wndDir,baroPres-->
<data clk='28118899'ref='IMAGE_SIZE'>49388</data>
<data clk='28118899'ref='CAM'>...base64 JPEG video...</data>
<data clk='28118974'ref='IMU'>0.1 -1.2 1.1</data>
<data clk='28118999'ref='IMAGE_SIZE'>49252</data>
<data clk='28118999'ref='CAM'>...base64 JPEG video...</data>
<data clk='28119174'ref='IMU'>-0.1 1.3 -0.2</data>
<data clk='28119199'ref='IMAGE_SIZE'>49628</data>
<data clk='28119199'ref='CAM'>...base64 JPEG video...</data>
<data clk='28119227'ref='COMPASS'>22.5 0.2 -1.2</data>
```

图 10.12 TML 数据流示例

4. 数据流的融合和分解

传感器数据流是以集群簇（Clusters）的方式，用标准的 XML 格式表示的。根据需要的不同，可以选择不同的簇进行应用，这就涉及簇的分解和融合，如图 10.13 所示。

图 10.14 显示了来自于不同传感器的数据簇。根据所设定的系统时间的时间间隔，在采样顺序和时间点上也是有所不同的。当建立某时间点上传感器的状态时，需要对这些已有的样本值进行内插。

图 10.15 显示了 TML 一个例子。TML 定义了所用数据格式以及变换器元数据的描述结构。后者包括为了实施应用而需要确定的量测时间和位置的信息。使用 TML 可以无需从其他资源中获取更多信息而进行传感器数据的解码、处理和分析。TML 尤其适合数据流的转换。例如，视频流等。数据流可以从历史存档或直接从传感器中获取。在 SWE 的背景下，TML 主要用于直接从传感器传输数据给客户端。

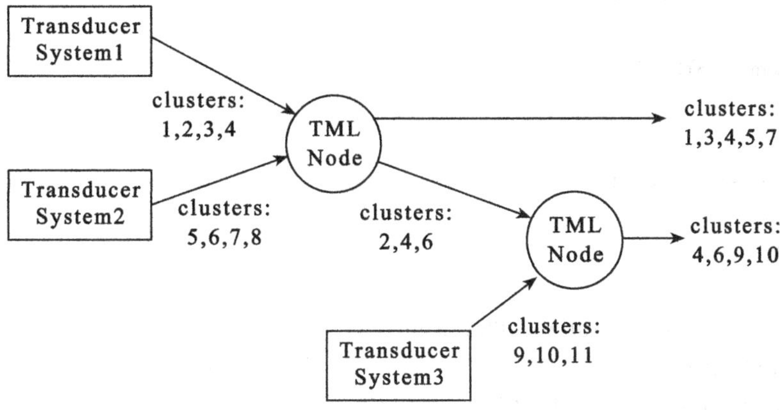

图 10. 13　数据流的融合和分解示例（Havens，2007）

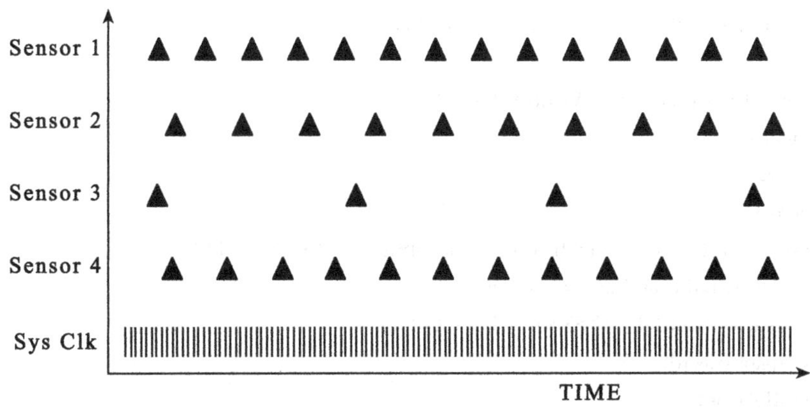

图 10. 14　数据簇的顺序和时间（Havens，2007）

10. 2. 2　服务接口

10. 2. 2. 1　传感器观测服务（SOS）

SOS 为管理已部署的传感器和检索传感器数据特别是“观测”数据提供了应用程序接口（API），它的目的在于以一种标准的方式为来自于不同传感器和传感器系统的观测数据提供一致的访问接口，是 SWE 架构的关键要素。传感器系统中可以包括远程传感器、原位传感器、固定传感器以及移动传感器等。图 10. 16 显示了一些不同类型的原位传感器可以组成不同星座（constellation），通过 SOS 来访问。SOS 提供了广泛的互操作能力，以发现、绑定和集成实时、归档或模拟环境下的单个传感器，传感器平台或网络传感器星座。

```
<? xml version="1.0"  encodinq="UTF-8"? >
<tml>
  <system name="SYS01">
    <sysClk>
      <period>
        <values>0.001</values>
      </period>
    </sysClk>
    <transducers>
      <transducer name="SYS01_CAMERA">
      <logicalDataModel>
        <dataSet id="CAMERA_IMAGE"></dataSet>
      </logicalDataModel>
      </transducer>
    </transducers>
    <process name="PROCESS_1" uid="SYS01_PCS">
      <input>
        <procDataSet name="CAMERA_IMAGE"></dataSet>
      </input>
    </process>
    <relations>
      <posRelation UidRef="SYS01_CAMERA" refSystem="SYS01_GPS"/>
        <spatialCoord coordName="latitude">
          <values bindUid=="SYS01_GPS_LAT"/>
        </spatia1Coord>
      </posRelation>
    </relations>
    <clusterDesc name="SYS01_GPS_LLA">
      <dataUnitEncoding>
      </ dataUnitEncoding>
    </clusterDesc>
  </system>
<! -start data stream-->
  <data clk="263084829"  ref="SYS01_TIMESTAMP">2006-03-02T14:39:41.04z</data>
  <data clk="263085859"  ref="SYS01_GPS_LLA">0.577041 -2.035342 0.000000</data>
  <data clk="12344" ref="SYS01_CAMERA_RGB24_BASE64">ABabdks2836875......ARBKDK==
</data>
<! -continue data stream-->
</tml>
```

图 10.15　TML 的总体结构

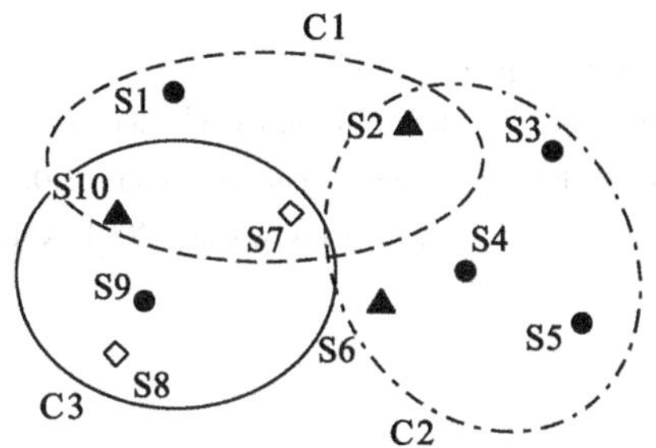

图 10.16　传感器星座（Na 和 Priest，2007）

1. SOS 基本操作

SOS 是连接客户和传感器观测的中介。客户可以访问 SOS 来获取描述相关联的传感器、平台、处理程序的元数据信息以及其他与观测结果相关联的元数据。在这个过程中涉及 SOS 的三个核心操作：GetObservation，DescribeSensor 和 GetCapabilities。

(1) GetObservation 提供了通过可由现象筛选的时空查询访问传感器观测和量测数据的接口。图 10.17 和图 10.18 分别显示了 GetObservation 请求和返回的 XML 例子。

```
<sos:GetObservation xmlns:xsi="http://www.w3.org/2001/XMLSchema-
    instance" "xsi:schemaLocation="http://www.opengis.net/sos/1.0
    http://schemas.opengis.net/sos/1.0.0/sosAll.xsd"
    xmlns:sos="http://www.opengis.net/sos/1.0"
    xmlns:om="http://www.opengis.net/om/1.0" service="SOS" version="1.0.0"
    srsName="EPSG:4326">
    <sos:offering>urn:MyOrg:offering:3</sos:offering>
    <sos:observedProperty>urn:ogc:def:property:MyOrg:AggregateChemicalPre
    sence</sos:observedProperty>
    <sos:responseFormat>text/xml;
    subtype=&quot;om/1.0.0&quot;</sos:responseFormat>
    <sos:resultModel>om:Observation</sos:resultModel>
    <sos:responseMode>inline</sos:responseMode>
</sos:GetObservation>
```

图 10.17　GetObservation 请求的 XML 描述

```
<? xml version="1.0" encoding="UTF-8"? >
<om:ObservationCollectlon xmlns:qml="http://www.openqls.net/qml"
xmlns:om="http://www.opengls.net/om/1.0" xmlns:swe="'http://www.opengls.net/swe/1.0.1"
xsi:schemaLocation="http://www.opengis.net/om/1.0 http://schemas.opengls.net/om/1.0.0/om.xsd"
xmlns:xlink="http://www.w3.org/1999/xlink" xmlns:xsi="http://www.w3.org/2001/XMLSchema-in-
stance">
<om:menlber>
  <om:Observation>
    <qml:name>urn:MyOrg:observation:1234abcde</gml:name>
    <om:samplingTime>
      <gml:TimePeriod>
        <gml:beginPosition>2005-08-05T12:21:13Z</gml:beginPosition>
        <gml:endPosition>2005-08-05T12:23:59Z</gml:endPosition>
      </gml:TimePeriod>
    </om:samplingTime>
  <om:procedure xlink:href="urn:oqc:object:Sensor:MvOrg:12349"/>
  <om:observedProperty xlink:href="urn:oqc:def:property:MvOrg:AggregateChemicalPresence"/>
  <om:featureOflnterest xlink:href="urn:ogc:def:feature:OGC-SWE:3:transient"/>
  <om:result>
    <swe=DataArray gml:id='"ChemicalRecords">
      <swe:elementCount>
        <swe:Count>
          <swe:value>5</swe:value>
        </swe:Count>
      </swe:elementCount>
      <swe:elementType name="Components">
        <swe:SimpleDataRecord gml:id="DataDefinition">
        <swe:field name="time">
          <swe:Time definition="urn:ogc:property:time:iso8601"/>
        </swe:field>
        <swe:field name="longitude">
          <swe:Quantity definition="urn:ogc:property:location:EPSG:4326:longitude">
          <swe:uorn code="deg"/>
        </swe:Quantity>
      </swe:field>
      <swe:field name="latitude">
        <swe:Quantity definition="urn:ogc:property:location:EPSG:4326:latitude">
          <swe:uorn code="deg"/>
        </swe:Quantity>
      </swe:field>
```

图 10.18 GetObservation 响应的 XML 描述

（2）DescribeSensor 操作获取产生量测的有关传感器和过程的描述信息。图 10.19 和图 10.20 分别显示了 DescribeSensor 请求和返回的 XML 例子。

```
<DescribeSensor xmlns="http://www.opengis.net/SOS/1.0"
    xmlns:xsi="http://www.w3.org/2001/XMLSchema-instance"
    xsi:schemaLocation="http://www.opengis.net/sos/1.0
    http://schemas.opengis.net/sos/1.0.0/sosAll.xsd"
    service="SOS"
    outputFormat="text/xml;subtype=&quot;TML/1.0&quot;"
    version="1.0.0">
    <procedure>urn:ogc:object:Sensor:MyOrg:12349</procedure>
</DescribeSensor>
```

图 10.19　DescribeSensor 请求的 XML 描述

```
<tml:system xmlns:tml="http://www.opengis.net/tml">
<tml:identification>
<tml:uid>urn:ogc:object:Sensor:MyOrg:12349</tml:uid>
</tml:identification>
<tml:transducers>
<tml:transducer>
<tml:identification>
  <tml:uid>urn:ogc:object:Sensor:MyOrg:12349</tml:uid>
  <tml:description>GID3Chemical Sensor</tml:description>
  <tml:manufacture>SmithsDetection</tml:manufacture>
  <tml:modelNumber>GID3</tml:modelNumber>
  <tml:serialNumber>333334444</tml:serialNumber>
</tml:identification>
  <tml:transducerClass>
  <tml:transmitterReceiver>receiver</tml:transmitterReceiver>
  <tml:insituRemote>insitu</tml:insituRemote>
  ...
</tml:system>
```

图 10.20　DescribeSensor 响应的 XML 描述

（3）GetCapabilities 为访问 SOS 服务的元数据提供了方法。

除了以上三个操作之外，SOS 为了支持各种处理，还提出了两个事务操作：注册传感器（RegisterSensor）和插入观测数据（InsertObservation）以及六个增强操作：提供有效机制不断请求传感器数据（GetResult），与量测相关的感兴趣地物（FOI）的具体的描述（GetFeatureOfInterest），FOI 可获取量测的时间（GetFeatureOfInterestTime），请求

FOIs 的 XML 模式（DescribeFeatureOfInterest），请求观测类型的 XML 模式（DescribeObservationType）和请求量测结果的 XML 模式（DescribeResultModel）。

2. SOS 的基本方法

SOS 在所使用的方法以及其所依赖的 SWE 规范都旨在为传感器、传感器系统和观测结果构建模型，这个模型要覆盖所有种类的传感器并支持所有使用传感器数据的用户需求。具体来说，SOS 利用 O&M 规范来为传感器观测构建模型，利用 TML 和 SensorML 规范来为传感器和传感器系统构建模型。图 10.21 显示了用户与 SOS 交互过程中返回信息与其他 SWE 规范之间的联系。

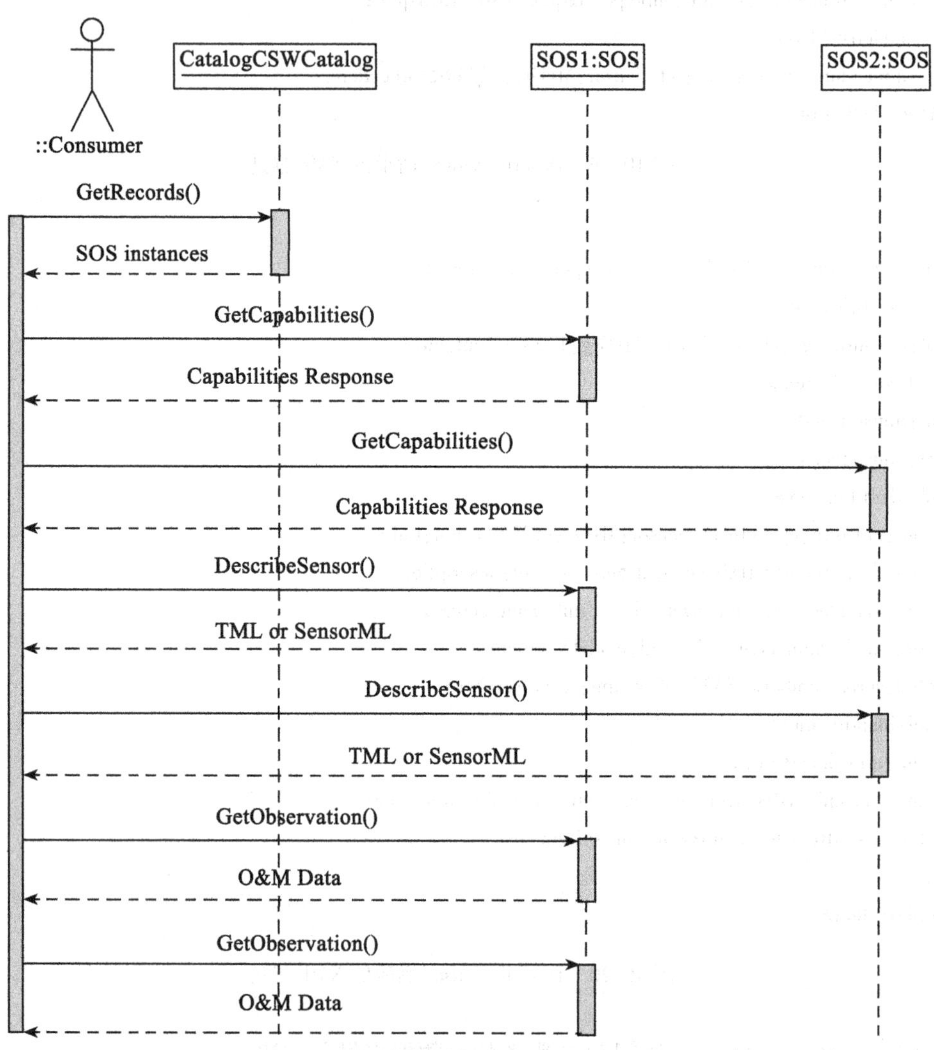

图 10.21　用户使用传感器数据的流程（Na 和 Priest，2007）

SOS 为所有传感器、传感器系统和它们的观测定义了一种公共模型。这个模型是“平行的”，因为它可应用于所有使用传感器来采集数据的领域，特定领域的细节信息被封装到第二层（感兴趣的要素、观测属性、传感器描述）中，这样可以允许一个通用的客户处理基本的观测。

3. 观测提供 Observation Offerings

SOS 将有关传感器系统观测的集合组织起来形成了观测提供 Observation Offerings。Observation Offerings 类似于 Web 地图服务（WMS）中的“层”，每一个 offering 都定义为一组不重叠的相关观测，通过一些参数限制，这些参数包括：

（1）报道观测的特定传感器系统；

（2）请求观测的时间段（支持历史数据）；

（3）被感知的现象；

（4）限制传感器的地理区域；

（5）传感器观测的要素的地理区域。

OGC SOS 的规范得到了一些 GIS 相关机构的支持，目前遵循 OGC SOS 服务的实现软件有 52 North SOS，GeoBliki，The VisAnalysis Systems Technologies Team（VAST）和 Deegree SOS。

10.2.2.2　传感器规划服务（SPS）

SPS 提供了传感器规划的标准接口，通过该接口客户端可以判断一个或多个传感器或平台满足数据采集需求的可行性，客户端也可以向这些传感器或平台提交数据采集的请求（Simonis，2007）。SPS 不仅可以支持具有不同采集能力的各类传感器资源，还支持各种请求处理系统，实现对规划、调度、任务分配、采集、处理、归档、请求分发、观测结果和请求响应信息的访问。因此，SPS 的设计必须具有充分的灵活性来处理各种各样的配置。

表 10.1 列出了 SPS 接口中的主要操作。由于完成任务的时间事先无法知晓，SPS 使用了 WNS 以异步方式与客户端进行通信。

表 10.1　**SPS 主要操作**

操作名称	描述
GetCapabilities　GET（POST）	获取服务的元数据
DescribeTasking　POST（GET）	请求传感器可定制任务的参数
GetFeasibility　（POST）	检查任务的可行性
Submit　POST	任务提交操作
GetStatus　（POST）（GET）	获得某个任务的当前状态
Update　（POST）	更新提交的任务
Cancel　（POST）（GET）	取消提交的任务
DescribeResultAccess　POST（GET）	发现任务中采集的数据

10.2.2.3 传感器预警服务（SAS）

SAS是一种发布/订阅的事件通知系统。一个服务提供者（producer）可以在事件通知系统里发布新的事件类型并随后发布新事件。另一方面，服务消费者（consumer）可以订阅可访问的事件服务。消费者可以在符合其订阅条件的事件发生后自动收到通知。一个SAS可以提供一系列的关于传感器和传感器观测的预警，例如量测值超标、检测到某要素的活动或存在，以及传感器的状态（电量低、关闭、启动等）。

SAS类似于一个事件流处理器与事件通知系统的结合。传感器能动态地连接到SAS，并发布元数据和观测数据（使用SensorML和O&M）。一个SAS可以不间断地处理输入的传感器数据。它利用某些算法，例如模式匹配算法，识别传感器数据是否满足预警条件，若满足就启动预警发送过程。

需要强调的是，SAS本身所起的作用更像是一个注册表而不是一个事件通知系统。不同的事件类型可以被标识出来，对每一个新定义的事件类型，SAS就会开启一个新的发送通道，并且将预警类型包含在能力文档里，例如由一个预警用户新定义的预警类型也可以被其他用户获得。

SAS主要操作类型包括：

（1）Advertise：SAS允许生产商对所提供的预警服务进行宣传，比如提供此预警的版本、预警时间、预警格式和效果等。

（2）Subscribe：消费者或者相关方可订阅SAS发布的预警服务并且可自定义预警服务。

（3）Publish：SAS允许生产商发行自己的预警服务，当事件发生时，SAS就将发送一个预警并通过消息服务告知所有已订阅此事件类型的用户。

传感器或其他数据生产者在SAS上用HTTP POST请求公布其数据类型。如果这些数据类型以前没有传感器发布过，SAS将指导消息服务器建立一个新的多用户组（Multiple User Chat，MUC）。否则，SAS提供一个已经存在的MUC。SAS通常和消息服务器在同一机器下工作。SAS内部维护了存储现有MUC信息的查询表。理论上，一个SAS实例可以使用一个MUC来服务各种传感器，但该情形下需要过滤的消息数量会显著增加。SAS接收到传感器的广告后，使用HTTP返回MUC，传感器用MUC进行注册并发布数据（图10.22）。这种注册实际上就是订阅MUC，并使用了可扩展通讯和表示协议（Extensible Messaging and Presence Protocol，XMPP）。XMPP协议可以用作预警通知的标准传输协议，但是客户端也可以通过WNS来通知。

客户端可能是人类用户或机器，甚至可以是另一个SAS。客户端通过HTTP发送GetCapabilities请求来了解SAS的能力。基于HTTP的GetCapabilitiesResponse主要包括传感器发布的所有信息以及一个SAS控制的SubscriptionOfferingID。这个ID用于标识一个唯一的MUC。

要订阅一个特定的SubscriptionOfferingID，客户需要发送两次订阅请求。第一次是基于HTTP并返回MUC，这只是一次查询而非真正的订阅。真正的订阅发生在基于XMPP的订阅过程执行后。有一个例外：如果用户希望通过WNS进行通知。只有在这种情况下，订阅处理在第一次请求后结束，SAS返回一个状态消息，表明订阅已经被成

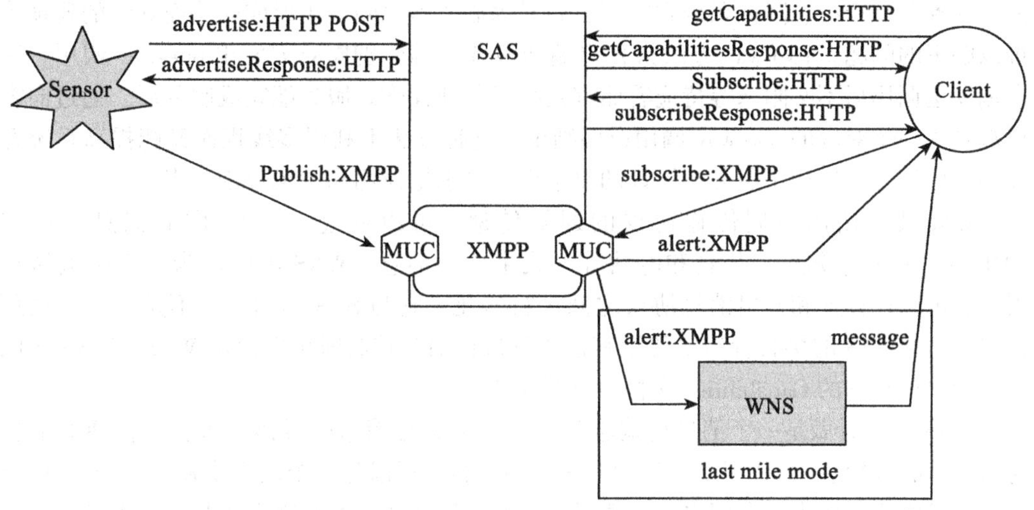

图 10.22　SAS 的操作（Simonis，2006）

功处理（Simonis，2006）。

10.2.2.4　网络通知服务（WNS）

Web 服务提供了一种合适的方式来收集所需要的信息。同步传输协议比如 HTTP 提供了必要的功能来发送请求和接收相应的响应。HTTP 是一种可靠的传输协议。通过每次传输到达或失败的确认，HTTP 可以确保每个请求包的传递。例如，在简单的 WMS 里，用户在发送请求后，经过约定的时间，会接收到可视化图形信息或异常消息。然而随着服务变得越来越复杂，基本的请求—响应机制需要增加延时/失败信息（delays/failures）。例如中期或者长期的操作需要支持用户和相应服务间或者两个服务间的异步通信机制。为了满足在 SWE 框架内的这一需要，WNS 应运而生。

SWE 中至少两个服务可以使用 WN，SPS 允许用户定制传感器任务或获取某种传感器数据集请求的可行性。任务定制和可行性研究都是长期过程。SPS 使用 WNS 将原始查询结果转发给用户。SAS 的客户端并不能访问网络时，SAS 使用 WNS 来进行消息的传递。

WNS 包括两种类型的通知：一是“单向通信”（one-way-communication），它将消息发送给客户端而不需要任何响应；二是“双向通信”（two-way-communication），它对客户端传递消息的同时需要接收异步响应。这种区别意味着简单 WNS 与复杂 WNS 之间的差异。简单 WNS 在某一特定事件发生时，便通知用户或者某服务；复杂 WNS 除了通知功能外，还可以接收来自用户的反馈。

WNS 使用了两种消息容器（container）来交换消息。NotificationMessage 用于 one-way 通信，而 CommunicationMessage 用于 two-way 通信。但需要回复消息时，消息的发送者可以使用 CommunicationMessage。接收端应该知道需要哪种回复消息，建立相应的 ReplyMessage 并将其送回给定的 CallbackURL。

One-way 通信不支持返回值和 out 类型参数，但能解决一些传统同步阻塞调用模型浪费服务器端资源、降低系统吞吐率、容易因服务器之间调用形成回路而导致的死锁等难以解决的问题。Two-way 方法指客户端和服务器端分别向对方发出 one-way 调用。客户端发送调用后不必阻塞等待应答而继续执行其他操作。服务端完成服务后，通过向客户端发送一个对应的 one-way 调用返回结果。这种方法不利用多线程而又能提高系统吞吐率，但该方法增加了服务端设计的复杂性，要求把应用和逻辑分割开来。

WNS 支持使用不同传输协议的通知传递。可以通过 HTTP、即时消息（例如 XMPP）、Email、短信、传真和电话等方式来传递消息。WNS 可以作为一个传输转化器：它可以在输入和输出消息协议之间进行转化。它与 SAS 不同，并不是一个主动预警服务。在 SAS 的接收者需要使用其他协议进行消息接收时可以使用 WNS。WNS 实例支持的协议在它的 Capabilities 文档中进行说明。

WNS 可以看做是一个消息传输服务。它并不关心消息的具体内容，被传递的消息对 WNS 而言就是一个“黑盒子”。WNS 通知的客户可以是一个用户或者是一个 OGC 服务。一旦客户注册为一个用户并且选择了某种通知方式，客户就会接收到一个唯一的注册 ID（registrationID）。这个 ID 在每个 WNS 实例中是唯一的，用于 WNS 标识消息的接收方（例如 SPS 或 SAS）。

表 10.2 列出了 WNS 接口中的主要操作（Simonis 和 Echterhoff，2006）。

表 10.2　**WNS 主要操作**

操作名称	描述
GetCapabilities	允许客户端请求和接收描述特定服务的元数据文档。该操作还支持服务的版本请求
Register	该操作允许客户通过提供其通信端点进行注册。包括单用户注册（SingleUserRegistration）和多用户注册（MultiUserRegistration）。前者可以把多个通信端点关联到一个用户 ID 上，后者则把多个用户 ID 与其他用户 ID 关联到一起，形成组。传递到组的消息将送达所有的组成员
Unregister	允许客户取消注册
DoNotification	允许客户发送消息到 WNS，该消息将以注册客户的协议转发
GetMessage	如果受到所选择的传输协议限制时，允许客户获取没有使用 WNS 传输的消息
GetWSDL	允许客户请求和接收服务器接口的 WSDL 定义
UpdateSingleUserRegistration	允许客户使用新的通信端点更新注册
UpdateMulltiUserRegistration	允许客户增加或删除组成员

10.3　传感网典型工作流

本节阐述利用 SWE 的一个或多个服务进行工作的典型流程，覆盖了服务发现和注册、访问离散的传感器数据或传感器数据流、传感器任务规划、预警服务中预警的发布和订阅等。

10.3.1　SWE 服务发现

图 10.23 显示了 SWE 服务像 OGC 其他的服务一样可以通过注册服务来查找。在该情形下，服务消费者首先连接到网络注册服务（Web Registration Service，WRS），使用“获取记录（GetRecords）”消息发送一个查询特定 SWE 服务的请求。WRS 就在它的数据库中寻找匹配的记录，同时返回一个包含所有匹配服务端点 URL 的 XML 文档。客户就能连接到所查询的服务并且请求完整的服务能力描述文档。

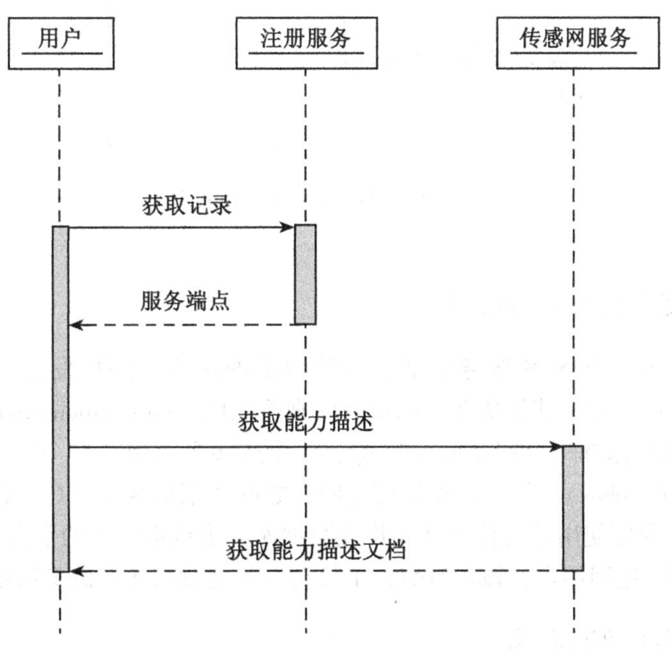

图 10.23　SWE 服务发现流程图

10.3.2　SWE 服务注册

图 10.24 显示了如何在注册中心进行 SWE 服务的注册。注册者（既可以是服务本身也可以是第三方）向 WRS 发送“收割（Harvest）”命令，此命令包含了要注册的服务的端点 URL。当资源可用时，WRS 就会异步地执行“Harvest”操作。这时，WRS 连接到指定的服务，取得它的能力描述文档，并按照网络目录服务（CSW）概要规范中

该注册对象类型的定义进行处理，通过概要规范中的定义，可以知道能力文档中哪些需要解析并作为注册服务中的搜索字段。当“Harvest”操作完成后，WRS发送通知消息给注册员，新添加的服务就可以通过WRS搜索到了。

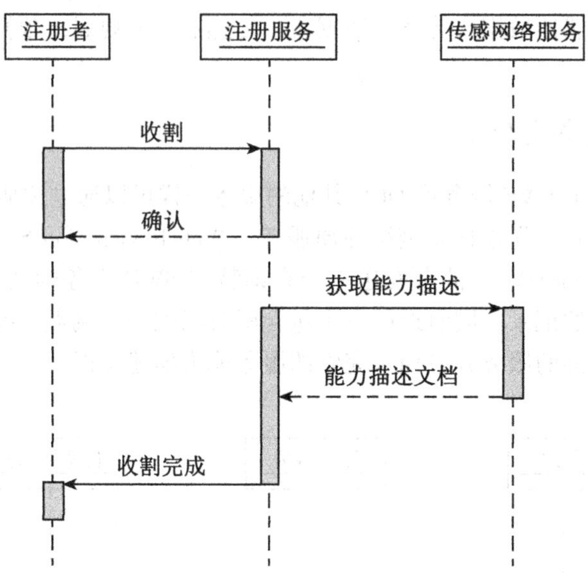

图 10.24　SWE 服务注册流程图

10.3.3　离散的观测数据请求

图10.25显示了从SOS服务中请求观测数据的流程。用户发送“获取能力描述（GetCapabilities）”请求获得服务上的所有的观测提供（observation offerings）列表，使用这一信息，用户选择一个特定的offering、一个或多个现象、一个特定的时间范围和一个感兴趣区域（bbox），然后发送带有这些参数的“获取观测（GetObservation）”命令给SOS。SOS内部使用私有技术（文件或数据库）来读取请求的数据，将数据封装进一个O&M观测发送回用户，该观测数据不仅包括了元数据还提供了数据的时空特征。

10.3.4　观测数据流请求

图10.26显示了SOS的接口也可以提供对实时数据流的访问。用户首先下载能力描述文档，该文档可以包含一个被标记为实时数据的观测提供（sensor offering）。用户可以发送一个“GetObservation”请求该offering并指定一个明确了将来结束日期的时间范围。之后用户就可以开始从SOS或者甚至直接从数据源（图10.26）接收实时数据，为了实现该功能，数据不是像10.3.3小节介绍的那样在O&M观测结果中提供，而是通过超链接（href）连到数据源。该超链接可以是访问SOS GetResult操作的一个调用以返回数据结果，也可以是一个私有的静态URL或服务请求。而O&M则提供数据的描述、结

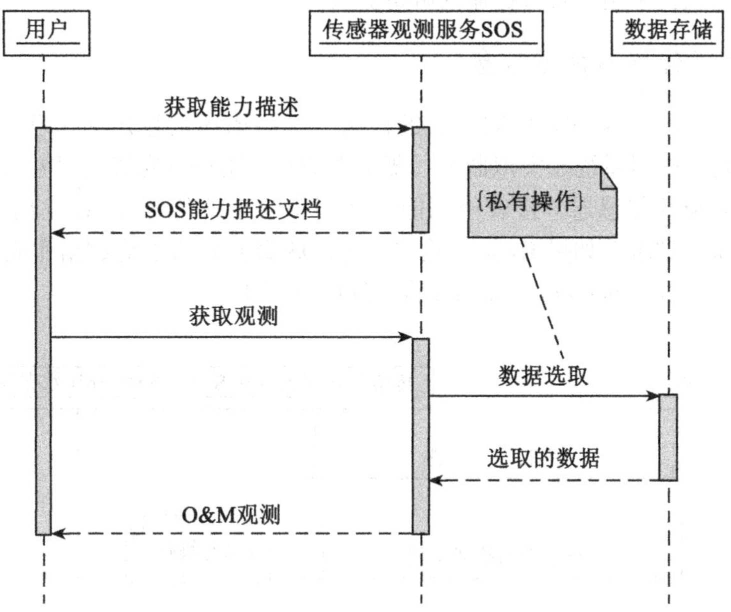

图 10.25　对存档观测数据的 SOS GetObservation 请求流程图

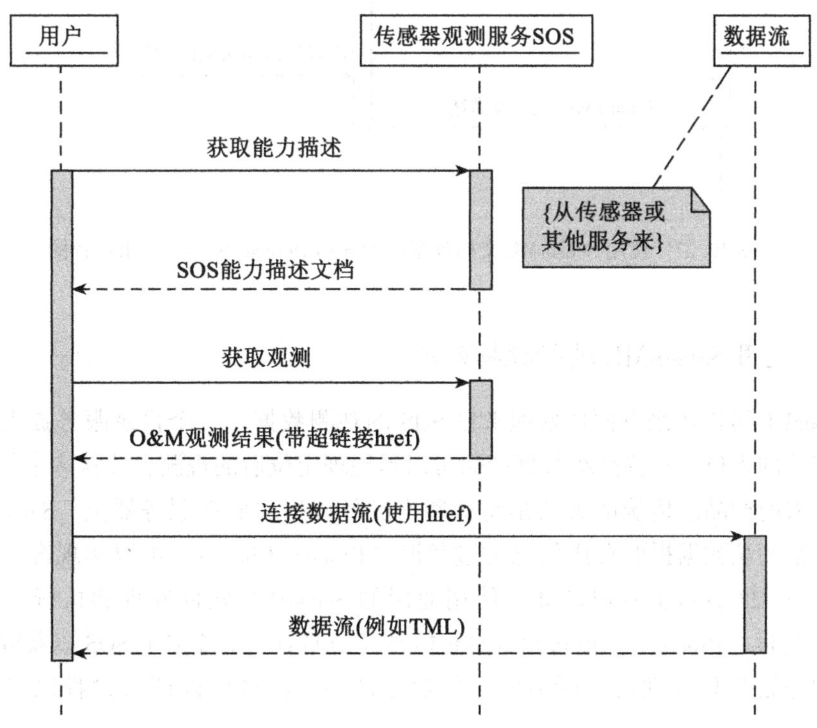

图 10.26　实时数据流的 SOS GetObservation 请求流程图

构和编码等信息，为用户对数据流的解析提供支持。

10.3.5 访问传感器描述信息

SOS 也提供对 SensorML 描述信息的访问，这些描述信息定义了获取观测的程序。该程序可以是传感器系统或模拟器等。要实现访问，用户首先找到服务所提供的能力描述文档中感兴趣的传感器，接着使用能力文档中给定的传感器 ID 发出“描述传感器 DescribeSensor”请求。如果 ID 是有效的，则 SOS 服务会从本地数据库或者其他私有系统中取得一个相应的 SensorML 文档并将其返回（图 10.27）。

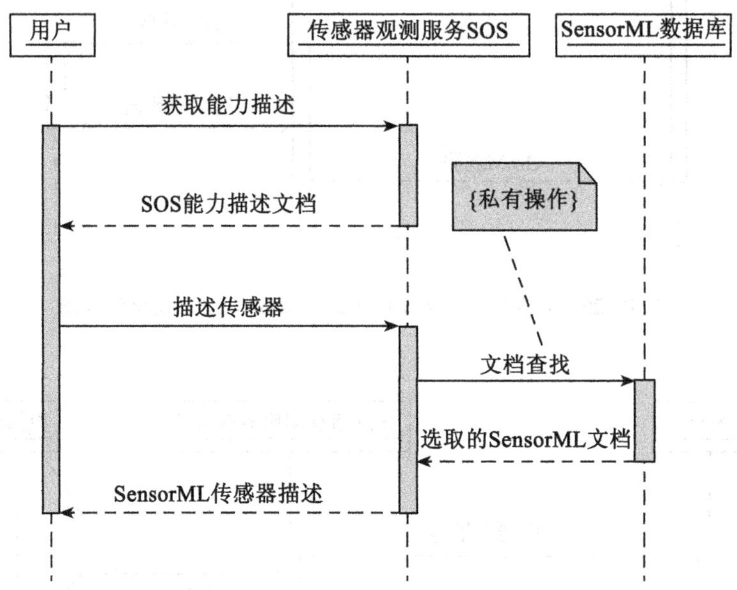

图 10.27　使用 SensorML 文档数据库的 SOS DescribeSensor 请求流程图

10.3.6 使用 SensorML 进行数据处理

SensorML 可以用来方便地处理来自 SOS 的观测数据。一个目录服务提供了查找高级数据产品的入口，这些高级数据产品可以是地理定位后的观测，或从多个传感器的量测衍生而来的产品。传统的方法是将这些产品处理好并放在服务器上。SensorML 提供了一个详细的从数据提取有用信息的过程链（Process Chain），可以实现客户端的按需处理。图 10.28 显示了客户端如何使用通用的 SensorML 软件发现和执行一个特定的 SensorML 过程（Process）。该过程本身也能涉及访问对一个或多个 SOS 以获取数据。这种机制的好处是只处理用户所需的高级数据产品，而且可以调整过程以满足用户的需求。

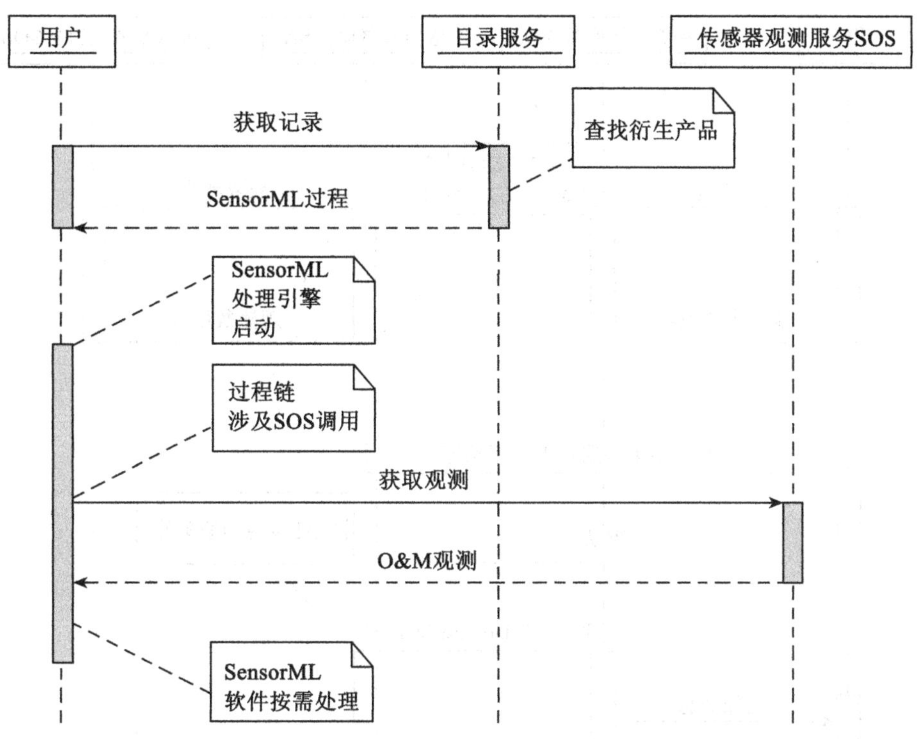

图10.28　使用SensorML过程链处理SOS数据的流程图

10.3.7　订阅和接收传感器预警

图10.29显示了使用三个SWE服务——SAS，SOS和WNS来订阅和接收由处理SOS数据而产生的预警信息。用户首先将自己的联系信息注册到WNS，获得用户ID。WNS从此负责使用所提供的通信方式发送将来的通知消息给用户。同时，创建一个SAS服务并根据预定义预警条件启动对数据流的监测。假设用户已获取了这个SAS服务的端点（例如通过网络注册服务查找获得），接着用户与SAS连接，并使用WNS地址和用户ID订阅SAS的能力描述文档中发布的预警。SAS接着确认用户已订阅并在给定条件满足的情况下，开始接收预警。

当发现数据流中满足特定条件时（例如数值超标），SAS就将订阅用户ID和需发送的消息通过DoNotification命令调用WNS。WNS接着使用在注册时定义的通信方式（邮件、电话、服务连接等）发送通知消息给用户。

图10.29中最下部分可选，当通知消息中明确了导致预警的数据源（例如SOS），用户可以连接SOS并请求导致预警的数据。

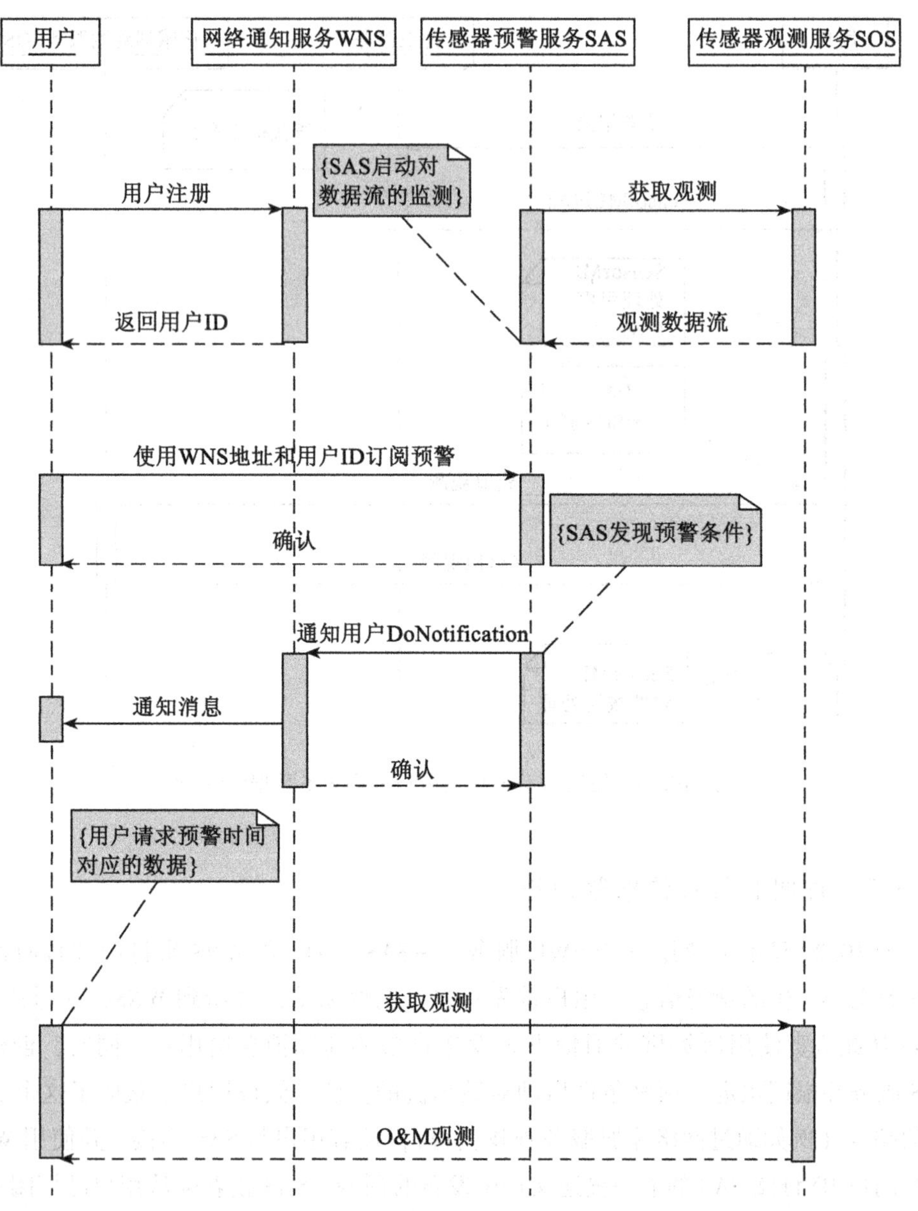

图 10.29　使用 WNS-SOS-SAS 三种服务监听预警的流程图

10.3.8　为传感器系统指派任务

图 10.30 显示了使用 SWE 框架为传感器指派任务的流程。假定用户已经将联系信息注册入 WNS 并拥有了一个用户 ID，用户接着向 SPS 发出一个 DescribeTasking 请求，

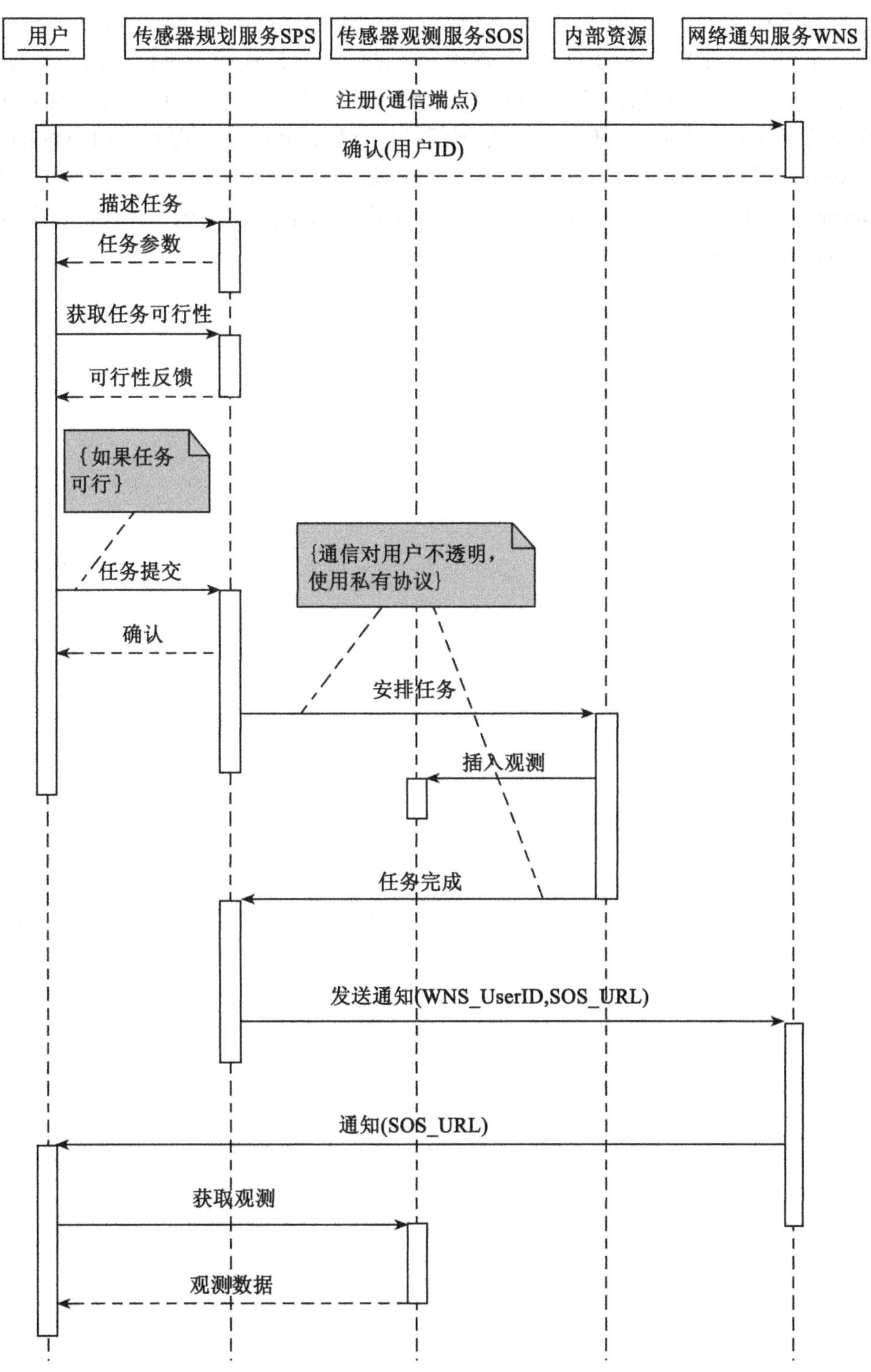

图 10.30　为传感器系统指派任务的流程图

并接收所有与任务有关的参数的详细描述。然后，用户为这些参数填充所要求的值，并将其封装进 GetFeasibility 请求中以了解该服务是否可完成这项任务。假如 SPS 的反馈为可行（也可以通过 WNS 异步反馈），则用户就能够提交此任务去执行。提交（Submit）操作指定了任务参数和当任务完成进行通知时所需的 WNS 和用户 ID。SPS 内部软件通过相应的资源来异步地执行任务。当量测任务执行后，新收集的观测使用 SOS 的 InsertObservation 操作插入到一个观测服务器。任务完成时，SPS 向 WNS 发出一个 DoNotification 命令，接着，用户就被通知可以获取所请求的数据，然后用户向 SOS 发出 GetObservation 命令以获得数据。

第 11 章　位 置 服 务

11.1　位置服务简介

位置服务在大众化领域应用广泛，商业价值明显，具有比较成熟的商业模式。为了实现位置服务的互操作，GIS 领域及通信领域中一些比较著名的公司 NavTeq、ESRI、Intergraph、Oracle 等联合起来，制订相应的服务标准，提出了 OGC 位置服务规范（OpenGIS Location Services，OpenLS）。

位置服务的完整实现涉及的信息标准比较多，例如其需要移动通信服务的支持，包括通信协议 3G、相应的应用程序接口（API）等，OGC OpenLS 主要是针对 Web 环境下位置服务的基本协议，提供一种支持互操作的方式，其后台实现能够跟基础的通信协议和接口进行交互。

如图 11.1 所示，OGC 位置服务包括核心服务（Core Services）、导航服务（Navigation Service）和追踪服务（Tracking Service）。其中核心服务由目录服务（Directory Service）、网关服务（Gateway Service）、位置基本设施服务（Location Utility Service）、表现服务（Presentation Service）和路线服务（Route Service）组成。本章重点对这些服务进行阐述。

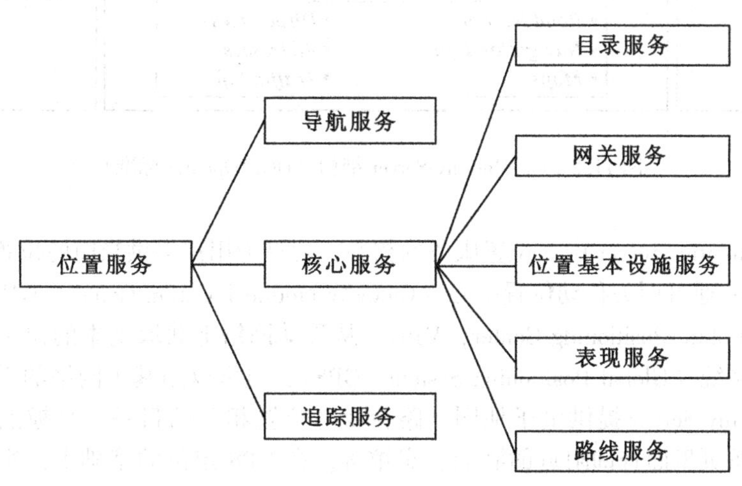

图 11.1　位置服务体系结构图

11.2 核心服务

位置服务的核心是地学移动服务器（GeoMobility Server）。GeoMobility Server 是一个基于位置的应用服务的开放平台（Mabrouk，2008），提供了（图 11.2）：

（1）五大基本的核心服务以及它们相应的接口；

（2）OpenLS 的信息模型，包括定义一批抽象数据类型（Abstract Data Type，ADT）来表达基本的信息类型；

（3）基于核心服务的应用服务；

（4）地图数据、兴趣点、路径等核心服务使用的内容；

（5）其他的一些服务，例如个性化制定、上下文管理、电子账单、日志信息等。

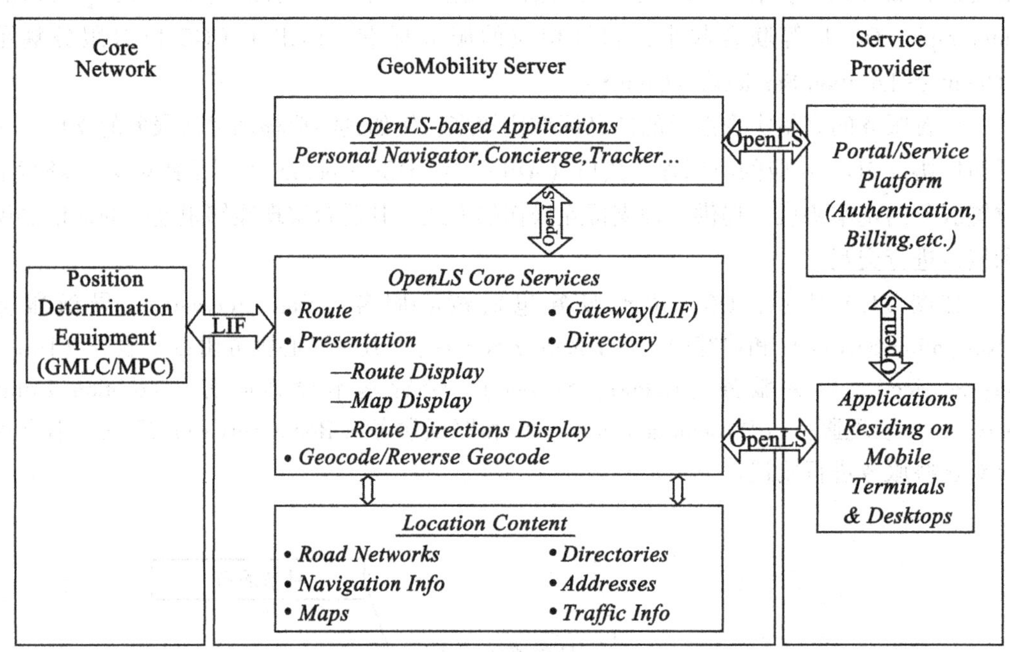

图 11.2　GeoMobility Server 结构（OGC OpenLS 标准）

在 GeoMobility Server 中，位置服务的核心，就是为用户提供当前的位置信息。GeoMobility Server 通过网关移动位置中心（Gateway Mobile Location Center，GMLC）或移动定位中心（Mobile Positioning Center，MPC）从移动网络上获取基本的位置信息，可以用全球定位系统（Global Positioning System，GPS），也可以用基于网络的手机定位方式等。GeoMobility Server 提供电子地图、路径及与位置相关的目录、兴趣点、地址等内容。例如在黄页里面查询附近的酒店、宾馆等；在 GPS 定位的基础上，实现相关的路径和导航功能。GeoMobility Server 中间层是核心服务，其中，表现服务包括路径、地图、路径方向的显示，地理编码功能属于位置基本设施服务。

11.2.1 目录服务

目录服务（Directory Service）为订阅者提供了一个查找最近或指定地方、产品或服务的在线日录。目录的类型可以是黄页、餐馆指南等，其提供的信息均与位置相关。目录服务提供两类基本的查询：精确查询（Pinpoint Query）和近似查询（Proximity Query）。

（1）精确查询（Pinpoint Query）是指在目录服务中，对于指定的地方、产品和服务，查询其位置信息。例如武汉大学在哪里？基于XML的查询请求如下所示：

```
<DirectoryRequest>
    <POIProperties directoryType="White Pages">
        <POIProperty name="POIName" value="Wuhan University"/>
    </POIProperties>
</DirectoryRequest>
```

（2）近似查询（Proximity Query）是对于某个感兴趣的点，找到它附近相关的信息，例如武汉大学附近500m之内有哪些餐馆？基于XML的查询请求如下所示：

```
<DirectoryRequest>
    <POILocation>
        <WithinDistance>
            <POI ID="1">
                <POIAttributeList>
                    <POIInfoList>
                        <POIInfo name="POI Name" value=" Wuhan University "/>
                    </POIInfoList>
                </POIAttributeList>
            </POI>
            <MaximumDistance value="500"/>
        </WithinDistance>
    </POILocation>
    <POIProperties directoryType="Yellow Pages">
        <POIProperty name="NAICS_type" value="Restaurant"/>
    </POIProperties>
</DirectoryRequest>
```

查询结果返回的是兴趣点和其到指定位置的距离。

11.2.2 网关服务

网关服务（Gateway Service）定义了GeoMobility Server和网关移动位置中心（GMLC）或移动定位中心（MPC）中位置服务器（Location Server）之间的接口，通过该接口OpenLS服务可以从移动终端获取定位信息。

网关服务对用户请求区分了优先级，例如客户请求当前一个移动终端的瞬间位置时，该请求响应的优先级高，而若请求该终端的周期性位置，优先级则要降低。如果请求多个移动终端的位置，优先级又需要区别对待。

下面显示了网关服务的基于 XML 的请求例子，其中定位精度要求在 1000m。

```
<SLIR>
    <InputGatewayParameters priority="HIGH" locationType="CURRENT_OR_LAST" requestedsrsName="WGS84">
        <InputMSID>
            <InputMSInformation msIDType="IPV4" msIDValue="461018765728"/>
        </InputMSID>
        <RequestedQoP responseReq="No_Delay" responseTimer="20">
            <HorizontalAcc>
                <Distance value="1000"/>
            </HorizontalAcc>
        </RequestedQoP>
    </InputGatewayParameters>
</SLIR>
```

请求执行后返回结果如下所示,采用 GML 的 Position 表达位置的经纬度:

```
<SLIA requestID="1">
    <OutputGatewayParameters>
        <OutputMSID>
            <OutputMSInformation msIdType="msisdn" msIDValue="+12066741000">
                <Position>
                    <gml:Point>
                        <gml:pos>47.611197 -122.347565</gml:pos>
                    </gml:Point>
                </Position>
            </OutputMSInformation>
        </OutputMSID>
    </OutputGatewayParameters>
</SLIA>
```

11.2.3 位置基本设施服务

位置基本设施服务（Location Utility Service）可以提供地理编码功能，根据一个地方的部分信息，例如名字、街道地址或邮编，确定一个地理位置，并可以返回该地方完整规范的地址信息。例如给定“武汉大学”名字，返回的完整信息包括武汉大学所在的街道、城市、邮编等。该服务也可以提供地理反编码服务，根据地理位置，返回一个完整规范的地址信息。

当地理编码服务根据部分或完整的地址信息确定地理位置后，地理位置可以作为输入数据调用目录服务或路径服务，查询附近的宾馆、餐馆信息或确定行走路径等。而当应用只需根据地理位置确定地址信息时，发送位置的抽象数据类型（ADT）调用地理反编码服务，返回位置的地址。

下面的XML编码分别显示了利用雅虎（Yahoo）的地理编码服务API进行请求和响应的例子。

```
//地理编码服务请求
<GeocodeRequest>
  <Address countryCode = " US" >
    <freeFormAddress/>
    <Place type = " CountrySubdivision" >CA</Place>
    <Place type = " Municipality" >Bakersfield</Place>
</Address>
</GeocodeRequest>
//地理编码服务返回
<GeocodeResponse>
    <GeocodeResponseList numberOfGeocodedAddresses = " 1" >
        <GeocodedAddress>
            <gml:Point>
                <gml:coord>
                    <gml:X>-119.018863</gml:X>
                        <gml:Y>35.366970</gml:Y>
                </gml:coord>
            </gml:Point>
            <Address countryCode = " US" >
                <freeFormAddress/>
                <Place type = " CountrySubdivision" >Bakersfield</Place>
                <Place type = " Municipality" >CA</Place>
                <PostalCode/>
            </Address>
        </GeocodedAddress>
    </GeocodeResponseList>
</GeocodeResponse>
```

11.2.4　表现服务

表现服务（Presentation Service）实现在移动终端上呈现相关的地理信息。一个OpenLS应用可以调用该服务获得相关区域的地图，该地图通常与一个或多个OpenLS定义的抽象数据类型ADT叠加在一起，这些ADT包括路线的几何表达、兴趣点、感兴趣区域、位置或地址等。OpenLS还定义了路线指示列表的抽象数据类型（Route

Instructions List ADT)，其由一组边和节点的 ADT 类型组成。表现服务可以对路线指示列表进行可视化。

表现服务的参数主要包括六个：

(1) 输出参数 (Output Parameters)，包括高度、宽度、背景色、透明度和内容。

(2) 上下文 (Context)，包括范围矩形、中间点、比例尺等。

(3) 覆盖参数 (OverLay)，例如叠加兴趣点、要素、感兴趣要素等不同的 ADT，叠加顺序等。

(4) 基础图 (Base Map)，例如基础图有哪些图层。

(5) 样式 (Style) 信息，包括命名的样式和用户自定义的样式。

(6) 获取元数据信息 (GetCapabilities)，主要包括图层、样式、格式和空间参考系统。

下面通过例子对表现服务进行说明。例如，有用户想看一下房子在地图上的位置。表现服务需要加入基础图，同时进行叠加操作，将房子叠加在基础图上。该请求的 XML 文档如下所示：

```
<PortrayMapRequest>
    <Output width="640" height="480" format="image/png">
        <gml:Envelope>
            <gml:pos>-114.342 50.234</gml:pos>
            <gml:pos>-114.123 50.031</gml:pos>
        </gml:Envelope>
    </Output>
    <! —设定不排除任何图层,这样基础图就包括了所有图层-->
    <Basemap filter="Exclude"/>
    <Overlay>
        <Position>
            <! —包含了用户房子的经纬度的 ADT-->
        </Position>
    </Overlay>
</PortrayMapRequest>
```

执行上述请求后返回如下所示信息，其中<URL>节点包含了可视化后的图片。

```
<PortrayMapResponse>
    <! —请求中的每个 Output 节点对应产生返回中的每个 Map-->
    <Map>
        <Content width="640" height="480" format="image/png">
            <URL> http://www.mapseter.com/lbs/maps/hgtr837468.png </URL>
        </Content>
        <gml:Envelope>
            <gml:pos>-114.342 50.234</gml:pos>
```

```
        <gml:pos>-114.123 50.031 </gml:pos>
    </gml:Envelope>
  </Map>
</PortrayMapResponse>
```

又如，假如用户想看一下从加拿大卡尔加里市的家中到美国加利福尼亚圣地亚哥市一个旅馆的路线图。此时，除了需要显示基础图外，还需要叠加路线和两个兴趣点。

```
<PortrayMapRequest>
  <Output width="640" height="480" format="image/png">
    <gml:Envelope>
      <gml:pos>-114.342 50.234</gml:pos>
      <gml:pos>-114.123 50.031 </gml:pos>
    </gml:Envelope>
  </Output>
  <Output width="640" height="480" format="image/png">
    <gml:Envelope>
      <gml:pos> -120.312 48.823 </gml:pos>
      <gml:pos>-114.123 50.031 </gml:pos>
    </gml:Envelope>
  </Output>
  <Output width="640" height="480" format="image/png">
    <gml:Envelope>
      <gml:pos>-120.312 48.823 </gml:pos>
      <gml:pos>-125.235 46.284</gml:pos>
    </gml:Envelope>
  </Output>
  <Basemap filter="Include">//基础图层
    <Layer name="Road Network">
      <Style>
        <Name>post-modernistic</Name>
      </Style>
    </Layer>
    <Layer name="Landmarks">
      <Style>
        <Name>post-modernistic</Name>
      </Style>
    </Layer>
  </Basemap>
  <Overlay zorder="0">
```

```
        <RouteGeometry>
            <! —包含路径的 ADT-->
        </RouteGeometry>
        <Style>
            <Name>post-modernistic</Name>
        </Style>
    </Overlay>
    <Overlay zorder="1">
        <Position>
            <! --包含了用户房子的经纬度的 ADT-->
        </Position>
        <Style>
            <Name>post-modernistic</Name>
        </Style>
    </Overlay>
    <Overlay zorder="1">
        <Position>
            <! --包含了宾馆的经纬度的 ADT-->
        </Position>
        <Style>
            <Name>post-modernistic</Name>
        </Style>
    </Overlay>
</PortrayMapRequest>
```

根据指定的三个输出 Output，返回三个叠加后的地图，如下所示：

```
<PortrayMapResponse>
    <! —请求中的每个 Output 节点对应产生返回中的每个 Map-->
    <Map>
        <Content width="640" height="480" format="image/png">
            <URL> http://www.mapseter.com/lbs/maps/hgtr837468.png</URL>
        </Content>
        <Output width="640" height="480" format="image/png">
            <gml:Envelope>
                <gml:pos>-114.342 50.234</gml:pos>
                <gml:pos>-114.123 50.031</gml:pos>
            </gml:Envelope>
        </Output>
    </Map>
```

```
        <Map>
            <Content width="640" height="480" format="image/png">
                <URL> http://www.mapseter.com/lbs/maps/hgtr83567.png</URL>
            </Content>
            <Output width="640" height="480" format="image/png">
                <gml:Envelope>
                    <gml:pos>> -120.312 48.823 </gml:pos>
                    <gml:pos>-114.123 50.031 </gml:pos>
                </gml:Envelope>
            </Output>
        </Map>
        <Map>
            <Content width="640" height="480" format="image/png">
                <URL> http://www.mapseter.com/lbs/maps/hgtr83324.png</URL>
            </Content>
            <Output width="640" height="480" format="image/png">
                <gml:Envelope>
                    <gml:pos>-120.312 48.823 </gml:pos>
                    <gml:pos>-125.235 46.284</gml:pos>
                </gml:Envelope>
            </Output>
        </Map>
</PortrayMapResponse>
```

11.2.5 路线服务

路线服务（Route Service）根据用户的请求计算路线，用户通常需要明确请求路线的起点和终点。路线服务中基础算法是最短路径算法，然而在实际应用中，可以根据用户的偏好对最短路径算法进行扩展，例如哪些点是路径必须或者希望经过的。有时还需要确定路线偏好（route preference），如最快路径、最短路径、最少交通量（least traffic）、风景最好的（most scenic）路径等，这些用户偏好是最短路径分析服务于实际应用所需。

一个路线服务的请求参数包括：

（1）路线计划（RoutePlan）：当计划一条新的路线时，会有哪些准则（Criteria）。

（2）路线句柄（RouteHandle）：如果之前已经定好路线，在中途由于各种原因如拥堵、迷路、GPS 定位不准等需要更改路线，这时，需要调出之前采用的路线（通过该路线句柄）来查看行车记录，然后增加额外的信息，或者替换成一个新的路径。

（3）路线指示请求（RouteInstructionsRequest）：请求返回路径的行进指南，可以以文本、音频或者其他的一些表现形式告知用户。

（4）路线几何体（RouteGeometryRequest）：请求返回路线的几何表达。

（5）路线图请求（RouteMapRequest）：返回路线图。

路线服务的返回包括指向放置在路线服务器上路线的句柄、路线的概况信息、路线几何体、路线指示列表、路线图等。

11.2.6 OpenLS 信息模型

OpenLS 的信息模型通过抽象数据类型 ADT 来定义，这些 ADT 包括：位置抽象数据类型（Position ADT）、地址抽象数据类型（Address ADT）、兴趣点抽象数据类型（Point of Interest（POI）ADT）、兴趣区域抽象数据类型（Area of Interest（AOI）ADT）、地点抽象数据类型（Location ADT）、路线概况抽象数据类型（Route Summary ADT）、路线几何体抽象数据类型（Route Geometry ADT）等。

图 11.3 显示了 OpenLS 服务中不同抽象数据类型 ADT 间的关系。地理编码服务将地址 ADT 转换为位置 ADT，网关（GateWay）服务也可以获得位置 ADT，位置 ADT 发送到地理反编码服务可以转换为地址 ADT，地址 ADT 输入到目录服务中转换为兴趣点 ADT，兴趣点 ADT 和位置 ADT 都可以转换为路线服务所需的地点 ADT 以计算不同地点间的路线，地址 ADT、兴趣点 ADT、位置 ADT 和路线相关的 ADT 可以通过表现服务在用户终端设备上可视化。

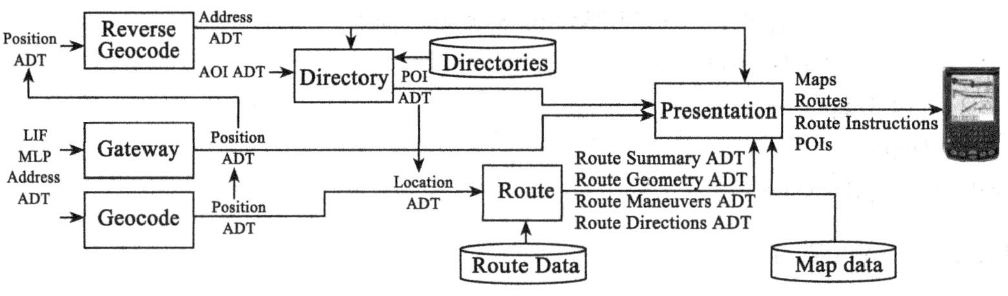

图 11.3 OpenLS 信息模型中抽象数据类型 ADT 间的关系（OGC OpenLS 标准）

11.3 导航服务

导航服务（Navigation Service）的目的是寻找路径，它在路线服务的基础上，增加一些与应用相关的额外的参数以进行扩展（Fuchs，2008）。

11.3.1 功能需求

1. 路径规划（PlanRoute）

终端用户在使用导航服务时，希望能够计算一个路径，计算时会加入用户的偏好，例如有些地方用户希望绕过，有些希望经过的地方又不够明确，这样就导致了下面的一些情形：

（1）用户设置起点和终点后请求路径，导航服务提供一条路线。

（2）用户设定路线中不愿经过的地点，导航服务根据这一绕行要求重新规划提供一条路线。

（3）当交通工具在选定路线上行驶时，用户请求增加一些希望经过的地点，导航服务重新规划提供一条途径所需地点的路线。

（4）如果用户偏离了原来的路线，导航服务客户端请求服务提供新的路线。

（5）用户请求获得先前经过的路线，导航服务可以返回相应的信息。

（6）用户使用一些需要经过的模糊的路径点（Fuzzy Waypoints）调整路线，导航服务提供调整后的路线。

（7）用户提交新的偏好进行路径规划，导航服务客户端更新现有的用户偏好设置。

在实际使用导航服务的过程中，往往会涉及这些需求，根据不同的用户需求来进行不同的规划。对终端用户而言，希望能够根据自己的偏好和需要使用导航服务来提供一个优化的路径；能够根据道路的交通情况，如交通事故或流量等进行路径的重规划；车辆在行进过程中，如果增加一个需要通过的地点，能够进行重规划；偏离了原来路线，能够恢复路线。针对此类基本的应用需求，产生导航服务所需要提供的一系列方法，例如绕行的路径规划（NA_RequestDetour）、增加新的通过地点的路径重规划（NA_NewWaypointReroute）、路线恢复规划（NA_RecoveryReroute）、获取以前路线（NA_PreviousRoutes）、通过模糊地点的路径规划（NA_ModifyPlannedRouteWithFuzzyWaypoints），改变路径规划用户偏好（NA_ChangeRoutingPreferences）、支持候选点集的路径规划（NA_PlanRouteWithWaypointCandidateSets）、多条路径规划（NA_PlanRouteWithMultipleAlternateRoutes）、多目的地规划（NA_PlanRouteWithMultipleDestinations）等。

导航服务除包含上述一系列的功能外，还包括了几个通用的基本功能，例如当前用户在地图上的位置（NA_GetMapPosition）、显示路线（NA_DisplayRoute）、设置通过点时的请求地点操作（NA_RequestLocation）。

2. 获取地图位置（GetMapPosition）

导航服务除了计算路径外，还提供定位信息，可以得到用户在当前地图上的位置。当用户希望知道自己在哪里时，获取地图位置功能实现的流程如下：

（1）通过GPS或无线定位，获取用户当前的经纬度；

（2）获取先前的位置和移动方向；

（3）选定一个链接（Link）作为当前用户所在的地图元素；

（4）推断地图元素上的位置（用分数值表达）；

（5）将经纬度映射到合适位置的元素上。

3. 获取当前位置附近的要素（GetNearbyMapFeatures）

用户确认自己在地图中的位置之后，希望知道在这个位置附近有哪些要素，或靠近哪些要素。首先，通过外部设备获取用户当前的经纬度。然后看用户关心哪些类型的要素，如餐馆或加油站，或哪些几何类型（点、线、面），根据选中的类型来查询要素集。得到一组要素之后，将其进行排序，这种排序可以按照用户的偏好，如距离或时间。然后将这组要素以抽象数据类型ADT形式返回。

根据1、2、3的应用需求，派生出三类基本的API操作：

（1）DetermineRoute，确定路线；

（2）GetPosition，获取位置；

（3）GetNearbyMapObj，拿到位置附近的地图对象或要素。

11.3.2 路径规划功能

对于导航服务，在做路径规划时，主要是根据用户提供的参数，从起点开始，按顺序经过一些地点，绕过一些地区，最后到达终点。

路径规划返回的是一个抽象路线对象参考（Abstract route object reference）。该抽象路线对象参考提供的是一组链接（Link）参考，而不是返回实际的地理数据。链接参考可以关联到实际的地理对象，客户端可以根据链接参考来获得路线的几何体，最后高亮显示路线。

一个路线除了包含自身内部相连的链接参考，还会返回周边关联的链接参考。这样一方面是建立路线缓存，在网络速度较低时降低请求的频率；另一方面，用户也可以知道路线周边的情况。

根据链接还可以获得一些额外的地图数据元素，例如街道名和路标，以及跟路径内链接直接关联的其他链接。假设用户想了解在当前路线附近的道路网，可以通过设置驾驶时间和里程等偏好，例如10分钟驾车距离内的链接网络情况。也可以采用GIS的缓冲区分析操作，返回路线某空间距离内的所有地图要素（包括连接或非连接的地图要素）。采用抽象路线对象参考提供了一个有效的数据结构，与GIS网络分析中区分地理数据层和网络分析数据层的理念一致（乐鹏，2003），支持服务实现中可能出现的基于几何、拓扑或属性的数据视图和多层次制图综合应用的需求。

11.3.3 定位功能

定位功能通常是根据经纬度返回网络中合适的一个实体。定位功能往往需要地图匹配，地图匹配是判断导航网络中移动设备移动的位置，需要根据设备前面所经过的位置和外部设备提供的当前移动动作（例如速度或方向）来综合判断。

定位功能在交通网络中确定一个移动设备的相对位置和方向。交通网络是对现实世界地图数据的映射。当设备处于移动状态时，一个应用需要经常确定设备当前的位置。因此地图匹配需要持续进行。

在定位过程中，有下列一些功能要求：

（1）根据一个观测到的经纬度，返回导航网络上最匹配的兴趣点（POI）；

（2）根据兴趣点，返回纠正后的经纬度；

（3）根据一个观测到的经纬度，返回导航网络上最佳的链接（Link）；

（4）根据一个观测到的经纬度，返回在链接上的位置，即分数比；

（5）根据链接和链接上的分数比，返回纠正后的经纬度；

（6）根据导航网络上链接，返回对应的几何体对象；

（7）根据设定的矩形，返回所有导航网络要素的几何体对象；

(8) 根据链接，返回导航网络上所有拓扑连接的链接；

(9) 根据设定的矩形，返回导航网络上所有的兴趣点和链接；

(10) 为导航网络上的应用相关的链接提供定位相关的属性、条件和关系，例如哪些地方是禁止通行的以及交通流的方向；

(11) 在立交桥中或道路交叉口应用中提供连接的交通元素的入口和出口的拐角；

(12) 根据矩形预获取（pre-fetch）感兴趣区域；

(13) 服务调用中只使用一种坐标系统；

(14) 采用标识符标记服务提供的坐标系统；

(15) 打开和关闭地图匹配功能；

(16) 提供服务质量评估方法。

11.3.4　请求和返回

由于导航服务是在路线服务的基础上进行的扩展，导航服务请求和返回的具体参数，与路线服务所定义的参数类似。例如，都定义了路线句柄、路线指南等，但导航服务定义了扩展的路线计划（ExtendedRoutePlan）参数、路线的矩形范围参数（BoundingBox）等。当返回路线结果的数据量比较大时，可以设定每次接收的数据量（BucketSize），要求服务批量返回结果集。

11.4　追踪服务

位置服务中的追踪服务（OpenLS Tracking Service，OLS-TS）接口支持对移动的目标进行追踪（Smyth，2008），例如物流中运输车辆的行进监控。

追踪通常需要一个监控中心，这个监控中心会把动态位置信息搜集起来。该搜集过程实际上就是一个更新的过程，有了动态位置信息后，客户端根据这个实时更新的跟踪中心能够查询目标的实时位置。

追踪服务支持三个基本的功能：

(1) 位置更新，被追踪目标的移动位置能更新到中央追踪服务器（Central Tracking Server）上。

(2) 位置查询，每个移动目标会有一个唯一的标识符 ID，能够根据 ID 进行查询。

(3) 位置更新消息的传递，客户端不需要实时地查询移动目标的变化，可以通过订阅机制，例如客户端订阅了某个目标的动态信息之后，移动目标只要位置发生了变化，追踪服务器（Tracking Server）将变化信息主动发送给相关的用户。

OLS-TS 标准制定的目的，主要是有效的传输、聚集、查询、传递移动终端的位置信息和移动终端的可以感知的或内在属性信息（例如速度、方向等）。该标准定义了消息传递的体系结构，同时描述了消息的结构和语义。与基本功能相应，采用基于 XML 的消息来更新移动设备位置信息，采用基于 XML 的协议到 Web 环境下的 OLS 追踪服务器查询无线设备的位置，将位置的更新从 OLS 追踪服务器转发给其他客户。图 11.4 显示了追踪服务机制：

（1）某个用户或物体通过关联的移动设备可以被追踪；

（2）移动设备将特定时间的位置更新发送到追踪服务器上；

（3）应用程序可以根据时间和空间的查询过滤获得移动设备的位置；

（4）如果应用程序把自己的 Web 地址或者认证信息注册到追踪服务器上，那么它就能够自动地从追踪服务器上获得更新后的位置信息。

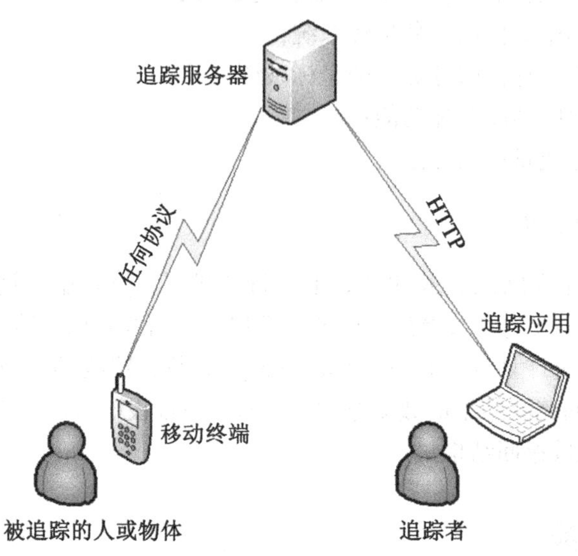

图 11.4　追踪服务机制

11.4.1　追踪更新

追踪信息的更新与移动设备的 ID 绑定在一起，对于设备 ID，要确定其是唯一的，例如手机号，这样一个 ID 能够在不同的追踪服务器之间使用而不会混淆。下面给出了追踪更新请求的 XML 样例：

```
<XLS version="1.0" lang="en" xmlns="http://www.opengis.net/xls">
    <RequestHeader  clientName="ORNL"  clientPassword="mypassword" sessionID=
"bungabunga"/>
    <Request methodName="TrackingUpdateRequest" requestID="OU1" version="1.0">
        <TrackingUpdateRequest foreignAccessKey="metoo">
            <ID>650-270-7020</ID>
            <Position levelOfConf="LOC unknown">
            <gml:Point id="some-id-string" gid="some-gid-string" srsName="some-uri-
to-srs">
                <gml:pos dimension="3" srsName="some-other-uri-to-srs">35.35-85.85
1919</gml:pos>
                    </gml:Point>
```

```
            <Time begin="2006-10-31T20:36:55.515-05:00"/>
            <Speed uom="MPH" value="222.222"/>
            <Direction uom="uom:degrees" value="555.555"/>
        </Position>
        <Timestamp time="2007-01-29T10:28:06"/>
      <Property key="numsats" val="6"/>
    </TrackingUpdateRequest>
  </Request>
</XLS>
```

该请求（TrackingUpdateRequest）记录了移动设备的 ID，速度、方向、时间信息等放在一个基于 XML 的消息结构体里，此移动设备的更新发布在追踪服务器上后，ID 对应的位置信息得到更新，更新返回（UpdateResponse）结果如下所示：

```
<XLS    version="1.0"    xmlns:gml="http://www.opengis.net/gml"
xmlns="http://www.opengis.net/xls">
  <ResponseHeader sessionID="bungabunga"/>
  <Response version="ORNL-1.1" requestID="OU1">
    <TrackingUpdateResponse>
      <ID>650-270-7020</ID>
    </TrackingUpdateResponse>
  </Response>
</XLS>
```

11.4.2　追踪查询

追踪查询获取移动设备的位置信息，查询条件包括时间和空间过滤器（filter）。下面给出了追踪查询请求（TrackingQueryRequest）的 XML 样例：

```
<XLS version="1.0" lang="en" xmlns="http://www.opengis.net/xls">
  <RequestHeader clientName="ORNL" clientPassword="mypassword"/>
  <Request methodName="TrackingQueryRequest" requestID="OQ3" version="1.0">
    <TrackingQueryRequest>
      <ID>865-740-0628</ID>
      <Timespan start="2005-10-12T15:30:00"/>
    </TrackingQueryRequest>
  </Request>
</XLS>
```

查询返回(TrackingQueryResponse)结果例子如下所示：

```
<XLS  version="1.0"   xmlns:gml="http://www.opengis.net/gml"
xmlns="http://www.opengis.net/xls">
  <ResponseHeader/>
```

```
<Response version="ORNL-1.1" requestID="OQ3">
    <TrackingQueryResponse>
        <Entity>
            <ID>865-740-0628</ID>
            <Timespan start="2006-11-16T17:02:34.671Z"/>
            <Property val="1.2427424" key="speed_mph"/>
            <Property val="jxt" key="handle"/>
            <Property val="611.0" key="alt_feet"/>
            <Property val="unknown" key="triage_status"/>
            <Property val="unknown" key="patient_id"/>
            <Property val="281" key="heading"/>
            <Position levelOfConf="LOC unknown">
                <gml:Point id="some-id-string" gid="some-gid-string" srsName="some-uri-to-srs">
                    <gml:pos dimension="3" srsName="some-other-uri-to-srs">35.35 -85.85 1919</gml:pos>
                </gml:Point>
            </Position>
        </Entity>
    </TrackingQueryResponse>
</Response>
</XLS>
```

在返回里除了位置信息和移动设备的 ID 信息，与当前位置相关的其他信息，例如时间信息、高度信息、速度信息也一起返回。

11.4.3 追踪监听

追踪监听主要是指订阅以及消息传送，只要订阅了某个移动设备的追踪信息，监听器就能够根据位置的更新变化将相应的更新信息发送给预订的客户。

追踪监听的对象可以通过 ID 子集来表示，即监听器只监听子集中的 ID，如果没有明确 ID 子集，所有 ID 都会监听。如下例中要监听三个移动设备 ID，发送请求中设置了“add_subset”，

```
<XLS version="1.0" lang="en" xmlns="http://www.opengis.net/xls">
    <RequestHeader clientName="ORNL" clientPassword="mypassword"/>
    <Request methodName="TrackingListenerRequest" requestID="OL1" version="1.0">
        <TrackingListenerRequest action="add_subset" URL="http://FRODO.ornl.gov:8084/OLSTracker/track" clientName="ORNL" clientPassword="mypassword">
            <IDSubset>701-552-1349</IDSubset>
```

```
            <IDSubset>650-270-7020</IDSubset>
            <IDSubset>555-555-1212</IDSubset>
        </TrackingListenerRequest>
    </Request>
</XLS>
```

下面的返回确认可以对这三个 ID 进行监听：

```
<XLS        version = "1.0"                    xmlns:gml = "http://www.opengis.net/gml"
xmlns = "http://www.opengis.net/xls" >
    <ResponseHeader/>
    <Response version = "ORNL-1.1"  requestID = "OL1" >
        <TrackingListenerResponse>
            <ID>701-552-1349</ID>
            <ID>650-270-7020</ID>
            <ID>555-555-1212</ID>
        </TrackingListenerResponse>
    </Response>
</XLS>
```

第 12 章　网络地理信息服务前沿

本章内容是网络地理信息服务的一些前沿研究介绍，主要围绕服务质量、语义服务、信息搜索和云计算服务等方面来介绍。

12.1　服务质量

在网络环境下调用某类 GIS 服务时，可能会有很多服务实例能够满足我们的功能需求，例如通过遵循标准的空间信息处理服务接口，不同的组织可以将自己开发的遥感影像处理算法共享，在这种情况下，如何选择区分和评价候选服务呢？服务质量（Quality of Service，QoS）是服务选择的一个重要标准（Menascé，2002）。

12.1.1　软件质量

质量的定义包括两个方面。一个是评估与规范的一致性，另一个是满足用户需求的能力（Hoyer 等，2001）。前者可以理解为质量的客观因素，后者则是质量的主观因素（Shewhart，1931）。服务本身而言是一个软件系统，通用信息领域对软件系统质量模型的研究可以作为参考。

McCall 等人（1977）较早提出软件质量模型，建立了软件质量的三层模型：质量要素（factor）、衡量标准（criteria）和度量标准（metrics）。软件质量要素从外界用户的角度描述了软件的质量，软件衡量标准从内部开发者的角度描述软件的质量，软件度量标准定义了软件质量量测的度量方法。软件质量模型标准 ISO9126 将软件质量总结为 6 大特性：

（1）功能性（Functionality）：包括软件提供了何种功能，功能是否完备；

（2）可靠性（Reliability）：包括软件功能是否成熟，可复原性以及错误容许度；

（3）可用性（Usability）：软件是否易懂，操作度如何；

（4）效率（Efficiency）：包括软件的时间行为和资源行为；

（5）可维护性（Maintainability）：软件运行起来是否稳定，可分析性如何，是否容易测试；

（6）可移植性（Portability）：软件是否容易安装，置换能力与伸缩性如何。

Hyatt 等（1996）分析比较多个软件质量模型，细化了一组评价标准：正确性（Correctness）、可靠性（Reliability）、完整性（Integrity）、可用性（Usability）、效率性（Efficiency）、可维护性（Maintainability）、可测试性（Testability）、互操作性（Intero-perability）、适应性（Flexibility）、可重用性（Reusable）、可移植性(Portability)、明确性（Clarity）、可变更性（Modifiability）、文档化（Documentation）、恢复力（Resi-lience）、易懂性（Understandability）、有效性（Validity）、功能性(Functionality)、普遍性（Generality）、经济性（Economy）。

12.1.2　网络服务质量

由于 Internet 的动态性和不可预知性，通信模式的变化、拒绝服务攻击、基础设施失效、Web 协议的性能以及 Web 上的安全性这些因素产生了对网络 QoS 的需求。Web 环境下的需要着重考虑的质量需求如下（Mani 和 Nagarajan，2002）：

（1）可用性：例如网络服务是否存在或是否已就绪可供立即使用，或无法预知在某个特定时刻服务是否可用，或修复已经失效的服务。可用性是质量的一个方面，指 Web 服务是否存在或是否已就绪可供立即使用。

（2）可访问性：可访问性表示能够为 Web 服务请求提供服务的程度。由于网络服务器的负载等问题，Web 服务可用但却无法访问这种情形是可能存在的。可以通过构建一个可高度伸缩的系统使 Web 服务得到很高的可访问性。可伸缩性是指不管请求量如何变化，都能够始终如一地为请求服务的能力。

（3）完整性：Web 服务如何维护交互事务的完整性。一个事务是指一系列将被当做单个工作单元的活动。要使事务成功，必须完成所有的活动。如果一个事务未完成，那么所做的全部更改都被回滚。

（4）性能：性能可以根据吞吐量和延迟对其进行量测。吞吐量较大且延迟较小表示 Web 服务性能良好。吞吐量表示在给定时间段内 Web 服务请求数。延迟是发送请求和接收响应之间的往返时间。

（5）可靠性：可靠性表示能够维护服务和服务质量的程度。每月或每年的失效次数是衡量 Web 服务可靠性的尺度。可靠性也包括服务请求者和服务提供者发送和接收消息能够可靠有序地传送。

（6）常规性：常规性指 Web 服务与规则、法律一致，遵循标准和已建立的服务级别协议（Service Level Agreement，SLA）。在网络环境下使用服务时，SLA 规定其提供的服务是什么水平。Web 服务使用许多标准，例如 SOAP、WSDL。要正确调用服务请求者请求的服务，就必须严格遵守服务提供者所提供的正确版本的标准（例如，SOAP 版本 1.2）。

（7）安全性：安全性是 Web 服务质量的一个方面，通过验证服务交互参与者、对消息加密以及提供访问控制来提供机密性和不可抵赖性。由于 Web 服务调用常发生在公共的因特网上，安全性的重要性已经有所增加。根据服务请求者的不同，服务提供者可以用不同的方法来提供安全性，所提供的安全性也可以有不同的级别。

上述需求可以理解为从软件实体自身进行评价。从服务组合的角度考虑，服务执行性能的评价需要全局考虑，例如单个服务性能不佳，但是其和网络上其他服务组合后的性能相对其他原子服务较好。因此，除了考虑单个原子服务的质量之外，还得考虑组合服务的执行质量。

服务质量的研究在空间信息服务领域有着重要意义（Onchaga，2004；Wu 等，2004）。空间信息服务的质量除了具有软件系统质量元素外，需要考虑空间信息领域的特点。空间信息服务提供空间数据产品，首先空间数据产品的质量可以作为评价空间信息服务质量的要素之一。按照 ISO19115 元数据标准，空间数据质量包括质量元素和数据志。质量元素包括数据完整性、逻辑一致性、位置准确度、专题准确度和时间准确度。数据志，或称数据起源，记录了数据产品的衍生过程，有助于用户了解数据的来源、转换和更新，是数据质量评估的重要参考因素。空间数据起源信息对于帮助地学工作者分析数据质量、追踪误差来源、了解源数据和服务提供者的贡献、检测和优化工作流的执行过程、进行数据产品的维护与更新等有着重要意义（Yue 等，2010）。

除了提供的空间数据产品之外，空间信息服务质量与地理信息服务体系结构、服务端和客户端的数据组织和缓存机制、服务端的计算资源和数据调度及负载平衡、地理信息服务标准和协议、地理数据压缩和传输、地理数据集成与可视化等都有关系（吴华意和章汉武，2007）。

12.1.3 服务质量应用

服务质量的应用除了涉及服务选择外，可以在服务水平协议、服务组合和重规划、服务质量监控等方面进行应用。在空间信息服务系统发布前，还可以采用测试手段对服务质量进行预估，进一步优化服务系统，促使服务系统更加稳定、高效。下面就服务性能的评估为例进行介绍。

采用比较常用的评估手段压力测试，确定服务所能承受的最大量。服务作为一个 Web 系统，可以采用 Web 压力测试工具，如支持多种常用协议的 LoadRunner，RadView 公司的让开发者自动执行压力测试的 WebLoad，以及集功能测试、压力测试和监视为一体的 E-Test Suite 等软件。

以 LoadRunner 为例，它是一种预测系统行为和性能的负载测试工具，通过以模拟上千万用户实施网络并发负载及实时性能监测的方式来确认和查找问题。9.2 节中介绍的电网 GIS 空间信息服务平台就是采用 LoadRunner 进行压力测试，通过不断升压来分析系统中所存在的问题。

图 12.1 主要表示电网 GIS 空间信息服务平台中具体服务在执行过程中的反应速度。横轴为运行时间，纵轴为平均反应时间，单位都是秒。通过曲线图，结合曲线图下面的表，可以很清楚地看出每个服务在每个时间段的反应时间、每个服务的最小最大反应时间、平均反应时间、均方差反应时间和服务反应时间的稳定性。

以表中第一个“02_GEOSTAR_12 矢量漫游”服务为例进行说明。矢量漫游是获取在可视范围内的地理信息图，当客户的视图范围发生变化时，都会调用这个服务。表中

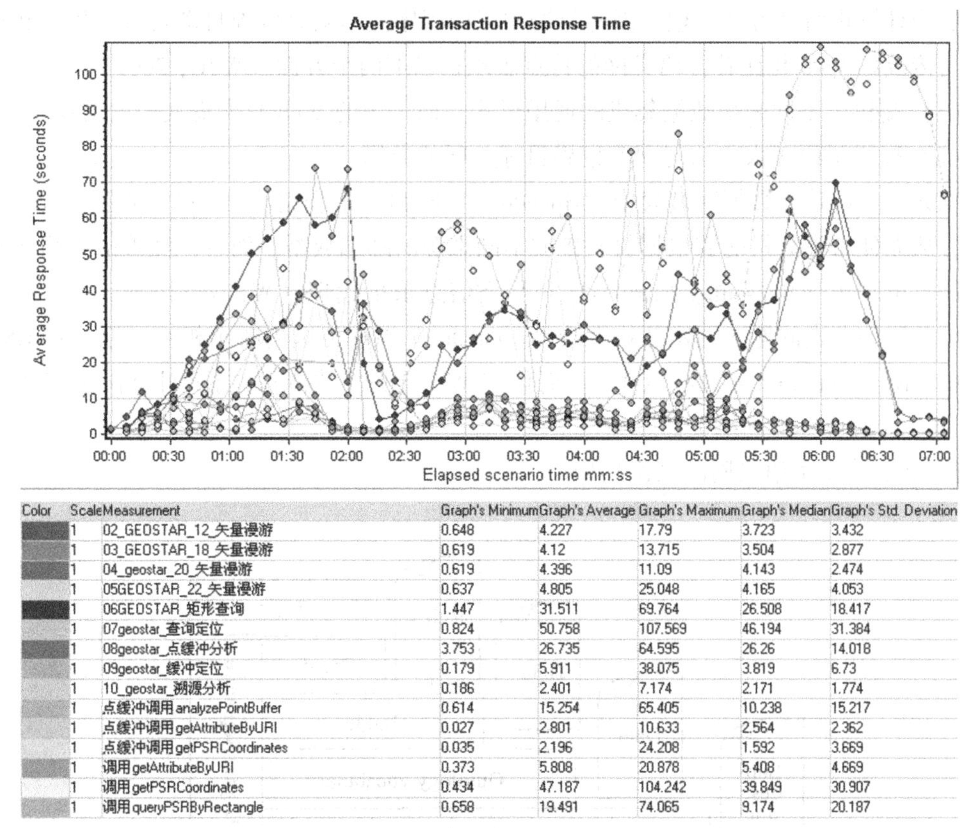

Color	Scale	Measurement	Graph's Minimum	Graph's Average	Graph's Maximum	Graph's Median	Graph's Std. Deviation
	1	02_GEOSTAR_12_矢量漫游	0.648	4.227	17.79	3.723	3.432
	1	03_GEOSTAR_18_矢量漫游	0.619	4.12	13.715	3.504	2.877
	1	04_geostar_20_矢量漫游	0.619	4.396	11.09	4.143	2.474
	1	05GEOSTAR_22_矢量漫游	0.637	4.805	25.048	4.165	4.053
	1	06GEOSTAR_矩形查询	1.447	31.511	69.764	26.508	18.417
	1	07geostar_查询定位	0.824	50.758	107.569	46.194	31.384
	1	08geostar_点缓冲分析	3.753	26.735	64.595	26.26	14.018
	1	09geostar_缓冲定位	0.179	5.911	38.075	3.819	6.73
	1	10_geostar_溯源分析	0.186	2.401	7.174	2.171	1.774
	1	点缓冲调用 analyzePointBuffer	0.614	15.254	65.405	10.238	15.217
	1	点缓冲调用 getAttributeByURI	0.027	2.801	10.633	2.564	2.362
	1	点缓冲调用 getPSRCoordinates	0.035	2.196	24.208	1.592	3.669
	1	调用 getAttributeByURI	0.373	5.808	20.878	5.408	4.669
	1	调用 getPSRCoordinates	0.434	47.187	104.242	39.849	30.907
	1	调用 queryPSRByRectangle	0.658	19.491	74.065	9.174	20.187

图 12.1　服务执行时间表

很清楚显示出其最短反应速度为 0.648 秒，最长反应速度为 17.79 秒，平均反应速度为 4.227 秒，均方差值为 3.723 秒。从这些数据中可以判断这个服务的反应速度比较好，在理想的范围内。因此，根据该图中能找到反应速度比较慢的服务，可以看到查询定位的平均反应速度为 50.785 秒，获取电网资源坐标的平均反应速度为 47.187 秒，这两个服务与其他服务的反应速度相比较慢，超出预期所承受的范围，可以进一步分析如何对其进行优化。

12.2　语义服务

12.2.1　语义网

自 Web 的创始人和当前 W3C 的总裁 Tim Berners-Lee 提出语义网（Semantic Web）（Berners-Lee，1998）的概念以来，许多科学界和工业界的个人或组织投入到扩展当前 Web 以实现 Semantic Web 的研究中。通过不仅表达纯粹的文字，而且表达它们的定义与内涵，语义网提供了一个通用信息交换框架。在该框架下，信息被赋予了明确的定义并能够为计算机所理解和处理，因此数据和应用程序能够被有效地自动发现、集成和重用。与传统的 Web 相比较，语义网的特点表现在以下两个方面（W3C，2001）：

（1）提供了不同来源数据集成的通用形式。而传统的 Web 只考虑文档的交换。

（2）提供了语言来表达与现实世界目标关联的数据。

例如，可以建立数据库某表中“zipcode”字段和一个表格中“zip”列之间的语义关联，从而使得计算机能够根据关联集成不同来源的邮编数据。而且，随着语义网技术的发展，推理机（Reasoning Engines）和网络信息采集代理（Web-crawling Agents）将能推导并回答此类问题：阿富汗坎大哈（Kandahar）500 英里内哪个机场可以支持 C5A 型飞机起降（Lutz and Kolas，2007）？而传统 Web 搜索引擎则只能返回包含文字“机场”和“坎大哈”的网络页面。

图 12.2 显示了语义网的层次架构。

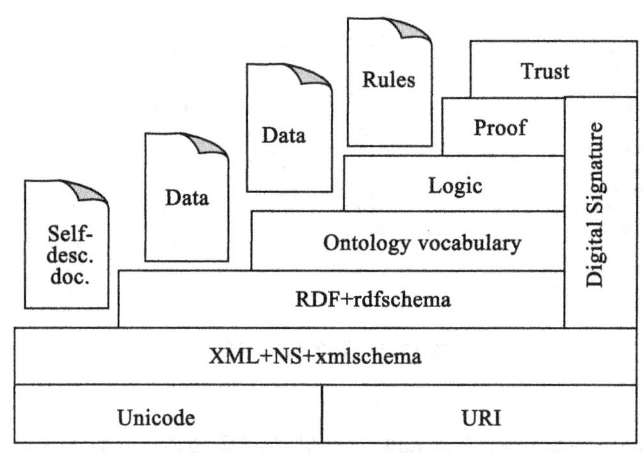

图 12.2　语义网结构图（Berners-Lee，2000）

（1）Unicode 提供了字符编码的标准方式。基于 Unicode 标准，全世界所有的语言符号系统中的文本和符号可以使用计算机一致地表达和操作。

（2）URI 提供了 Web 资源的唯一标识。一个 URI 包含两个部分：XML 命名空间（Namespace）和词汇。XML Namespace 用例用来区分不同文档中定义的不同符号所使用的相同词汇。

（3）XML 提供了使用用户自定义的词汇表达结构化文档的语法。但是 XML 并不需要保证这些文档有明确的语义定义。XML Schema 定义了 XML 文档的结构。

（4）资源描述框架（Resource Description Framework，RDF）作为一个基本数据模型描述了网络资源及这些资源间的关联。该模型可以理解为一个由三元组（Triple）构成的图模型（Graph Model），每个三元组又由主体（Subject）、谓词（Predicate）和客体（Object）构成。

（5）资源描述框架模式（RDF Schema，RDFS）对 RDF 做了语义上的扩展，定义了一套词汇描述 RDF 资源的属性（Property）和类别（Class），从而提供了关于这些属性和类的层次结构的语义。

（6）本体层（Ontology Layer）中，网络本体描述语言 OWL 在 RDF 和 RDFS 的基础上，定义了更多的词汇来描述类别和属性，例如类之间的不相交性（Disjointness）、基数（Cardinality）、等价性（Equality）等。

（7）逻辑层（Logic Layer）在本体语言的基础上提供了智能推理的规则。

（8）证据层（Proof Layer）进行推理获得证明事实的证据并提供证据的网络交换。

（9）确信层（Trust Layer）确定信息是否可信。采用数字签名（Digital Signature）技术（渗透到每个层次的规范中）是实现判定可信性的一个重要手段。通过代理之间建立的信任关系保障信息的有效性，并可以构建一个可信网络（Web of Trust）（Antoniou and Harmelen，2004）。

12.2.2　地理空间语义网

随着语义网技术的发展，地理空间语义网（Geospatial Semantic Web，GSW）作为语义网在地理信息领域的一种应用，最近也开始受到研究人员的关注。由于空间信息类型多种多样，有不同来源、不同格式、多比例尺及与不同学科相关，语义一直以来在处理和集成分布式空间信息上有着重要作用（Sheth，1999）。语义网的出现为利用本体来描述信息资源提供了一个通用框架。但是目前这个框架没有明确地建立地理空间实体、属性及关联关系，而这些关系对于空间信息的处理应用又至关重要。为了更好地支持空间信息的发现、获取和使用，地理空间语义网的概念被提出。有必要建立地理空间本体来表达地理领域的语义信息。这些语义信息包括空间数据的语义，空间关系的语义和空间服务的语义等（Egenhofer，2002；Lieberman 等，2005）。美国地理信息科学大学联盟（University Consortium for Geospatial Information Science，UCGIS）2002 年将地理空间语义网作为需要立即考虑的研究任务（Fonseca 和 Sheth，2002）。

2005 年，基于一些学术组织和研究机构陆续展开的前期工作，OGC 批准了地理空间语义网互操作试验（Geospatial Semantic Web Interoperability Experiment，GSW IE），旨在基于前期 OGC OWS 的研究成果上，利用明确定义的语义描述来研究对空间信息的发现、查询和集成（Kolas 等，2005；Kolas 等，2006；Kammersell 和 Dean2006；Lutz 和 Kolas，2007）。该试验提出五种类型的本体，包括地理空间本体（geospatial ontology）、要素数据源本体（feature data source ontology）、空间服务本体（geospatial service ontology）、空间查询过滤条件本体（geospatial filter ontology）、应用领域本体（domain ontology）。基于这些本体定义，用户的查询可以通过语义规则（Semantic Rules）被转换为对数据的语义查询，进而通过可扩展样式表语言转换（XSLT）转换为 WFS 查询。用户的查询用 SPARQL（一种 RDF 的查询语言，W3C 推荐的标准）（Prud' hommeaux and Seaborne, 2006）表达，而语义规则使用语义网规则语言（Semantic Web Rule Language，SWRL）（Horrocks，2004）表达。

12.2.3 语义网络服务

在网络服务领域，可以定义两个级别的互操作：语法互操作和语义互操作（Percivall，2002）。前者建立服务间技术层面上的链接以传递数据，但不考虑对数据的解释。后者则确保当数据、服务链接在一起时，数据和服务是被正确理解的。目前空间信息服务的标准接口侧重于语法上的互操作，对于语义上的互操作尚未考虑。语义网与网络服务的结合，提供了语义网络服务（Semantic Web Service）技术。语义网络服务实现了对信息和服务的描述和组织，有助于自动地确定服务与数据、服务与服务间的正确联系，从而能够自动地构建服务链，解决用户的问题。从这个角度来看，可以考虑利用语义网络服务技术来支持空间信息服务，特别是空间信息处理服务，在语义层次上的互操作。

12.2.3.1 空间信息处理服务的语义描述

已有的语义网络服务技术，包括基于OWL的网络服务本体语言（OWL based Web Service Ontology，OWL-S）、网络服务建模本体（Web Service Modeling Ontology，WSMO）、语义网络服务框架（Semantic Web Services Framework，SWSF）、网络服务语义（Web Service Semantics，WSDL-S）和WSDL语义注记（Semantic Annotations for WSDL，SAWSDL），虽然它们在逻辑语言的表达能力和描述的侧重点上不同，但都考虑了利用输入、输出、前提条件和状态改变（简称IOPE）来进行服务的语义描述。在应用人工智能规划方法的自动服务组合研究中，一个典型的特征是将服务区分为信息提供服务和状态改变服务（McIlraith等，2001；Sirin等，2004）。信息提供服务提供规划问题世界的状态信息，而状态改变服务则对规划问题世界的状态进行改变。在状态改变服务中前提条件和状态改变非常重要，关系到人工智能规划方法中如何对服务进行组合。

通常，空间信息处理服务实现空间数据处理和分析的算法。Lutz（2007）认为空间信息处理服务不改变外部世界状态，也不需要外部世界状态为前提条件，因此可以理解为信息提供服务。然而区分信息提供服务和状态改变服务首先需要明晰世界状态的定义，空间信息处理服务中对输入数据往往有一些约束，例如特定的数据文件格式、空间投影等，因此如果将世界状态作为元数据描述，空间信息处理服务可以描述为状态改变服务，前提条件为输入数据的元数据要求，状态改变为输出数据的元数据改变，这样空间信息处理流程的构建可以作为一个规划问题来解决。

空间信息领域的本体扮演着重要角色。本体是对共享概念的明确的形式化规范说明（Gruber，1993）。本体提供了相关领域内一套公共的词汇并定义了这些词汇的意义和它们间的关系。因此，本体有助于网络信息的语义为计算机所理解和处理。OWL是W3C推荐的标准网络本体描述语言。它能够用来建立本体并描述网络资源。对于输入输出数据的语义，使用“空间数据类型”本体描述。空间信息处理服务提供的处理功能也是服务语义描述中必须考虑的因素，通过“空间服务类型”本体来描述。建立“空间数据类型”和“空间服务类型”本体可以参考已有的空间信息领域的分类体系，例如美国 NASA GCMD 的科学关键字分类和服务关键字分类集合（Yue 等，2007）。对于前提条件和状态改变，可以使用相关的 SWRL、SPARQL 语言来表达（Martin 等，2008）。

图 12.3 给出了坡度计算服务的语义描述。该服务输入输出数据的语义通过“空间数据类型”本体类标注，例如 Terrain Elevation 和 Terrain Slope；服务功能的语义通过“空间服务类型”本体类标注，例如 Slope；服务执行的语义（即前提条件和状态改变）通过元数据约束来表达，例如利用 OWL-S 中的前提条件表达语言 SPARQL 描述输入的高程数据格式为 GeoTiff，坐标参考系统为地理坐标 EPSG：4326。图 12.4 给出了利用 SPARQL 描述坐标参考系统前提条件的样例。

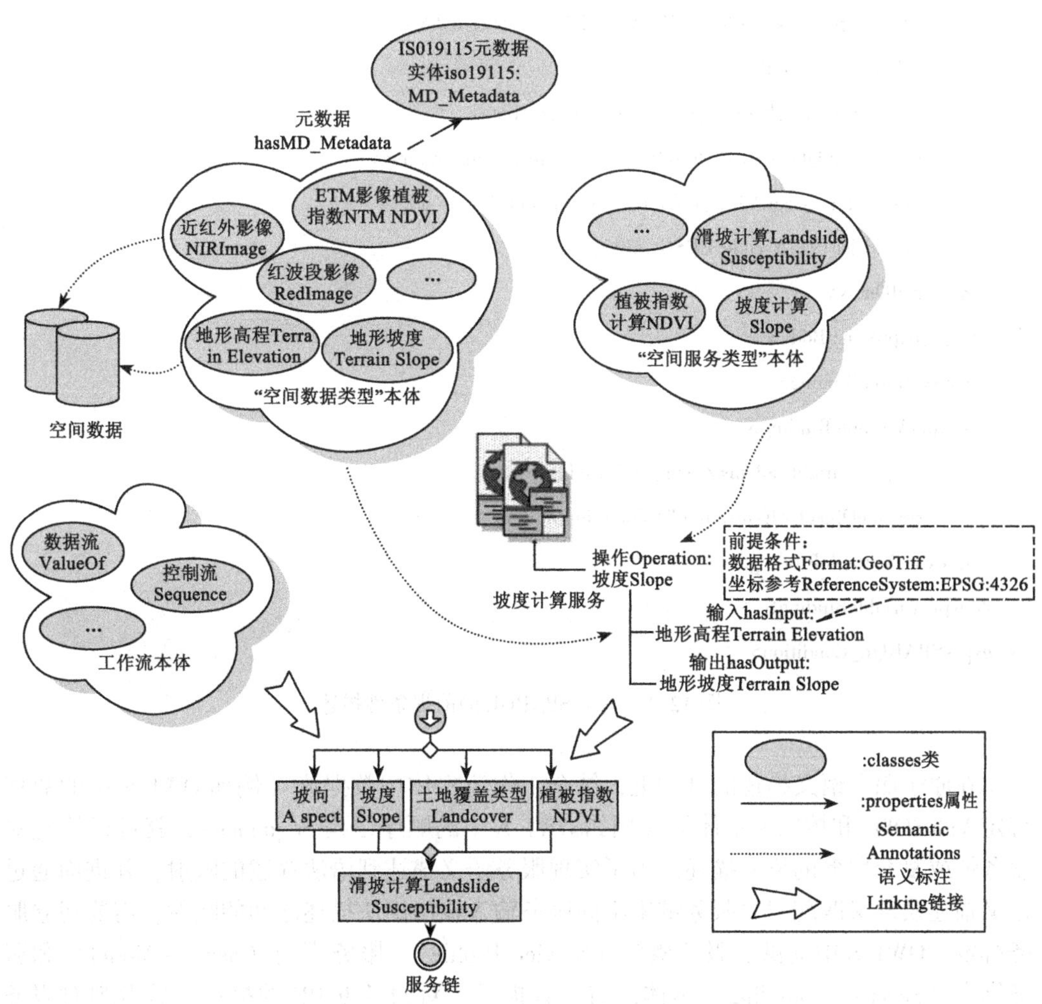

图 12.3　空间信息处理服务语义描述实例

```
<process:Input rdf:ID="slope_input_dem">
  <process:parameterType rdf:datatype="&xsd:#anyURI">
          &geodatatype:#Terrain_Elevation</process:parameterType>
</process:Input>
<expr:SPARQL-Condition rdf:ID="supportedCRS">
  <expr:expressionLanguage rdf:resource="&expr,#SPARQL"/>
  <expr:expressionBody rdf:parseType="Literal">
    <sparqlQuery xmlns="http://www.w3.org/2002/ws/sawsdl/spec">
      iso19115:&lt;http:/loki.cae.drexel.edu/~wbs/ontology/2004/09/iso-19115#&gt;
      iso19112:&lt;http:/loki.cae.drexel.edu/~wbs/ontology/2004/09/iso-19112#&gt;
      mediator:&lt;http:/www.laits.gmu.edu/geo/ontology/domain/v3/mediator_v3.owl#&gt;
      rdf:&lt;http://www.w3.org/1999/02/22-rd-syntax-ns#&gt;
      SELECT?dem WHERE!
        ?dem mediator:hasMD_Metadata?md_metadata.
        ?md_metadata iso 19115:referenceSystemInfo?md_refersys.
        ?md_refersys iso19115:referenceSystemIdentifier?rs_id.
        ?rs_id iso19115:code EPSG:4326;
    </sparqlQuery>
  </expr:expressionBody>
  <expr:variableBinding>
    <expr:VariableBinding>
      <expr:theVariable>dem</expr:theVariable>
      <expr:theObject rdf:resource"#slope_input_dem"/>
    </expr:VariableBinding>
  </expr:variableBinding>
</expr:SPARQL_Condition>
```

图 12.4　基于 SPARQL 的前提条件描述

在原子服务语义描述的基础上，结合工作流本体中数据流（例如 OWL-S 中的数据绑定 ValueOf）和控制流本体类（例如 OWL-S 中的顺序结构 Sequence），就可以构建对服务链或复合服务的语义描述。为了实现服务语义描述到语法描述的映射，并进而通过语义描述及语义匹配建立服务链中不同服务输入输出语法描述之间的映射，需要建立服务绑定。OWL-S 中提供了服务概要（Service Profile）、服务模型（Service Model）和服务绑定（Service Grounding）本体，前两者提供了对服务 IOPE 的描述，后者则对服务语义描述和语法描述之间的映射提供了方法（图 12.5）。

```
<! --snippet of Wildfire Prediction WSDL -->
<message name = " Execute_POST" ><part name = " payload"  element = " wps:Execute"/></message>
<message name = " ExecuteResponse" ><part name = " payload"  element = " wps:ExecuteResponse"/></message>
<portType name = " WPS_HTTP_POST_PortType" >
…
<operation name = " Execute" ><input message = " wps:Execute_POST"/>
<output message = " wps:ExecuteResponse"/></operation></portType>
<! --snippet of OWL-S descriptions for Wildfire Prediction service-->
<! --Service description-->
<service:Service rdf:ID = " wildfireprediction_service_01" >
  <service:describedBy rdf:resource = " #wildfireprediction_process_01"/>
  <service:presents rdf:resource = " #wildfireprediction_profile_01"/>
  <service:supports rdf:resource = " #wildfireprediction_wsdlgrounding_01"/>
</service:Service>
<! --Profile description-->
<profile:Profile rdf:ID = " wildfireprediction_profile_01" >
<profile:serviceClassification rdf:datatype = " &xsd;#anyURI" >&geoservicetype;#WildFirePrediction
</profile:serviceClassification>…</profile:Profile>
<! --Process Model description-->
<process:AtomicProcess rdf:ID = " wildfireprediction_process_01" > …</process:AtomicProcess>
<process:Output rdf:ID = " wildfireprediction_output_wildfiredangerindex" >
<process:parameterType rdf:datatype = " &xsd;#anyURI" >
&geodatatype;#Wildfire_Danger_Index</process:parameterType></process:Input>
<! --Grounding description-->
<grounding:WsdlGrounding rdf:ID = " wildfireprediction_wsdlgrounding_01" >
<grounding:hasAtomicProcessGrounding
rdf:resource = " #wildfireprediction_wsdlatomicprocessgrounding_01"/></grounding:WsdlGrounding>
<! --snippet of service grounding-->
<grounding:wsdlOutputMessage rdf:datatype = " &xsd;#anyURI" >
&wildfireprediction_wsdl;#ExecuteResponse</grounding:wsdlOutputMessage>
<grounding:wsdlOutput>
  <grounding:WsdlOutputMessageMap
rdf:ID = " wildfireprediction_wsdloutputmessagemap_wildfiredangerindex" >
  <grounding:owlsParameter rdf:resource = " #wildfireprediction_output_wildfiredangerindex"/>
  <grounding:wsdlMessagePart rdf:datatype = " &xsd;#anyURI" >
  &wildfireprediction_wsdl;#payload</grounding:wsdlMessagePart>
  <grounding:xsltTransformationString><! [CDATA[
<xsl:stylesheet version = " 1.0"  xmlns:xlink = " http://www.w3.org/1999/xlink"
xmlns:wcts = " http://www.opengis.net/wcts"  xmlns:wps = " http://www.opengeospatial.net/wps"
xmlns:ows = " http://www.opengis.net/ows"  xmlns:xsl = " http://www.w3.org/1999/XSL/Transform" >
  <xsl:template match = " /wps:ExecuteResponse" >
  <xsl:variable name = " X1"  select = " ./wps:ProcessOutputs/wps:Output[position() = 1]/wps:LiteralValue"/>
  <rdf:RDF xmlns:rdf = " http://www.w3.org/1999/02/22-rdf-syntax-ns#"
xmlns:geodatatype = " http://www.laits.gmu.edu/geo/ontology/domain/GeoDataType.owl#"
xmlns:iso19115 = " http://loki.cae.drexel.edu/~wbs/ontology/2004/09/iso-19115#"
xmlns:mediator = " http://www.laits.gmu.edu/geo/ontology/domain/v3/mediator_v3.owl#" >
      <geodatatype:Wildfire_Danger_Index>
        <mediator:hasMD_Metadata><iso19115:MD_Metadata>
        <iso19115:distributionInfo><iso19115:MD_Distribution><iso19115:transferOptions>
        <iso19115:MD_DigitalTransferOptions><iso19115:onLine><iso19115:CI_OnlineResource>
        <iso19115:linkage><xsl:value-of select = " $X1"/></iso19115:linkage>
          </iso19115:CI_OnlineResource></iso19115:onLine></iso19115:MD_DigitalTransferOptions>
    </iso19115:transferOptions></iso19115:MD_Distribution></iso19115:distributionInfo>
      </iso19115:MD_Metadata></mediator:hasMD_Metadata>
    </geodatatype:Wildfire_Danger_Index>
  </rdf:RDF></xsl:template></xsl:stylesheet>  ]]></grounding:xsltTransformationString>
</grounding:WsdlOutputMessageMap></grounding:wsdlOutput>
```

图 12.5　基于 OWL-S 的空间信息处理服务描述样例

12.2.3.2 智能构建空间信息处理流程的通用架构

在语义网络服务的基础上，Yue 等（2006 和 2009）提出智能构建空间信息处理流程的通用架构，如图 12.6 所示。在该架构中，智能构建空间信息处理流程划分为三个阶段。

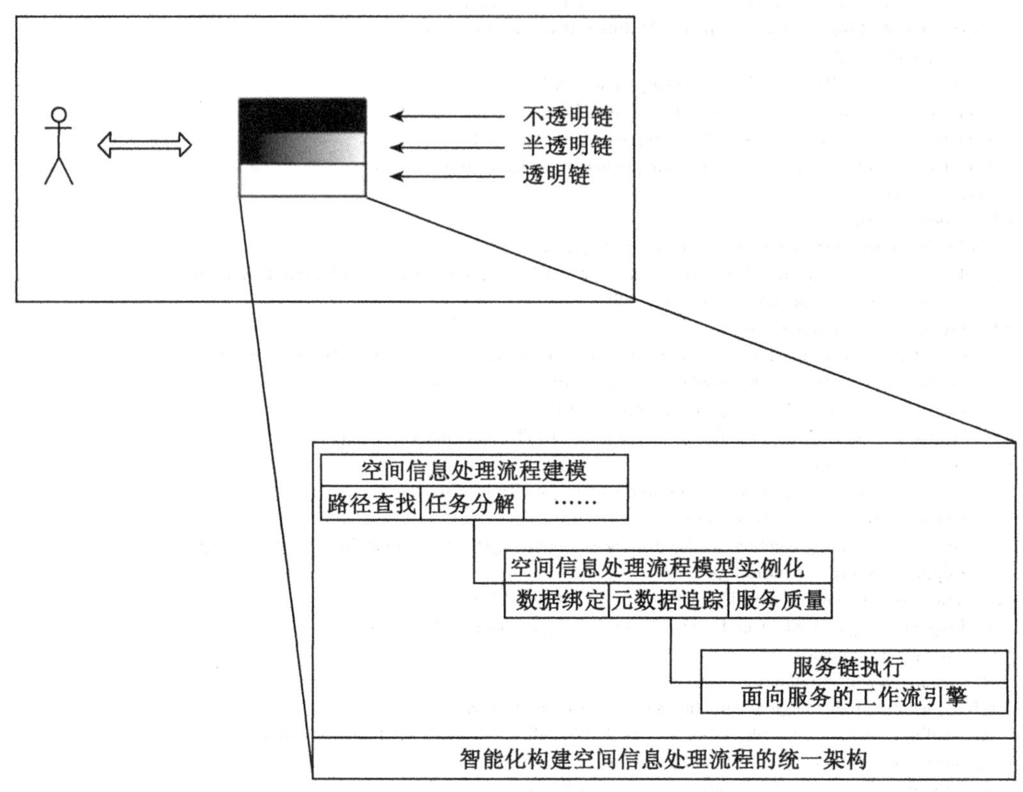

图 12.6 智能构建空间信息处理流程的通用架构

第一个阶段是空间信息处理流程模型的构建。即构建一个包括数据流和控制流的抽象服务组合模型。该阶段利用空间数据和服务本体辅助建模，建模的手段可以多样化，例如基于服务有向图的路径查找方法（路径规划）、利用已有的流程模型细化高层次抽象模型的任务分解方法（流程规划）。

在路径规划中，根据服务的语义描述及服务间的匹配构建网络服务有向图，在此基础上查找输入输出匹配的一个或多个服务序列（即路径）。每条路径提供了对现实世界问题的一个逻辑解决方案。路径的选择取决于语义控制和不同的性能指标。语义控制包括路径的正确性和链接的服务间语义匹配程度。通常需要构建多个模型提供备选方案以替换实例化和运行过程中不可行的方案。

在流程规划中，参考人工智能规划方法中的层次任务网络规划方法（HTN），制定满足地球空间信息服务的流程建模方法。用户可以根据应用需求利用“空间数据类型”和“空间服务类型”构建一个顶层流程模型。OWL-S 中的 Composite Process 本体可以用来表达流程模型。一个 Composite Process 可以定义为一个具有控制流和数据流的有序子过程序列。在 OWL-S 中，控制流通过 Control Construct（例如 Sequence，Split）来表达，数据流通过使用一些类来明确输入输出的绑定（例如 ValueOf）。通过使用已有的 OWL-S 复合过程（Composite Processes），顶层流程模型可以推理细化为子过程（有可能进一步细化）的结构化组合。任务分解的最终目标是找到可以实现顶层组合模型的一组原子过程。

建模的过程中用到基于 OWL 的推理。OWL 的逻辑表达基础是描述逻辑（Description Logic）（Baader 和 Nutt 2003）。在描述逻辑中，有两种推理：基于概念术语的推理（TBOX Reasoning）和基于实例断言的推理（ABOX Reasoning）。前者用来判断概念之间的关系，例如包含关系（Subsumption）或等价关系（Equivalent），后者用来判断个体之间及个体与概念之间的关系。空间信息处理流程构建中利用本体建模时语义匹配基于的是概念之间的推理，因此使用 TBOX Reasoning。

第二个阶段是模型实例化阶段。空间信息处理流程模型被实例化成一个可执行的服务链。利用语义网络服务技术中的服务绑定技术实现从服务语义描述到服务语法描述的绑定，例如利用 OWL-S 服务绑定中的 XSLT 转换。该阶段利用语义支持的注册中心绑定实际数据，例如结合 OGC 网络目录服务（Catalogue Services for Web，CSW）的目录登记信息元模型 ebRIM 规范，对 ebRIM 模型进行扩展以实现对空间数据与服务的语义信息注册，利用语义匹配实现对查询精度的提高，已有空间信息处理流程模型和服务链也可以通过 CSW 来管理。

当模型与实际的数据通过语义匹配绑定后，抽象服务绑定的空间信息处理服务实例往往对数据还存在一些元数据约束，例如只支持特定的数据格式，特定的坐标空间参考等。服务序列中只有始端服务的输入数据有详细的元数据信息，要实现对服务序列中间的服务进行前提条件的检查，就必须在执行服务链之前建立模拟的元数据传递改变过程，即元数据追踪，以确定服务链是否可执行。

对服务前提条件的检查实际上是对数据实例的检查，因此推理使用了 ABOX Reasoning。当前提条件不满足时，一些数据转换服务，包括数据格式转换服务、坐标转换服务、数据重采样/内插/重新划分格网服务等，可以自动加入服务链中以保证服务链的有效性。此外，服务实例的选择中还可以根据服务质量信息（Quality of Service，QoS）选择具体的服务地址。

第三个阶段是服务链的执行阶段。利用支持网络服务的工作流引擎执行服务链。执行的结果可以向上反馈，帮助调整前两个阶段的结果。

智能化构建空间信息处理流程的架构能够响应 OGC 中的用户自定义（透明）链、基于工作流（半透明）链、集成（不透明）链这三种类型的服务链。在不透明的情况下，用户只需提出自己所需的空间数据产品，空间信息处理流程模型可以自动构建、实例化并执行产生用户所需的产品，例如路径规划方法。在比较复杂的实际应用中，人工辅助控制对于空间信息处理流程模型的生成更为实用，能够降低自动服务组合中的不确定性。因此用户可以参与到模型的构建中，并检查自动生成的可执行服务链，例如流程规划方法，这种情况归为半透明。用户也可以手动构建服务链，即透明链构建方法，直接进入服务链的执行阶段。

12.3 网络信息搜索

在网络承载的海量信息环境下，需要实现信息资源的有效查询检索，帮助用户快速准确地获取满足需求的资源。网络搜索引擎的发展为用户搜寻资料提供了支持。

12.3.1 网络搜索引擎

按照工作方式划分，网络搜索引擎大致可分成三类：

（1）全文搜索引擎：通过称为“网络爬行器（crawlers）”的软件，爬行网络上的各种链接，自动获取大量网页信息内容，并按照一定的规则分析整理建立数据库。在数据库中检索与用户查询条件匹配的相关记录，然后按一定的排列顺序将结果返回给用户。具有代表性的全文搜索引擎如谷歌（Google）、百度（Baidu）。

（2）目录索引类搜索引擎：通过人工介入，将收集到的网络信息资源类型分类到一个树状的主题分类体系之中，提供目录浏览服务和直接检索服务。目录索引类搜索引擎可以理解为按目录分类的网站链接列表。例如门户网站 Yahoo、搜狐、新浪、网易等。

（3）元搜索引擎：元搜索是一种构架在搜索引擎之上的搜索。相当于搜索的搜索，它的后台接不同厂商提供的搜索引擎，把这些搜索引擎搜索出来的结果进行集成，形成其自有的搜索。如 Dogpile。

按照搜索内容划分，网络搜索引擎大致可分成两类：

- 水平搜索引擎：又称作通用搜索，例如大众化搜索引擎谷歌（Google）、百度（Baidu）等。通用搜索引擎使用了不同的搜索技术，包括语形搜索（基于语法，如传统的关键字匹配），语义搜索（考虑语义信息），语用搜索（考虑语境，不同的语境下特定词汇涉及不同的含义）。
- 垂直搜索引擎：又称作专业搜索，例如基于空间信息目录服务的空间信息搜索。垂直搜索引擎获取的数据来源于某些特定的行业站点；它基于结构化数据和元数据进行搜索。

12.3.2 空间信息搜索

空间信息搜索可以分为两类：基于通用搜索引擎之上的空间信息搜索和基于空间信息目录服务的空间信息搜索。

（1）基于通用搜索引擎之上的空间信息搜索：通用搜索引擎将所有搜索的关键字平等看待，忽略了空间信息的特点，搜索效率低。相关研究表明：通过 Google 搜索出来的 WMS、WFS 以及其他一些空间信息服务明显地低于可用的 OGC 服务（Reichardt，2005）。因此，有些研究通过剖析空间信息服务的特点，改进爬虫程序，以提供搜索的有效性（Li 等，2010）。以 OGC WMS 为例，可以将 OGC 和 WMS 作为关键字进行搜索，这时需要对搜索出来的结果进行分析，判断搜索出来的是否为 WMS 服务，还是 WMS

的介绍？这时，首先需要了解 WMS 服务和介绍文档的区别。WMS 服务具有规范化的 API，如 GetCapabilities、GetMap 请求。因此，可以从 Web 页面抽取 URL，发送 GetCapabilities请求并对结果进行解析，确定其是否为 WMS。

（2）基于空间信息目录服务的空间信息搜索：这是跟行业、领域密切相关的搜索，目录服务中空间信息的组织方式遵循预先定义好的结构化模式，服务对象明确，查询效率高，是一种专业化的搜索。这种方法常常需要服务提供商在目录中注册他们的服务，或更新服务元数据项，但是，也可以与通用搜索引擎结合，例如通过搜索引擎发现了 WMS 服务，将其元数据信息抽取出来并存储到目录服务中。

12.3.3　空间信息搜索案例

在空间信息领域，基于注册中心机制的空间信息目录服务是目前广泛使用的空间信息资源搜索方法。注册中心提供了注册实体的元数据信息。注册中心在帮助服务请求者查找数据和服务方面扮演了重要角色。空间信息服务和数据均注册在注册中心。

本节以空间信息服务的注册和搜索为例，介绍语义支持的服务注册中心。第 4 章中已经提到注册服务目前有两个主流信息注册模型：ebRIM 和 UDDI。目前两种模型中服务的搜索功能均局限于对元数据关键字的直接匹配，而没有利用元数据中所蕴涵的语义信息，例如一些元数据信息中的层次关系。而且对服务的搜索没有充分考虑服务的能力，例如服务的操作功能、输入和输出、前提条件和状态改变等。因此需要额外研究增加语义信息到 UDDI 或 ebRIM 中以实现语义支持的搜索。

12.3.3.1　语义支持的 UDDI

许多计算机技术领域的研究侧重于针对 UDDI 增加语义。Paolucci 等（2002a）介绍了 OWL-S 与 UDDI 数据模型之间的映射。UDDI 描述了三类实体：

（1）业务实体。它记录了所有者信息和联系方式。

（2）业务服务。记录了所有者提供的一个或多个特定的服务。

（3）绑定模块。明确了服务的接入（访问）终端点。

除了这些实体外，UDDI 还提供了 TModel 数据结构。它可以描述实体的额外属性，从而提供了手段来描述本体概念。每个服务可以有一个或多个 TModels 来帮助描述服务的特性。因此服务的能力例如功能、输入和输出等可以使用相应的 TModels 来记录。目前大部分与 UDDI 相关的研究使用基于该思想的映射，它们区别通常在于对语义支持的搜索部件实现上的不同。

对于语义支持的搜索功能的实现，总结起来有三种类型：

（1）该功能作为 UDDI 外部一个独立的部件来实现，从而不影响已有的 UDDI 接口（Paolucci 等，2002a）。使用一个 OWL-S 匹配引擎以实现语义支持的搜索。

服务语义信息注册步骤：

a. 以 OWL-S 的形式发布服务的广告。

b. 基于 OWL-S profile 与 UDDI 数据模型之间的映射，利用 OWL-S 提供的信息构建 UDDI 的服务描述并注册在 UDDI 中。

c. 注册的同时产生一个所注册服务的参考标识符（Reference ID），捆绑该 ID 和服务广告的能力描述，存储在广告数据库（Advertisment Data Base），该广告数据库是OWL-S匹配引擎的组成部分。

语义支持的服务发现步骤：

a. 以OWL-S的形式构建服务请求。

b. OWL-S匹配引擎从广告数据库中选择广告集并计算广告与请求间输入输出的语义匹配程度（Paolucci等，2002b）。

c. 从匹配结果中获取Reference ID，根据ID得到UDDI的记录，并结合匹配结果中的广告作为结果返回给用户。

由于广告的数量可能庞大，匹配过程将非常消耗时间。有一种优化策略是提前在发布阶段进行匹配，对每个本体概念建立与相关服务的索引和输入输出的匹配程度。由于匹配信息在发布阶段建立完毕，服务发现阶段的查询就简化为层次数据结构的简单遍历（Srinivasan等，2004）。

不同于建立OWL-S到UDDI数据结构的映射，Sivashanmugam等（2004）介绍了从WSDL-S到UDDI的映射，其中对TModels的设计仍类似。但他们对匹配能力做了提升，增加了对服务操作功能的匹配。首先根据操作功能的本体概念得到服务选择集，然后对选择集中的服务利用输入输出匹配进行筛选。

（2）将该功能嵌入到UDDI中，扩展UDDI的接口以实现语义支持的查询（Akkiraju等，2003）。UDDI的API Schema扩展了一个属性（RDF：Property）指向本体概念。服务发布步骤与Paolucci等（2002a）类似，不同之处在于它没有包括Advertisment Data Base。服务的发现步骤如下：

a. 根据UDDI API Schema构建服务请求。由于schema做了扩展，因此查询包含了语义信息。

b. 根据查询中标准UDDI Schema过滤条件获得选择集。这可以使用标准的UDDI find方法。

c. 将选择集送到语义匹配引擎执行与请求本体概念的语义匹配。语义匹配基于服务输入输出匹配。如果没有匹配的服务，语义匹配引擎还可以组合服务以满足要求。

（3）该功能包装为单个的外部匹配服务注册到UDDI中。在该类型中，UDDI将匹配功能外包给外部匹配服务从而可以选择不同类型的匹配服务，例如分别针对OWL-S，WSDL和UML的匹配服务（Colgrave等，2004）。注册的服务信息提供了合适的外部服务匹配信息。服务的发现步骤包括三个阶段：

a. 从请求中发现外部匹配的信息并作为过滤条件获取服务的相关外部匹配描述。

b. 查找可用并兼容的外部匹配服务，传递需求和步骤a服务集中服务的外部匹配描述以调用外部匹配服务。

c. 根据匹配的外部服务描述找到合适的服务。

12.3.3.2 语义支持的ebRIM

已经有一些关于如何将OWL元素映射到ebRIM元素的研究（Dogac等，2004；Wei等，2005）。其基本思想是使用ebRIM的ClassificationScheme、Slot、Association等元素来记录OWL对应的classes，properties和相关的一些公理例如subclassOf。如图12.7所

示，ebRIM 有四类基本的扩展点，通过 Slot 来增加属性，通过分类体系 Classification 来增加新的分类，通过扩展 ExtrinsicObject 来增加新的对象，通过定义新的 Association 来关联不同的 RegistryObject。

案例采用 OGC 网络目录服务 CSW 的目录登记信息元模型 ebRIM 规范，对 ebRIM 模型进行扩展得到信息注册模型，以实现对空间数据与服务的语义信息注册。已有空间信息处理流程模型和服务链也可以通过 CSW 来管理。

图 12.7 给出了对 ebRIM 模型扩展得到信息注册模型的高层示意图，虚线部分代表了对 OGC CSW ebRIM 所进行的扩展，包括以下三部分（Yue 等，2011）：

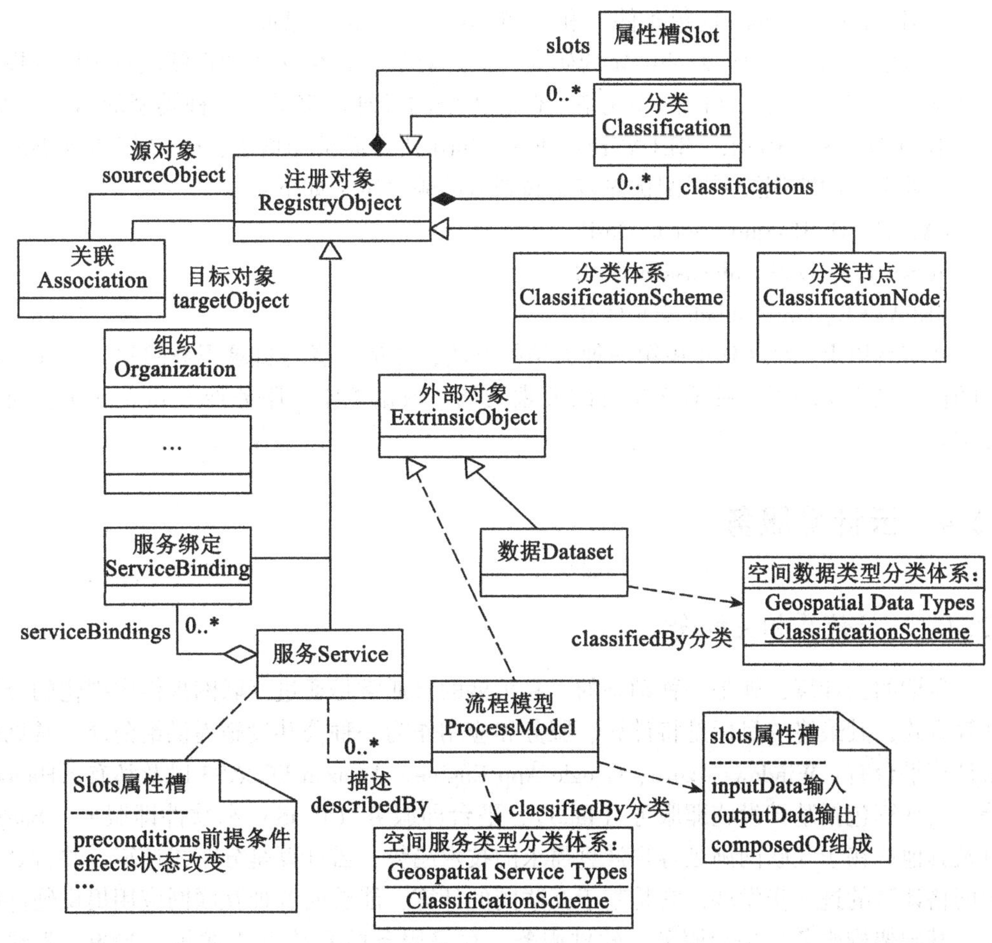

图 12.7　目录登记信息元模型及语义注册扩展

（1）定义了一个新的类“流程模型 Process Model”来注册空间信息处理流程模型。该定义通过继承已有的 ebRIM 类“外部对象 ExtrinsicObject”来描述。每个服务 Service 对象通过描述describedBy关联到一个空间服务模型 Process Model。Process Model 既可以是原子的空间服务模型，也可以是复合的空间服务模型。当 Process Model 是复合的空间服务模型时，通过“流程模型 Process Model”的属性槽“组合 composedOf”可以关联到其组成的子模型序列。

（2）“空间数据类型”和“空间服务类型”本体作为“分类体系 ClassificationScheme”注册在 CSW 中，建立空间服务类型分类体系 Geospatial Service Types ClassificationScheme 和空间数据类型分类体系 Geospatial Data Types ClassificationScheme。通过这两个分类体系，就可以分别对“数据 Dataset”和“服务 Service”进行分类（classifiedBy）。

（3）为空间信息处理服务的输入输出、前提条件及状态改变的语义注册建立属性槽。输入输出的语义通过“流程模型 Process Model”的属性槽“InputData 输入”和“OutputData 输出”来记录。状态改变的语义与服务实例相关，因此在“服务 Service”的属性槽“preconditions 前提条件”和“effects 状态改变”记录。

结合已有的对 UDDI 和 ebRIM 的研究有助于对基于 ebRIM 的地理领域目录服务提供语义支持的搜索。语义匹配的实现基于概念术语的推理。定义了三种类型的语义匹配，包括 EXACT，SUBSUME，RELAXED。假设 OntR 代表需求的概念，OntP 代表提供的概念，三种类型的匹配按照匹配优先级从高到低的顺序定义如下：

EXACT：OntR equivalent to OntP

SUBSUME：OntP subclassOf OntR

RELAXED：OntR subclassOf OntP

在实现以上类似 UDDI 中第一种类型的方法，在请求者与目录服务间建立语义匹配中间件，最终实现了三种语义支持的搜索功能：数据搜索、服务搜索和处理流程模型搜索。

12.4 云计算服务

12.4.1 云计算相关概念

所谓的云计算，就是一种动态的、易扩展的且通常是通过互联网提供虚拟化的资源计算方式，其最终的目标是将计算、服务和应用作为一种公共设施提供给公众。常见的云计算平台有：Windows Azure、Google App Engine、Amazon EC2&S3 以及私有云Hadoop等。云计算包括基础设施即服务（IaaS）、平台即服务（PaaS）和软件即服务（SaaS）以及其他依赖于互联网满足客户计算需求的技术趋势。云计算是分布式计算、并行处理和网格计算的进一步发展，它是基于互联网的计算，能够向各种互联网应用提供硬件服务、基础架构服务、平台服务、软件服务、存储服务的系统（王龙等，2009；张建勋等，2010）。

1. 云计算和分布式计算

分布式计算就是在两个或多个软件互相共享信息，这些软件既可以在同一台计算机上运行，也可以在通过网络连接起来的多台计算机上运行。分布式计算通常必须处理异构环境、多样化的网络连接、不可预知的网络或计算机错误。Ian Foster（2008）认为“云计算属于分布式计算的范畴，是以提供对外服务为导向的分布式计算形式”。云计算把应用和系统建立在大规模的廉价服务器集群之上，通过基础设施与上层应用程序的协同构建以达到最大效率利用硬件资源的目的以及通过软件的方法容忍多个节点的错误，达到了分布式计算系统可扩展性和可靠性两个方面的目标。

2. 云计算与网格计算

Ian Foster（2001）将网格定义为：支持在动态变化的分布式虚拟组织（Virtual Orgallization）间共享资源，协同解决问题的系统（Foster，2001）。网格计算强调的是一个由多机构组成的虚拟组织。多个机构的不同服务器构成一个虚拟组织为用户提供一个强大的计算资源；云计算主要运用虚拟机（虚拟服务器）进行聚合而形成的同质服务，更强调在某个机构内部的分布式计算资源的共享（金海，2009）。此外，网格和云在付费方式上也有着显著的不同。网格计算按照商定的资费标准收费或者若干组织之间共享空闲资源。而云计算则采用按需付费的标准收费。

3. 云计算和空间信息服务

计算机网络技术和分布式计算技术的迅猛发展为地理信息系统向大众化、分布式、网络化的空间信息服务的演变提供了技术基础。空间信息的多样性、动态性、异构性、海量性、分布性等都对传统的 Internet 环境下空间信息服务提出了新的挑战（吴磊，2009）。云计算将计算、存储和各种应用服务于用户，提供有效的伸缩性和负载平衡。随着 Internet 的迅猛发展以及云计算的不断成熟，云计算下 GIS 将成为 GIS 应用开发领域重要的发展方向。

12.4.2　基于云计算模式的空间信息服务开发实例

1. 基于 Windows Azure 平台的开发

Windows Azure 服务平台既可被在云端上运行的应用调用，也可被在本地系统运行的应用调用。Windows Azure 云平台包括三个组件，分别是 Windows Azure，AppFabric，SQL Azure，如图 12.8 所示。Windows Azure 是 Windows Azure Platform 上运行云服务的底层操作系统，它提供了云服务所需要的所有功能，包括运行环境。AppFabric 是平台的中间件引擎，提供访问控制服务和服务总监。SQL Azure 是其关系数据库，以服务形

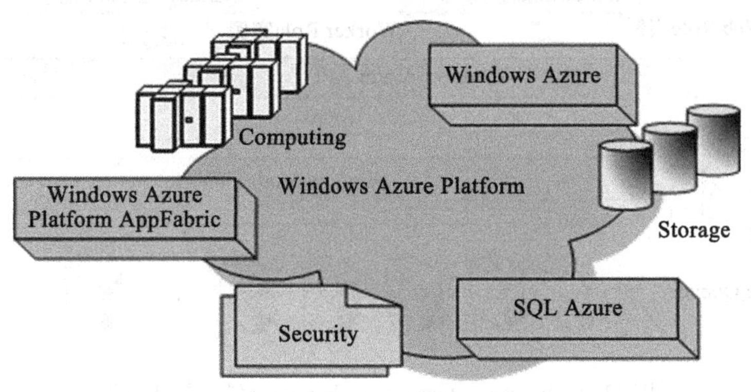

图 12.8　Windows Azure 平台

式提供核心关系数据库功能。本文以 Windows Azure 为例，说明云计算的存储服务功能。Windows Azure 存储服务由三个重要部分构成：Blob 主要存储大型数据，Table 主要存储表数据，类似关系数据库中的数据表，Queue 主要为异步工作提供分派消息服务。

在 Windows Azure 平台上进行空间信息服务开发，即实现的是在 Windows Azure 平台上部署空间数据处理功能。Windows Azure 与空间信息服务相结合的方法结构图如图 12.9 所示。

传统的地理处理应用程序，一般都是工作在它们自己的独立环境中。实现 Windows Azure 与空间信息服务相结合的方法是通过 AppFabric，AppFabric 是平台的中间件引擎，提供访问控制服务和服务总线。Windows Azure 平台上的应用有两种角色，一种是 Web roles，另一种是 Worker roles。Web role 应用程序是一种 Internet 信息服务（IIS）的支持

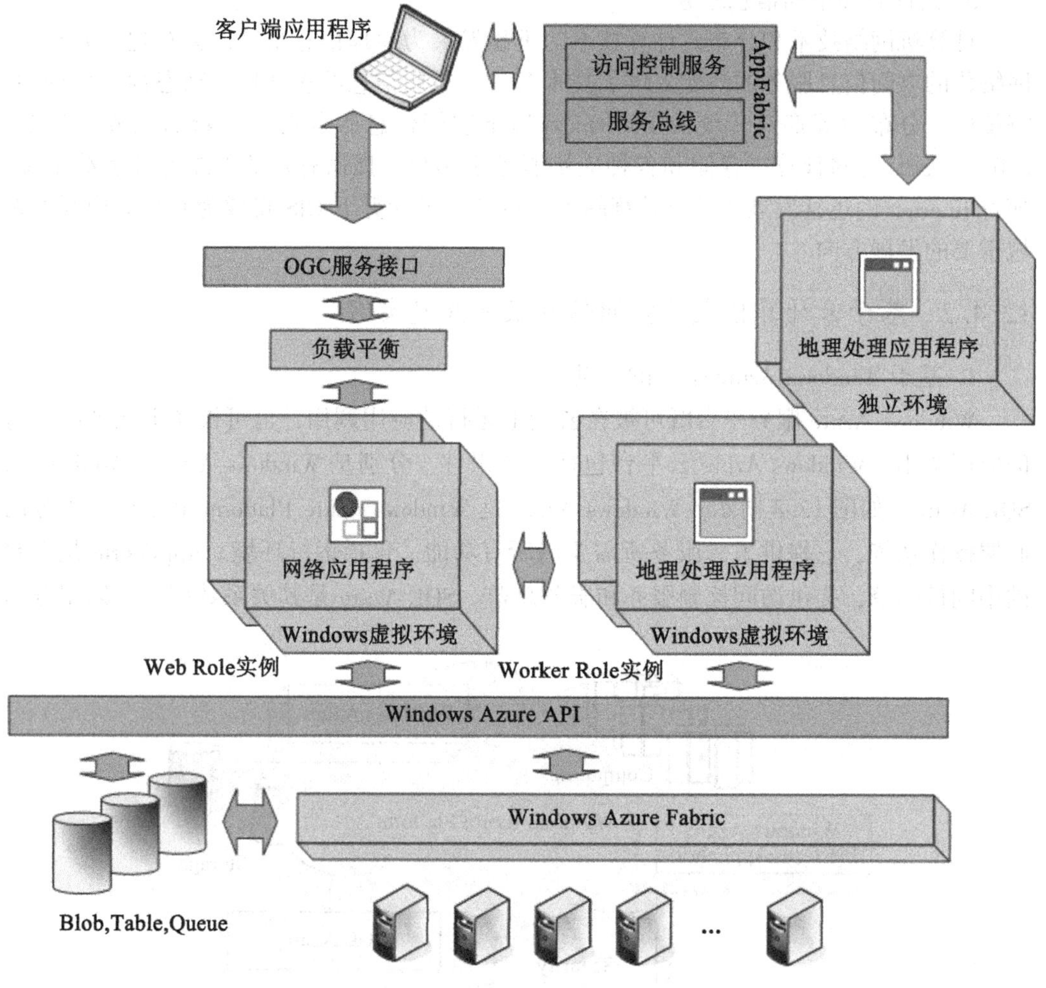

图 12.9　Windows Azure 和 Web Service 结合的结构图

的网络应用程序，可通过使用 ASP. NET 或 Windows 通信基础（WCF）来实现。Worker role 应用程序负责对 Web role 进行后台处理。将地理空间分析功能与 Windows Azure 集合的关键是：Worker role 应用程序进行后台处理，然后通过 Web role 应用程序来暴露 Web 服务接口。开发 Worker 和 Web 应用程序使用 Windows Azure API。地理处理云服务的服务接口采用的是 OGC 网络处理服务（WPS）标准。Windows Azure 云平台是通过 Mircrosoft Azure 存储服务来管理应用程序数据，包括三种存储方式：blobs，tables，queues。最后用户可以使用 Windows Azure Fabric 在本地对应用程序进行测试和模拟。

以坡度计算为例，实施过程分为如下几步：

（1）创建 Web Role 和 Worker Role 的应用程序框架，这个过程需要修改一些配置文件，一个工程中可以有多个 Web Role 和 Worker Role，其中 Worker role 应用程序进行后台处理，通过 Web role 应用程序来暴露 Web 服务接口；

（2）创建数据存储和 Web Role 和 Worker Role 之间的消息队列，采用 blobs 来存储二进制数据，其中的消息队列指的是 Web Role 和 Worker Role 之间相互通信的消息；

（3）基于 WPS 接口规范的 WebRole 应用程序开发，WPS 接口规范涉及三个操作：GetCapabilities，DescribeProcess 和 Execute；

（4）在 Worker Role 应用程序中运行用 Java 语言写的坡度计算程序。

在 WPS 中，客户端和服务器采用基于 XML 的通信方式，利用 OGC WPS 的标准接口规范，通过 HTTP Get 和 Post 执行标准操作。Web Role 中 HTTP 请求的处理可以采用 ASP. NET 中的 HTTP handler，通过调用 ProcessRequest 方法处理 WPS 的请求，并基于 XML 返回执行结果。图 12. 10 在 Web 浏览器中显示了基于 HTTP Get 的 WPS 坡度计算功能调用，其中，输入和输出数据在 Geomatica FreeView 软件中打开后贴在浏览器拷屏的两侧。

2. 基于 Google App Engine 平台的开发

Google 的云计算基础设施是在最初为搜索应用提供服务基础上逐步扩展的。Google App Engine 提供一整套开发组件来让用户轻松地在本地构建和调试网络应用，之后能让用户在 Google 强大的基础设施上部署和运行网络应用程序，并自动根据应用所承受的负载来对应用进行扩展，并免去用户对应用和服务器等的维护工作。同时提供大量的免费额度和灵活的资费标准。

Google App Engine 主要由 5 个部分组成（图 12. 11），分别是应用服务器、Datastore、服务、管理界面和本地开发环境（吴朱华，2010）。应用服务器主要是用于接收来自于外部的 Web 请求。Datastore 主要用于对信息进行持久化，它提供了一整套强大的分布式数据存储和查询服务，并能通过水平扩展来支撑海量的数据，主要以“Entity”的形式存储数据，Datastore 是基于 Google 的大规模分布式数据库 BigTable 技术。服务：Google App Engine 提供了一组应用程序接口（API），主要包括 datastore API、images API、mail API、memcache API、URL letch API 和 user API。用户可以在应用程序中使用这些接口来访问 Google 提供的空间、数据库存储、E-mail 和 memcache 等

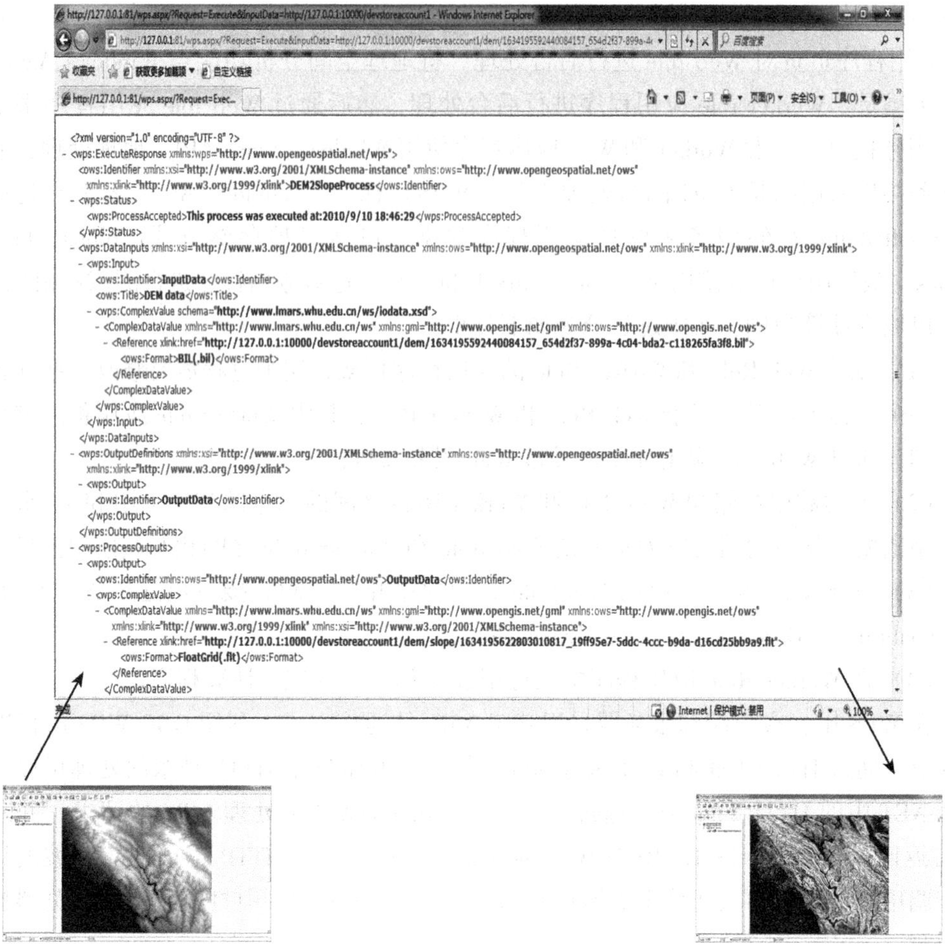

```
<?xml version="1.0" encoding="UTF-8" ?>
- <wps:ExecuteResponse xmlns:wps="http://www.opengeospatial.net/wps">
    <ows:Identifier xmlns:xsi="http://www.w3.org/2001/XMLSchema-instance" xmlns:ows="http://www.opengeospatial.net/ows"
      xmlns:xlink="http://www.w3.org/1999/xlink">DEM2SlopeProcess</ows:Identifier>
  - <wps:Status>
      <wps:ProcessAccepted>This process was executed at:2010/9/10 18:46:29</wps:ProcessAccepted>
    </wps:Status>
  - <wps:DataInputs xmlns:xsi="http://www.w3.org/2001/XMLSchema-instance" xmlns:ows="http://www.opengeospatial.net/ows" xmlns:xlink="http://www.w3.org/1999/xlink">
    - <wps:Input>
        <ows:Identifier>InputData</ows:Identifier>
        <ows:Title>DEM data</ows:Title>
      - <wps:ComplexValue schema="http://www.lmars.whu.edu.cn/ws/iodata.xsd">
        - <ComplexDataValue xmlns="http://www.lmars.whu.edu.cn/ws" xmlns:gml="http://www.opengis.net/gml" xmlns:ows="http://www.opengis.net/ows">
          - <Reference xlink:href="http://127.0.0.1:10000/devstoreaccount1/dem/1634195592440084157_654d2f37-899a-4c04-bda2-c118265fa3f8.bil">
              <ows:Format>BIL(.bil)</ows:Format>
            </Reference>
          </ComplexDataValue>
        </wps:ComplexValue>
      </wps:Input>
    </wps:DataInputs>
  - <wps:OutputDefinitions xmlns:xsi="http://www.w3.org/2001/XMLSchema-instance" xmlns:ows="http://www.opengeospatial.net/ows"
      xmlns:xlink="http://www.w3.org/1999/xlink">
    - <wps:Output>
        <ows:Identifier>OutputData</ows:Identifier>
      </wps:Output>
    </wps:OutputDefinitions>
  - <wps:ProcessOutputs>
    - <wps:Output>
        <ows:Identifier xmlns:ows="http://www.opengeospatial.net/ows">OutputData</ows:Identifier>
      - <wps:ComplexValue>
        - <ComplexDataValue xmlns="http://www.lmars.whu.edu.cn/ws" xmlns:gml="http://www.opengis.net/gml" xmlns:ows="http://www.opengis.net/ows"
            xmlns:xlink="http://www.w3.org/1999/xlink" xmlns:xsi="http://www.w3.org/2001/XMLSchema-instance">
          - <Reference xlink:href="http://127.0.0.1:10000/devstoreaccount1/dem/slope/1634195622803010817_19ff95e7-5ddc-4ccc-b9da-d16cd25bb9a9.flt">
              <ows:Format>FloatGrid(.flt)</ows:Format>
            </Reference>
          </ComplexDataValue>
```


图 12.10　Windows Azure 上部署的 WPS 服务执行结果图

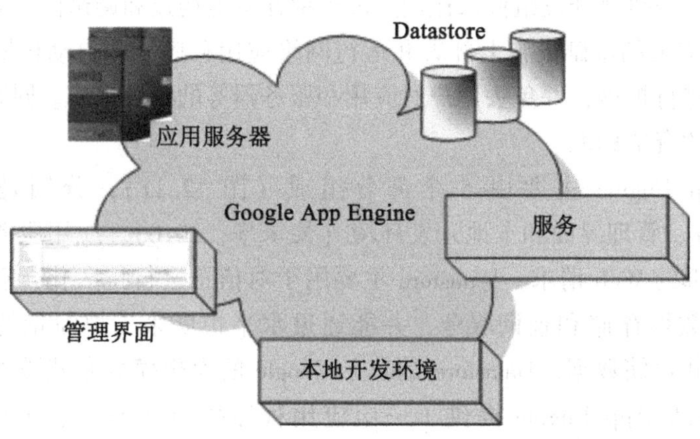

图 12.11　Google App Engine 平台

服务。管理界面主要用于管理应用并监控应用程序的运行状态，比如，消耗了多少资源，发送了多少邮件和应用运行的日志等。本地开发环境主要是帮助用户在本地开发和调试基于 GAE 的应用，包括用于安全调试的沙盒，SDK 和 IDE 插件等工具。

在 Google App Engine 平台上进行空间信息服务开发，即是要在 App Engine 平台上部署空间数据处理功能。以坡度计算为例，实施过程分为如下几步：

（1）创建项目，即为所开发的项目创建目录结构，包括 Java 源文件以及编译类和其他应用程序文件、库、配置文件、静态文件及其他数据文件的 war 包；

（2）创建运行基于 WPS 接口规范的坡度计算的 Serlvet 应用程序；

（3）注册 App Engine 账号以及使用 GAE 自带上传工具将应用部署到平台上；

（4）在管理界面中启动这个应用，并利用管理界面来监控整个应用的运行状态和资费。

3. Windows Azure 与 Google App Engine 的比较

虽然 Windows Azure 和 Google App Engine 都属于云计算平台，都有着动态的和可扩展的、按需收费、面向海量信息处理、形态灵活等特点，并且都有用于帮助用户在本地开发和调试应用程序的本地开发环境，但两者之间仍然有很多不同点。

两个平台的基础架构模式不同：Google 将四大基础架构（GFS、MapReduce、分布式锁机制、BigTable）整合成为统一的计算平台，主要提供平台 API 服务以及一系列网络应用服务，Azure 是由一个公共平台上的多种不同服务组成的，例如 Windows Azure，AppFabric，SQL Azure（王佳隽等，2010）。

两个平台存储数据的方式不同：Windows Azure 平台使用 Blob、Table、Queue 来存储数据，其中 Queue 用来存储 Web Role 与 Worker Role 之间通信的消息，而 App Engine 采用大规模分布式数据库（BigTable）来存储数据，并且鼓励数据持久化（Persistence），充分利用了 Google 独有的技术优势和强大的网络计算能力。

两个平台针对的用户不同：Google 针对的是那些使用 Python 和 JAVA 并喜欢与网络协议打交道的人，而 Microsoft 的 Azure 产品则直接瞄准 Microsoft 开发人员。相比而言，微软对 Java 的支持还不是很好，所以一般的 Java 开发用 Google App Engine。又因为 App Engine 提供 Python，如果用户想要一个方便的 Python 解决方案，Google App Engine 是首选。但如果是 Microsoft 的拥护者，那么选择 Azure。

App Engine 软件运行在沙盒中，可以提供有限的底层操作系统的访问。出于服务和安全原因，JVM 在安全的“沙盒”环境中运行以隔离用户的应用程序（Google，2011）。沙盒确保了应用程序仅执行不影响其他应用程序的性能和可伸缩性的操作，但阻止了一些基本的操作，如写磁盘或打开网络 socket。在 Azure 中，没有对操作系统的直接访问，也不能直接访问运行在 OS 之上的软件，Azure 在 NET 的运行时环境下运行类似 IIS 的 Web 服务，所以没有 Google 环境下那么多限制，例如可以读写磁盘中的文件。

另外，与 Azure 相比较，Google App Engine 还有如下优点：GAE 提供了新的安全数据连接器（Secure Data Connector，SDC），为企业在 GAE 中使用自己的数据、网络服务和 SOA 提供了一个安全的通道，而不需要将数据移动到云中；因为 GAE 内置了 Cron 支持，所以可以同时支持请求/响应模型和后台处理，满足了强大的企业级应用需要，因为后台处理常用于完成比如备份、生成报告、异步处理等重要的任务。Google 提供易用性和高度自动化的配置，如果使用 App Engine，只需编写代码，上传应用程序，剩下的大部分事情可以让 Google 来完成。而 Azure 则以一种完全不同的方式实现云计算，Azure提供的是类似操作系统级别的服务，虽然可以使用其他的 servlet 容器，但要做一些配置。

总之，Google 利用了其对于大型数据库的研究成果并借助其内部的开发方法创建了一个强大但略显局限的环境。而 Microsoft 凭借其在开发者方面的传统强势与其宽泛的工具集提供了庞大的一系列服务（Miller，2008）。

随着云计算等相关技术的不断壮大、发展，其前景值得乐观，但云计算遇到的挑战也日益显著，云计算领域尚存在大量的开放性问题有待进一步研究和探索。首先云计算目前还没有一个统一的标准，其次在用户数据安全方面也存在很多隐忧，因为用户数据存储在云端，如何保证用户的数据不被非法访问和泄露是系统必须要解决的重要问题，虽然数据编码是解决方式之一，但是大大增加了云计算的复杂性，增加了数据编码、解码、计算的时间和成本。这就需要云提供商对云计算平台进行控制和管理，对云用户进行认证，在一定程度上降低不法分子对敏感数据的传播。最后云计算系统之间的互操作也是一个必须要考虑的问题。例如一个云系统怎样可以使用另外一个云系统的计算资源，从而实现云系统之间自动交互性（张建勋等，2010）。

参考文献

[1] 陈军，丁明柱，蒋捷，周旭，翟勇，朱武．从离线数据提供到在线地理信息服务［J］．地理信息世界，2009a，7：（2）：6-9.

[2] 陈军，蒋捷，周旭，翟勇，朱武，丁明柱．地理信息公共服务平台的总体技术设计研究［J］．地理信息世界，2009b，7（3）：7-11.

[3] 陈能成．网络地理信息系统的方法与实践［M］．武汉：武汉大学出版社，2009.

[4] 陈平. 依托数字城市技术创建城市管理新模式［J］．地理信息世界，2005，20（3）：220-222.

[5] 陈述彭，陈秋晓，周成虎．网格地图与网格计算［J］．测绘科学，2002，27（4）：1-7.

[6] 承继成，李琦，易善桢．国家空间信息基础设施与数字地球［M］．北京：清华大学出版社，1999.

[7] 范况生．城市网格化管理研究与实践［D］．华东师范大学，2006，61.

[8] 封松林，叶甜春．物联网/传感网发展之路初探［J］．中国科学院院刊，2010，25（1）．

[9] 高尚．AJAX/REST 架构的研究与开发框架的实现［D］．北京：北京邮电大学，2008：72.

[10] GB/20000. 1-2002 标准化工作指南，第 1 部分：标准化和相关活动的通用词汇．北京：中国标准出版社．

[11] 龚健雅．地理信息系统基础［M］．北京：科学出版社，2002：336.

[12] 龚健雅．空间数据库管理系统的概念与发展趋势［J］．北京：测绘科学，2001，26（3）：4-9.

[13] 龚健雅，杜道生，高文秀，徐枫，周旭．地理信息共享技术与标准［M］．北京：科学出版社，2009.

[14] 龚健雅，向隆刚，陈静，乐鹏．虚拟地球中多源空间信息的集成与服务［C］．全国地理信息产业峰会论文集，2009：213-218.

[15] 龚健雅，高文秀．地理信息共享与互操作技术标准［J］．地理信息世界，2006，4（3）．

[16] 国家测绘局．国家地理信息公共服务平台专项规划（2009—2015）［G］．2009.

[17] 国家电网．国家电网公司电网 GIS 空间信息服务平台服务调用规范［G］．2009.

[18] 何建邦，闾国年，吴平生．地理信息共享的原理与方法［M］．北京：中国标准出版社，2003.

[19] 胡鹏，黄杏元，华一新．地理信息系统教程［M］．武汉：武汉大学出版社，2002.
[20] 黄裕霞，陈常松，何建邦．开放式地理信息系统及其相关技术［J］．遥感信息，1998（2）：25- 28.
[21] IBM，2008. 智慧地球赢在中国［R］. http://www-900.ibm.com.
[22] IBM，2009. 智慧城市白皮书［R］. http://www-900.ibm.com.
[23] ISO 19100 系列标准［S］. http://www.isotc211.org.
[24] 金海．漫谈云计算［J］．中国计算机学会通讯，2009，5（6）：22-25.
[25] 李春田．标准化概论［M］．北京：中国人民大学出版社，2001.
[26] 李德仁，朱欣焰，龚健雅．从数字地图到空间信息网格——空间信息多级网格思考［J］．武汉大学学报（信息科学版），2003，28（6）：642-650.
[27] 李德仁，龚健雅，邵振峰．从数字地球到智慧地球［J］．武汉大学学报（信息科学版），2010，35（2）：127-132.
[28] 李志刚．国家地理信息公共服务平台总体设计．东方道迩 2010 用户大会暨地理信息产业创新发展高层对话．北京，http:// www. eastdawn. com. cn/ Conference/ download/518_Report_02.pdf，（2010-5-18）.
[29] 闾国年，张书亮，王永君等．地理信息共享技术——21 世纪高等院校教材地理信息系统教学丛书［M］．北京：科学出版社，2007.
[30] 孟令奎，史文中，张鹏林．网络地理信息系统原理与技术［M］．北京：科学出版社，2005.
[31] 闵敏．对地观测传感网信息服务系统架构及其关键技术研究［D］．武汉大学，2008.
[32] OGC 系列标准［S］. http://www.opengeospatial.org/.
[33] 孙其博，刘杰，黎羴，范春晓，孙娟娟．物联网：概念、架构与关键技术研究综述［J］．北京邮电大学学报，2010，33（3）：1-9.
[34] 王佳隽，吕智慧，吴杰，钟亦平．云计算技术发展分析及其应用探讨［J］．计算机工程与设计，2010，31（20）：4404-4409.
[35] 王龙，万振凯．基于服务架构的云计算研究及其实现［J］．计算机与数字工程，2009，37（7）：88-91.
[36] 王延亮，储晓雷．地理信息公共服务平台模式探讨［J］．测绘与空间地理信息，2007，30（2）：71-76.
[37] 王元放，裘薇．网格化的城市管理新模式探析．上海市互联网经济咨询中心，［accessed 6 April 2011］. http://www.siecc.org/cn/detail/detail.asp? NewsID=700. 2006.
[38] 温家宝. 2010 年政府工作报告［EB/OL］．（2010-03-15）.
[39] 吴华意，章汉武．地理信息服务质量（QoGIS）：概念和研究框架［J］．武汉大学学报（信息科学版），2007，32（5）：385-388.
[40] 吴磊．基于云计算模式的 WebGIS 关键技术研究［D］．北京师范大学，2009.
[41] 吴朱华．探索 Google App Engine 背后的奥秘．http:// www.360doc.com/ content/

10/ 0725/18/865714_41391128.shtml 2010-07-25.

[42] 新华社．我国公众版国家地理信息公共服务平台网站开通．http://www.gov.cn/jrzg/2010-10/21/content_1727475.htm. 2010.

[43] 徐开明．地理信息公共服务平台建设与现代测绘服务模式 [J]．地理信息世界，2006，4 (3)：41-48.

[44] 徐开明，吴华意，龚健雅．基于多级异构空间数据库的地理信息公共服务机制 [J]．武汉大学学报（信息科学版），2008，33 (4)：402-404.

[45] 许卓明，栗明，董逸生．基于 RPC 和基于 REST 的 Web 服务交互模型比较分析 [J]．计算机工程，2003，29 (20)．

[46] 乐鹏．GIS 网络分析模型及相关算法研究 [D]．武汉大学，2003.

[47] 张德进，钱亚东，庄岭．电网 GIS 公用基础平台标准规范 [J]．电网技术，2007 (31)：272.

[48] 张登荣，俞乐，邓超，狄黎平．基于 OGC WPS 的 Web 环境遥感图像处理技术研究 [J]．浙江大学学报，2008，42 (7)．

[49] 张建勋，古志民，郑超．云计算研究进展综述 [J]．计算机应用研究，2010，27 (2)：429-433.

[50] 张明，张建军等．AJAX 技术在 Web Services 应用中的安全研究 [J]．科学技术与工程，2006，16 (17)：5.

[51] 张元一．REST 与 SOAP 的冲突 [J]．软件世界，2007，17.

[52] 周星，丁明柱，周旭．网络化基础地理信息分发服务体系设计研究 [J]．测绘科学，2006，31 (2)：60-62.

[53] 祝国瑞．地图学 [M]．武汉：武汉大学出版社，2004.

[54] Abel, D. J., Taylor, K., Ackland, R., and Hungerford, S. An exploration of GIS architectures for Internet environments. Computer, Environment and Urban Systems, 1998, 22 (1), 7-23.

[55] Akkiraju, R., Goodwin, R., Doshi, P., and Roeder, S. A Method for Semantically Enhancing the Service Discovery Capabilities of UDDI. In Proceedings of the Workshop on Information Integration on the Web, Eighteenth International Joint Conference on Artificial Intelligence (IJCAI), Mexico, 2003: 87-92.

[56] Antoniou, G., Harmelen, F. v.. A Semantic Web Primer. The MIT Press. Cambridge, Massachusetts. 2004: 17-18.

[57] Armbrust, M., Fox, A., Griffith, R., Joseph, Anthony D., Katz, Randy H., Konwinski, A., Lee, G., Patterson, D., Rabkin, A., Stoica, I., and Zaharia, M.. Above the Clouds: A Berkeley View of Cloud Computing. Technical Report. EECS Department, University of California, Berkeley, 2009: 23.

[58] Baader F, Nutt W. Basic Description Logics. In Baader F, Calvanese D, McGuinness D, et al. (eds.) The Description Logic Handbook. Theory, Implementation and Applications. Cambridge, Cambridge University Press, 2003: 43-95.

[59] Berners-Lee, T.. Semantic Web road map. Internet: http: // www. w3. org/ DesignIssues/ Semantic. html, 1998.

[60] Berners-Lee, T.. Semantic Web talk. Invited Talk at XML 2000 Conference, Slides: http: //www. w3. org/2000/Talks/1206-xml2k-tbl/slide10-0. html, 2000.

[61] Botts, M., Percivall, G., Reed, C., Davidson, J., 2006a: OGC Sensor Web Enablement: Overview and High Level Architecture. OpenGIS White Paper OGC 06-050r2, Version: 2.0, Open Geospatial Consortium (2006).

[62] Botts, M., Robin, A., Davidson, J., Simonis, I., 2006b. OGC Sensor Web Enablement Architecture Document. OGC 06-021r1, Version: 1.0, Open Geospatial Consortium (2006). 69.

[63] Botts, M., Robin, A., 2007. OpenGIS Sensor Model Language (SensorML) Implementation Specification, OGC 07-000, version 1.0.0, Open Geospatial Consortium. 180.

[64] Burrough, P. A., McDonnell, R. A.. Principles of Geographical Information Systems, Oxford, Oxford University Press, 1998, 333.

[65] Butler, D.. Virtual globes: the web-wide world. Nature, 2006, 439 (7078): 776-778.

[66] Butler, D.. 2020 computing: Everything, everywhere. Nature, 2006, 440 (7083): 402-405.

[67] Chang, Y.-S., Park, H.-D.. XML Web Service-based development model for Internet GIS applications. International Journal of Geographical Information Science, 2006, 20 (4): 371-399.

[68] Colgrave, J., Akkiraju, R., Goodwin, R.. External Matching in UDDI. IEEE International Conference on Web Services, San Diego, USA, 2004, 8.

[69] Cox, S., Observations and Measurements-Part 1-Observation schema, OGC 07-022r1, Version: 1.0, Open Geospatial Consortium, 2007, 85.

[70] Delin, K. A., S. P. Jackson, and R. R. Some, Sensor Webs. 1999, NASA Tech Briefs. p. 23, pg. 80. http: //www. nasatech. com/Briefs//Oct99/NPO20616. html.

[71] Delin, K. A., Jackson, S. P. The Sensor Web: A New Instrument Concept in the SPIE Symposium on Integrated Optics. San Jose, CA, 2001.

[72] de la Beaujardière, J. Web Map Service (WMS). Version 1.3. OGC 04-024, Open Geospatial Consortium, Inc., 2004, 85.

[73] Dhesiaseelan, A. *What's New in WSDL* 2.0. O'REILLY XML. com. May 20, 2005. cited; Available from: http: //www. xml. com/pub/a/ws/2004/05/19/wsdl2. html? page=1.

[74] Dogac, A., Kabak, Y., Laleci, G. B. Enriching ebXML registries with OWL ontologies for efficient service discovery, In: Proceedings of the 14th International Workshop on Research Issues on Data Engineering: Web Services for E-Commerce and E-Government Applications (RIDE' 04), Boston, USA, 2004, 69-76.

[75] Egenhofer, M. Toward the semantic geospatial web. In the 10th ACM International Sym-

posium on Advances in Geographic Information Systems (ACM-GIS), McLean, VA. 2002, 4.

[76] Evans, J. Web Coverage Service (WCS). Version 1.0.0, OGC 03-065r6, Open Geospatial Consortium, Inc. 2003, 67.

[77] Fonseca, F. and Sheth, A. The Geospatial Semantic Web. UCGIS (University Consortium for Geospatial Information Science) Research Priorities. USA. 2002, 2.

[78] Foster I and Kesselman C (Eds.) The Grid 2: Blueprint for a New Computing Infrastructure, Morgan-Kaufman, 2004.

[79] Fuchs, G. (ed.). OpenGIS Location Services (OpenLS): Part 6-Navigation Service, OGC 08-028r7, Version: 1.0.0, Open Geospatial Consortium. 2008, 68.

[80] Garrett J. J. AJAX: A new approach to web applications. Adaptive Path. http://www.adaptivepath.com/publications/essays/archives/000385.php. Feb 18, 2005.

[81] GeoNetwork. Opensource: http://geonetwork-opensource.org/, 2010.

[82] GGF, 2004. The Open Grid Services Architecture (OGSA), version 1.0. Global Grid Forum, June 2003.

[83] Globus Alliance. Globus Toolkit. Available at http://www.globus.org/toolkit/, 2006.

[84] Google. Google Earth. Available at http://www.google.com/earth/index.html, 2005.

[85] Google. http://code.google.com/intl/zh-CN/appengine/docs/, 2011.

[86] Gosselin, D. JavaScript: Comprehensive. Thomson Learning, 2004.

[87] Gross, N., ed. The Earth Will Don an Electronic Skin. Business Week, 1999.

[88] Gruber, T. R. A translation approach to portable ontology specification, Knowledge Acquisition, 1993, 5 (2): 199-220.

[89] Havens, S. OpenGIS Transducer Markup Language (TML) Implementation Specification, OGC 06-010r6, version 1.0.0, Open Geospatial Consortium. 2007, 258.

[90] Hey T and Trefethen AE (2005). Cyberinfrastructure for e-Science. Science. Vol. 308 (5723): 817-821, May, 2005.

[91] Horrocks, I., Patel-Schneider, P. F., Boley, H., Tabet, S., Grosof, B., Dean, M. SWRL: A Semantic Web Rule Language Combining OWL and RuleML. W3C Member Submission. http://www.w3.org/Submission/SWRL/, 2004.

[92] Hyatt, Lawrence E., Rosenberg, Linda H.: A Software Quality Model and Metrics for Identifying Project Risks and Assessing Software Quality, European Space Agency Software Assurance Symposium and the 8th Annual Software Technology Conference, 1996.

[93] Ian Foster. The Anatomy of the Grid Enabling scalable Virtual Organizations. International Journal of High Performance Computing Application, 2001 (15).

[94] Ian Foster, Zhao Yong, Loan Raicu, Lu Shiyoug. Cloud Computing and Grid Computing 360-degree Compared. In: Grid Computing Environments Workshop, GCE, 2008.

[95] International Telecommunication Union, Internet Reports 2005: The Internet Ofthings. Geneva: ITU, 2005.

[96] ISO/TC 211, 2001. ISO19117: 2001, Geographic Information-Portrayal.

[97] ISO19101: 2002 Geographic Information-Reference model.

[98] ISO/TC 211, 2003. ISO19115: 2003, Geographic Information-Metadata.

[99] ISO, 2003. ISO 15836 Information and Documentation-The Dublin Core Metadata Element set, November 2003, 6.

[100] Kammersell, W., Dean, M. Conceptual Search: Incorporating Geospatial Data Into Semantic Queries. In Terra Cognita 2006, Workshop of 5th International Semantic Web Conference. November 5-9, 2006. Athens, Georgia, USA. 2006, 10.

[101] Klusch, M., Gerber, A., Schmidt, M. Semantic Web Service Composition Planning with OWLS-Xplan, Agents and the Semantic Web, 2005 AAAI Fall Symposium Series, November, 2005, Arlington, Virginia, USA, 2005, 8.

[102] Kolas D, Hebeler J, and Dean M. Geospatial Semantic Web: Architecture of Ontologies. In: Proceedings of First International Conference on GeoSpatial Semantics (GeoS 2005). Mexico City, Mexico, Springer, 2005: 183-194.

[103] Kolas, D., Dean, M., Hebeler, J. Geospatial Semantic Web: Architecture of Ontologies. In: Proceedings of 2006 IEEE Aerospace Conference. Big Sky, Montana, March 4-11, 2006. 10.

[104] Kottman C. (ed.). The OpenGIS Abstract Specification Topic 13: Catalog Services, Version 4, OGC 99-113, Open GIS Consortium Inc. 1999, 39.

[105] Lieberman, J., Pehle, T., Dean, M. Semantic Evolution of Geospatial Web Services: Use Cases and Experiments in the Geospatial Semantic Web. Talk at the W3C Workshop on Frameworks for Semantic in Web Services, Innsbruck, Austria. 2005, 20.

[106] Li, W., Yang, C., Yang, C. J. An Active Crawler for Discovering Geospatial Web Services and Their Distribution Pattern-A Case Study of OGC Web Map Service, International Journal of Geographic Information Science, 2010, 24 (8): 1127-1147.

[107] Lupp, M. Styled Layer Descriptor Profile of the Web Map Service Implementation Specification, Version: 1.1.0, OGC 05-078r4, Open Geospatial Consortium, Inc., 2007, 53.

[108] Lutz, M., Kolas, D. Rule-based Discovery in Spatial Data Infrastructures, Transactions in GIS, Special Issue on the Geospatial Semantic Web, 2007, 11: 317-336.

[109] Lutz M. Ontology-based Descriptions for Semantic Discovery and Composition of Geoprocessing Services, Geoinformatica, 2007. 11 (1): 1-36.

[110] Mabrouk, M. (ed.). OpenGIS Location Services (OpenLS): Core Services, OGC 07-074, Version: 1.2, Open Geospatial Consortium. 2008, 179.

[111] Mani, A., Nagarajan, A. Understanding Quality of Service for Web Services. IBM DeveloperWorks, http://www.ibm.com/developerworks/java/library/ws-quality.html, 2002.

[112] Martell R (ed.). CSW-ebRIM Registry Service - Part 1: ebRIM profile of CSW, Ver-

sion 1. 0. 0, OGC 07-110r2, Open Geospatial Consortium, Inc. , 2008, 57.

[113] Martin, D. , Burstein, M. , Hobbs, J. , Lassila, O. , McDermott, D. , McIlraith, S. , Narayanan, S. , Paolucci, M. , Parsia, B. , Payne, T. , Sirin, E. , Srinivasan, N. , and Sycara, K. OWL-based Web Service Ontology (OWL-S) . http: //www. daml. org/services/owl-s/1. 2, 2008.

[114] Masó, J. , Pomakis, K. , and Julià, N. OpenGIS Web Map Tile Service Implementation Standard, Version: 1. 0. 0, OGC 07-057r7, Open Geospatial Consortium, Inc. , 2010, 128.

[115] McCall, J. A. , Richards, P. K. , and Walters, G. F. , Factors in Software Quality, Nat' l Tech. Information Service, no. Vol. 1, 2 and 3, 1977.

[116] McIlraith, S. A. , Son, T. C. , and Zeng H. , Semantic Web Services [J] . IEEE Intelligent Systems, Special Issue on the Semantic Web, 2001, 16 (2): 46-53.

[117] McIlraith, S. A. , Son, T. C. Adapting Golog for Composition of Semantic Web Services. In D. Fensel, F. Giunchiglia, D. McGuinness, and M. -A. Williams, editors, Proc. of the 8th International Conference on Principles and Knowledge Representation and Reasoning (KR' 02), France, Morgan Kaufmann Publishers, 2002: 482-496.

[118] Menascé, D. A. QoS Issues in Web Services. IEEE Internet Computing, 2002, 6 (6): 72-75.

[119] Michael J. Miller . Cloud Thinking: Amazon, Microsoft, and Google. http:// blogs. pcmag. com/ miller/2008/11/cloud_thinking_amazon_microsof. php, (2008-11-18).

[120] Mitra, N.. (ed.) . Simple Object Access Protocol (SOAP) Version 1. 2, W3C Working Draft. http: //www. w3. org/TR/2001/WD-soap12-part0-20011217/ , 2001.

[121] Müller, M. Symbology Encoding Implementation Specification, Version: 1. 1. 0, OGC 05-077r4, Open Geospatial Consortium, Inc. , 2006, 63.

[122] Na, A. , Priest, M. Sensor Observation Service, OGC 06-009r6, Version: 1. 0, Open Geospatial Consortium. 2007, 104.

[123] Narayanan, S. , and McIlraith, S. A. Simulation, Verification and Automated Composition of Web Services. In WWW' 02: Proceedings of the eleventh international conference on World Wide Web, ACM Press, 2002, 77-88.

[124] NASA. Report from the Earth Science Technology Office (EST) Advanced Information Systems Technology (AIST) Sensor Web Technology Meeting. San Diego, 2007.

[125] Nebert D, Whiteside A, and Vretanos P (eds.) . OpenGIS Catalog Catalog Services Specification, Version 2. 0. 2, OGC 07-006r1, Open GIS Consortium Inc. , 2007, 218.

[126] NIST. National Institute of Standards and Technology (NIST) Definition of Cloud Computing. , Available from: http: //csrc. nist. gov/groups/SNS/cloud-computing/index. html, 2009. [accessed 16 August 2010] .

[127] NSF. Cyberinfrastructure Vision for 21st Century Discovery, National Science Founda-

tion, Cyberinfrastructure Council, USA, March, 2007, 64.

[128] OASIS. The Universal Discovery Description and Integration (UDDI) Technical White Paper, http://uddi.org/pubs/uddi-tech-wp.pdf, 2004.

[129] Omar. FreebXML Registry Wiki: http://ebxmlrr.sourceforge.net/wiki/index.php/Main_Page, 2010.

[130] Onchaga, R. Modelling for Quality of Services in Distributed Geoprocessing, 10th ISPRS Congress, Istanbul, Turkey, 2004.

[131] Paolucci, M., Kawamura, T., Payne, T. R. and Sycara, K., 2002a. Importing the Semantic Web in UDDI. In Web Services, E-Business and Semantic Web Workshop. 2002.

[132] Paolucci, M., Kawamura, T., Payne, T. R., and Sycara, K., 2002b. Semantic Matching of Web Services Capabilities. I. Horrocks, J. A. Hendler (Eds.): The Semantic Web-ISWC 2002, First International Semantic Web Conference, Sardinia, Italy, June 9-12, 2002, Proceedings. Lecture Notes in Computer Science 2342, Springer, Berlin, Germany, 2002, 333-347.

[133] Papazoglou, M. P. Service-Oriented Computing: Concepts, Characteristics and Directions. Keynote for the 4th International Conference on Web Information Systems Engineering (WISE 2003). 2003, 3-12.

[134] Peltz, C. web services orchestration and choreograpy. Computer Networks, 2003, 46-52.

[135] Peng Z, Tsou M. Internet GIS: Distributed Geographic Information Services for the Internet and Wireless Networks. New York: Wiley, 2003.

[136] Percivall, G., ed. The OpenGIS abstact specification, topic 12: OpenGIS Service Architecture, Version 4.3, OGC 02-112. Open Geospatial Consortium, Inc., 2002, 78.

[137] Percivall, G., ed. OGC Reference Model, Version 0.1.3, OGC 03-040. Open Geospatial Consortium, Inc., 2003, 108.

[138] Ponnekanti, S. R., Fox, A. SWORD: A Developer Toolkit for Web Service Composition. In Proceedings of the International World Wide Web Conference, Honolulu, Hawaii, USA, May 2002, 83-107.

[139] Preston, M., Clayton, P., and Wells, G. Dynamic Run-time Application Development Using CORBA Objects and XML in the Field of Distributed GIS. International Journal of Geographical Information Science, 2003, 17 (4): 321-341.

[140] Prud'hommeaux, E., Seaborne, A. SPARQL Query Language for RDF. W3C Working Draft. October 4, 2006. http://www.w3.org/TR/rdf-sparql-query/, 2006.

[141] Rao, J., Küngas, P., and Matskin, M. Logic-based Web Services Composition: From Service Description to Process Model. In Proceedings of the 2004 International Conference on Web Services, San Diego, USA, July 2004, 446-453.

[142] Reed, C., ed. The OGC Abstract Specification Topic 0: Abstract Specification Overview, Version 5, OGC 04-084. Open Geospatial Consortium, Inc., 2004, 14.

[143] Reichardt, M. GSDI Depends on Widespread Adoption of OGC Standards. In: Proceedings of the FIG Working Week and GSDI8: from Pharaohs to Geoinformatics. Cairo, Egypt, 2005.

[144] Schut, P. OpengGISR Web Processing Service. Version 1.0.0, OGC 05-007r7, Open Geospatial Consortium, Inc., 2007, 87.

[145] Sheshagiri, M., desJardins, M., and Finin, T. A Planner for Composing Services Described in DAML-S. Proceedings of AAMAS 2003 Workshop on Web Services and Agent-Based Engineering. 2003, 6.

[146] Sheth, A. Changing Focus on Interoperability in Information Systems: from System, Syntax, Structure to Semantics. In Interoperating Geographic Information Systems, M. F. Goodchild, M. Egenhofer, R. Fegeas and C. A. Kottman (Eds.), New York: Kluwer, 1999, 5-30.

[147] Shewhart, W. A. Economic Control of Quality of Manufactured Product, Van Nostrand, 1931.

[148] Simonis, I. OGC Sensor Alert Service Candidate Implementation Specification, OGC 06-028r3, Version: 0.9, Open Geospatial Consortium. 2006, 110.

[149] Simonis, I., Echterhoff, J. Draft OGC Web Notification Service Implementation Specification, OGC 06-095, Version: 0.0.9, Open Geospatial Consortium. 2006, 64.

[150] Simonis, I. OpenGIS Sensor Planning Service Implementation Specification, OGC 07-014r3, Version: 1.0, Open Geospatial Consortium. 2007, 186.

[151] Sirin, E., Parsia, B., Wu, D., Hendler, J., and Nau, D. HTN Planning for Web Service Composition Using SHOP2. Journal of Web Semantics, 2004, 1 (4): 377-396.

[152] Sivashanmugam, K., Verma, K., Sheth, A. P., Miller, J. A. Adding Semantics to Web Services Standards. In 1st Proceedings of the International Conference on Web Services, ICWS' 03. Las Vegas, Nevada 2003, USA. 2003, 7.

[153] Smyth, C. (ed.). OGC Location Services: Tracking Service Interface Standard, OGC 06-024r4, Version: 1.0.0, Open Geospatial Consortium. 2008, 48.

[154] Srinivasan, N., Paolucci, M., and Sycara, K. Adding OWL-S to UDDI, implementation and throughput. First International Workshop on Semantic Web Services and Web Process Composition, San Diego, USA 2004, 12.

[155] Stollberg B., Zipf A. OGC Web Processing Service Interface for Web Service Orchestration-aggregating Geoprocessing Services in a Bomb Threat Scenario. In Proceedings of the 7th International Symposium on Web and Wireless Geographical Information Systems (W2GIS 2007). Cardiff, UK. Berlin, Springer Lecture Notes in Computer Science No 4857, 2007: 239-251.

[156] Talabac, S. J. , Sensor Webs: An Emerging Concept for Future Earth Observing Systems. 2003.

[157] Tor Bernhardsen. Geographic Information Systems: an Introduction. John Wiley & Sons, 2002.

[158] Tsou, M. H. , Buttenfield, B. P. A Dynamic Architecture for Distributing Geographic Information Services. Transactions in GIS, 2002, 6 (4): 355-381.

[159] Vaquero, L. M. , Rodero-Merino, L. , Caceres, J. , and Lindner, M. A Break in the Clouds: Towards a Cloud Definition. SIGCOMM Computer Communication Review, Vol. 39, 2009, 50-55.

[160] Vretanos, P. A. , 2005a. OpenGIS@ Filter Encoding Implementation Specification. Version 1. 1. 0, OGC 04-095, Open Geospatial Consortium, Inc. , 40.

[161] Vretanos, P. A. , 2005b. Web Feature Service (WFS) Implementation specification. Version 1. 1. 0, OGC 04-094, Open Geospatial Consortium, Inc. , 2005, 131.

[162] W3C. http: //www. w3. org/TR/xpath, 1999.

[163] W3C. Semantic Web. Accessed February 2007. http: //www. w3. org/2001/sw/, 2001.

[164] W3C. *Web Services Description Language (WSDL) Version* 2. 0 *Part* 0: *Primer*. [cited; Available from: http: //www. w3. org/TR/wsdl20-primer/#basic-example, 2007.

[165] W3C. *HTTP-Hypertext Transfer Protocol*. [cited; Available from: http: // www. w3. org/ Protocols/, 2011a.

[166] W3C. *Extensible Markup Language (XML)* . [cited; Available from: http: // www. w3. org/ XML/, 2011b.

[167] Wei, L. , Keqing, H. , and Wudong, L. Design and Realization of ebXML Registry Classification Model Based on Ontology. In: Proceedings of the International Conference on Information Technology: Coding and Computing (ITCC' 05), 2005a, 809-814.

[168] WfMC. Workflow Management Coalition, Terminology & Glossary. Document Number WFMC-TC-1011, http: //www. wfmc. org/standards/docs/TC-1011_term_glossary_v3. pdf, 1999, 65.

[169] WfMC, (Workflow Management Coalition) The Workflow Reference Model (WfMC2TC0021003), in Technical Report. 1995.

[170] Wilson, T. OGC KML, Version: 2. 2. 0, OGC 07-147r2, Open Geospatial Consortium, Inc. , 2008, 251.

[171] Wu, D. , Parsia, B. , Sirin, E. , Hendler, J. , and Nau, D. Automating DAML-S web services composition using SHOP2. In Proceedings of 2nd International Semantic Web Conference (ISWC2003), Sanibel Island, Florida, October 2003.

[172] Wu, H. , Zhu, H. , Liu, Y. A Raster-based Map Information Measurement for QoS [C], 10th ISPRS Congress, Istanbul, Turkey, 2004.

[173] Yang, C. , Raskin, R. , Goodchild, M. , and Gahegan, M. Geospatial Cyberinfrastructure: Past, Present and Future. Computers, Environment and Urban Systems,

2010, 34 (4): 264-277.

[174] Yue, P., Di, L., Yang, W., Yu, G., and Zhao, P. Path Planning for Chaining Geospatial Web Services, In: Proceedings of the 6th International Symposium on Web and Wireless Geographical Information Systems (W2GIS2006). December 4-5, 2006, Hong Kong. Lecture Notes in Computer Science (LNCS), 4295. Springer, Berlin, Germany, 2006, 214-226.

[175] Yue, P., Di, L., Yang, W., Yu, G. and Zhao, P. Semantics-based Automatic Composition of Geospatial Web Services Chains. Computers & Geosciences, Vol. 33, Issue 5, May, 2007, 649-665.

[176] Yue, P., Di, L., Yang, W., Yu, G., Zhao, P. and Gong, J. Semantic Web Services Based Process Planning for Earth Science Applications. International Journal of Geographical Information Science, 2009, 23 (9): 1139-1163.

[177] Yue, P., Gong, J., Di, L., Yuan, J., Sun, L., Sun, Z., and Wang, Q. GeoPW: Laying Blocks for the Geospatial Processing Web. Transactions in GIS. Volume 14, Issue 6, December 2010, 755-772.

[178] Yue, P., Gong, J., and Di, L. Augmenting Geospatial Data Provenance Through Metadata Tracking in Geospatial Service Chaining. Computers & Geosciences, 2010, 36 (3), 270-281.

[179] Yue, P., Gong, J., Di, L., He, L., and Wei, Y. Integrating Semantic Web Technologies and Geospatial Catalog Services for Geospatial Information Discovery and Processing in Cyberinfrastructure. GeoInformatica. 2011, 15 (2): 273-303.

[180] Zhao, P., Di, L., Yu, G., Yue, P., Wei., Y., and Yang, W. Semantic Web Service Based Geospatial Knowledge Transformation. Computers & Geosciences, Vol. 35, Issue 4, April, 2009, 798-808.